第46辑

建筑史

贾珺 主编

清华大学建筑学院 主办

中国建筑工业出版社

目 录

西方净土变中的"天宫楼阁"❶

尤奕铭　朱永春

（福州大学建筑学院）

摘要： "天宫楼阁"是佛教东传中国后，以中国传统建筑形象为蓝本所塑造的"天宫"形式。文章在对西方净土变初步梳理的基础上，探讨其中的"天宫楼阁"演进过程。从以阙楼象征天宫，到以大图面中的殿堂楼阁组群来表达天宫楼阁，这一过程是在《营造法式》编修前完成的。文章进而将西方净土变中的天宫楼阁与《营造法式》中的天宫楼阁比较。

关键词： 西方净土变，《营造法式》，天宫楼阁

❶ 本文为国家自然科学基金资助项目：《营造法式》小木作之帐藏研究与注疏（51878177）和《营造法式》大木结构研究（51578155）的阶段性成果。

The Celestial Palace in the Western Pure Land Illustrations

YOU Yiming, ZHU Yongchun

Abstract: The celestial palaces (*tiangong louge*) is a form of "Tiangong" modeled what take the traditional Chinese architectural image after Buddhism spread to China. This paper discusses the evolution of the celestial palaces on the basis of the transformation of Western pure land illustration. From the symbol of tall halls (*quelou*) of the celestial domain to the large picture of the palace to express the tower group. This process was completed before the compilation and revision of "*Yingzao Fashi*". The article then compares the celestial palaces in the transformation of Western pure land illustration with the celestial palaces in "*Yingzao Fashi*".

Key words: Western pure land illustration; *Yingzao Fashi*; celestial palace

　　"天宫楼阁"是佛教由印度传入中国后，以中国传统建筑形象为蓝本，加以理想化、庄严化，所塑造的"天宫"形式。它滥觞于汉晋，盛行于唐，在宋《营造法式》（以下除标题外简称《法式》）中定型。《法式》中帐（佛、道帐）藏（壁藏、转轮藏）制度中，"天宫楼阁"式属于最高等级。"天宫楼阁"的帐藏遗存稀少，加上少数藻井中的天宫楼阁，资料也嫌不足，尤其是缺乏宋辽以前的资料。因此，我们将视线转向净土变相中的"天宫楼阁"。

　　净土变相，亦简称净土变，是佛教净土宗用以表现净土经中景象的图像或雕刻。这种图像只是"经"的通俗直观描绘，非纯粹的经，故称"变"。净土宗中代表性的"净土"主要有三类：西方极乐净土、东方琉璃净土、兜率天弥勒净土。三类净土中的弥勒净土，为佛教中释迦牟尼降生人间，以及弥勒佛往生的"兜率天"，其天宫在佛经中有明确记载，因此已得到讨论[1]。余下两种"极乐净土"，是佛教中国化后方被"转译"为天宫的。虽然既有研究中，对"净土变相"的渊源、流布、类型等，作了较充分的研究，但尚未切入其中的天宫楼阁。本文拟对西方净土变相中的天宫楼阁，作初步的疏理、分析。限于篇幅，东方琉璃净土变相中的天宫楼阁，将另文探讨。

一　西方净土变中"极乐净土"的描绘：从"安乐世界"到"天宫楼阁"

　　净土变相中对西方"极乐净土"的描绘，主要依据《无量寿经》、《观无量寿经》、《阿弥陀经》，尤其是其中的《观无量寿经》（以下简称《观经》）。北魏高僧昙鸾（476—542）著《往生论》时，就合称这三部经为"无量寿经"，今常简称"净土三经"，或加《往生论》合称"净土

图1 敦煌隋代石窟第393窟[15]

❶于向东. 阿弥陀佛五十菩萨图像与信仰——兼论其与西方净土变的关联 [J] 南京艺术学院学报（美术与设计版），2014（6）：10–15.

三经一论"。阿弥陀佛（梵语Amitābha），又名无量佛、无量寿佛、无量光佛等。净土三部经的核心，即阿弥陀佛及其所创的西方极乐世界。以图像来表现净土景象的"西方净土变"，必须具备两个要素：其一，主尊阿弥陀佛居中，胁侍观世音、大势至两菩萨左右。在"西方净土变"产生前，曾有一个仅表现阿弥陀佛与五十菩萨的阶段❶；其二，对西方"极乐世界"进行描绘、渲染。四川梓潼卧龙山千佛崖《阿弥陀佛并五十二菩萨传》碑云："阿弥陀佛五十菩萨像者，盖西域之瑞像也。传云彼国鸡头摩寺有五通菩萨至安乐世界。"这里的"安乐世界"，为西方极乐世界的早期称谓。安乐世界的图像，有七宝莲花、宝池、宝地、宝树、华盖、华座等。至于楼阁，《观经》的十六观中虽有"宝楼观"，但宝楼多达五百亿。或因为难以表达，早期西方净土变中，楼阁并非必需。如敦煌现存最早的西方净土变壁画——隋代的第393窟（图1）——中并无楼阁等建筑。

从"安乐世界"到"天宫楼阁"的基础，是对佛经汉化的转译后，将中国传统文化中的"天宫"替代了所谓"西方极乐净土"。中国人观念中根深蒂固的"天宫"，是高高在上，且唯一的。但佛教中的"天"，多达"二十八天"，且仍然在欲界、色界、无色界"三界"内，有所谓"三界二十八天"说。例如弥勒所居的兜率天，便是欲界中的第四天。佛祖释迦牟尼，据说是为了度化众生，"暂居"在"色究竟天"，色界的第十八天中。至于"西方极乐净土"，更是超越了"天"的涅槃境界。这些是中国人很难理解的，干脆以"天宫"替代。加之，据净土宗的信仰，慈悲济世的阿弥陀佛，不断地接引信士"往生"到西方极乐净土，这种"往生"也转译成"升仙"到天堂。佛教东传前，汉代民间已经形成了神仙信仰和直观的图式，汉画像中存在大量的升仙图，例如卜千秋墓壁画。

西方净土变相主要存在于石窟中的壁画与窟龛中，它们常为相同内容用不同的方式表达出来的载体。它们的发展随时间线索呈现交汇的状态，体现出相互印证、相互影响的特点。因此，可以淡化壁画与石刻两种不同的载体，聚焦图像的变化。

二 西方净土变相中天宫楼阁的发端：双阙楼象征天宫

这类西方净土变相的特征，是画面上以左右的双阙楼象征天宫。

早在西方净土变相出现前，诸多的汉画像升仙图中，就形成了以双阙象征"天门"图式。而《观经》中的十六观中描述的西方净土世界，有相近于阙楼的"宝楼"。这样便形成以双阙楼象征天宫的构图。

双阙楼形壁画的早期资料，见于麦积山第127窟西壁的一铺西方净土变（图2），绘于西魏初年（约公元539年左右）。据金维诺分析："中央殿内无量寿佛结跏趺坐于莲座，两侧观音、大势至侍立于莲台，两旁为七宝严饰之楼阁，……创造性地构想了西方极乐之净域，从这铺画可以看到南朝西方净土变的早期发展面貌。"[11]萧默则认为："中间绘一座单间庑殿式大殿，殿外前方两侧各绘一单层庑殿顶式阙楼，相对而立，象征着天国之门。"[12]不难看出，金维诺是从《观经》中的十六观中对西方净土世界的描述，将两阙楼解作"七宝严饰之楼阁"，但该图中的

图2 麦积山第127窟[15]

图3 南响堂山第2窟（图片来源：作者自绘）

图4 广元苍溪阳岳寺2号龛（图片来源：作者自绘）

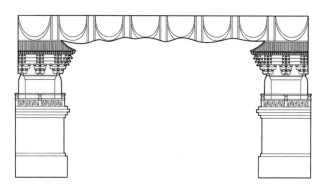

图5 巴中西龛第53龛（图片来源：作者自绘）

阙楼，尚保留了阙往楼过渡时期特点，朴实无华，见不出"七宝严饰"。萧默则从图像的渊源，判定双阙楼"象征着天国之门"。

西方净土变的经变壁画中，以敦煌莫高窟的作品最多，但直至隋代敦煌莫高窟才开始出现西方净土变相[11]。

完成于北齐时期的南响堂山石窟的浮雕图像，是中国早期石刻双阙楼形净土变相（图3）。其中的阙楼，亦有"阙"往"楼"过渡的痕迹。阙楼自下而上，由台基、阙身、平座之上的佛堂三部分组成。阙身比例大，干阑结构，这是汉画像中表示阙的常法；其上的佛堂面朝外，三开间、单檐四阿顶上有鸱尾，平座与佛堂都显示了北朝时期的风格，以及木构的精致。

在初唐时期西方净土变造像中的阙楼，出现了进一步依《观经》修正的倾向。不妨将四川广元苍溪阳岳寺2号龛（图4）与巴中西龛第53龛（图5）作一比较，前者阙楼由四边形，易为八边

① （南北朝）畺良耶舍译《观无量寿经》。此处"诸天"，亦称"天"、"尊天"，指佛教中的天神，是佛经中一种意译。

② 这里沿用了宋《营造法式》中的称谓，将天宫楼阁中多层的主体建筑称"殿身"，以区别单层的"殿"。

形，屋顶有"金盘"（相轮）。这为五代到宋元楼阁式塔的常态；放弃了第53龛中汉代图像中惯用的帷幕；装饰精丽，应当是描绘"七宝严饰"。阙楼中诸多天神，在描绘《观经》中的"有**五百亿宝楼，其楼阁中有无量诸天，作天伎乐。**"①

三 西方净土变中天宫楼阁的成熟：殿身楼阁组群

西方净土变中天宫楼阁的第二阶段，是以大画面中的殿身楼阁组群来表达的。

这种转变，首先是因为"净土三经"中，本身就有"天宫"、"宫殿"的描述。例如描述佛国："**宫殿、楼观、池流、华树、国土**所有一切万物，皆以无量杂宝、百千种香而共合成，严饰奇妙，超诸天人。"（《无量寿经》，着重号为引者加，以下均同）"或有国土，七宝合成；复有国土。纯是莲华；复有国土，如自在天宫；复有国土，如玻璃镜"，"宫殿如梵王宫，诸天童子，自然在中。"（《观经》）这些经典，给出了西方极乐世界一种宏大、庄严的图景。此时，以一对阙楼象征天宫，已经难以表达这种场面。因此，转而以宏阔的殿身②楼阁组群的庄严气象，来表达天宫。而这组建筑群，是按照当时的宫阙塑造的。这种转变完成于《法式》编修前，大致为初唐到北宋初。

敦煌莫高窟第220窟是开风气之先之作。两翼"七宝严饰"之阙楼之后，在主尊阿弥陀佛与观世音、大势至的上部，绘了一组殿身楼阙作为底景。而两翼阙楼面对阿弥陀佛，与阿弥陀佛背后的楼观，围合成场地（图6）。自第220窟开始，敦煌的西方净土变开始从之前的中央绘树

a

b

图6 敦煌第220窟（图片来源：a. 文献［17］；b. 作者自绘）

下说法图并在四周环绕千佛的形式，转变为利用大画面来表现西方净土景象的形式逐渐成为主流[16]。

在其后的第329窟、第205窟、第103窟等壁画中，建筑图像逐渐形成以建筑群表达天宫的形式。以敦煌第205窟一铺经变画为例。这组建筑群中的所有建筑，都是立于底部支撑的干阑结构及其上的平座。全部建筑都是三层的殿身、楼阁。这应当是表达十六观中的"琉璃地……悬处虚空，成光明台，楼阁万千"（《观经》）。就建筑结构看，这是汉唐建筑常采用的形式。殿身与两翼的茶楼，以圆弧形阁道联结，这与《法式》天宫楼阁佛道帐图版（图8）中圆弧形的行廊底部接近，但没有顶棚。居中的殿身为四阿顶，两翼阙楼屋顶为九脊殿顶。简朴的脊饰鸱尾，属南北朝至中唐的风格。有学者将这种形式命名"一殿二堂"的模式[19]，注意到中国传统建筑中，"殿"、"堂"一般指单层，且《法式》中已命名"殿身"、"茶楼"，以区别于单层的"殿"、"堂"，因此，本文称之"殿身楼阁组群形式"。

这一变化也反映在石刻上。如四川安岳木鱼山第6号经变龛（图9），它在巴中西龛53龛基础上，亦演进为"殿身楼阁组群形式"。其一佛两胁后为三座殿身，殿身之间由拱形行廊连接。在《法式》中虽然未称"行廊"为拱形，但从图版中表达为拱形（图8）。这种组群方式已与《法式》佛道帐中的天宫楼阁一致，惟屋顶采用四阿顶，而不是九脊殿顶。这当然是反映了初唐的风格，但其两翼的茶楼已经冠以九脊殿顶。

盛唐第45窟北壁观无量寿经变在建筑图像中，第一次出现歇山顶的中央大殿。迨中晚唐，净土变龛中的建筑图像，其屋顶形制方全部呈现为九脊殿顶。如邛崃石笋山4号龛（图10）、6号龛均是三座殿阁并列，屋顶为九脊殿式。四川丹棱郑山第42龛（图11）并列三座三层九脊殿顶殿身，以行廊相连。

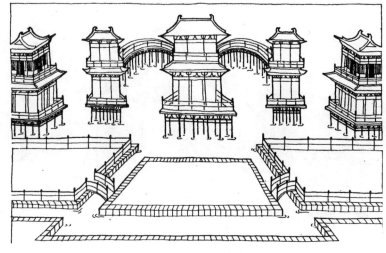

图7 敦煌第205窟[12]

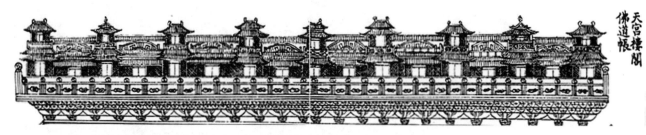

图8《法式》佛道帐图样（局部）中可见殿身与茶楼、角楼间以圆弧形的行廊连接（图片来源：《法式》三十二卷（故宫版））

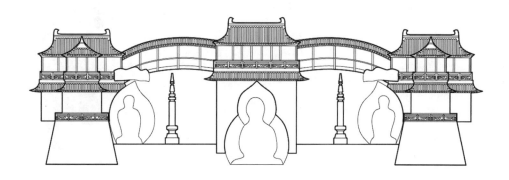

图9 安岳木鱼山第6号经变龛（图片来源：作者自绘）

图10 邛崃石笋山4号龛（图片来源：作者自绘）

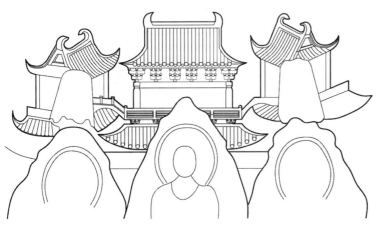

图11 丹棱郑山第42龛（图片来源：作者自绘）

此后，西方净土变的天宫楼阁中，建筑组群中增加了若干新的建筑类型，建筑群趋于复杂。如敦煌第172窟北壁的观无量寿经变，在主体建筑中以殿身为中心，左右为塔，茶楼、行廊等围合成院落。转角处左右对称地增加了角楼，角楼是《法式》天宫楼阁诸类型中均有的组群元素。该铺净土变形成了"一殿身二阙楼二茶楼二角楼"的建筑组群模式（图12）。开凿于西夏时期的敦煌榆林窟第3窟北壁，因年代与《法式》近而反映当时的做法。前后两进

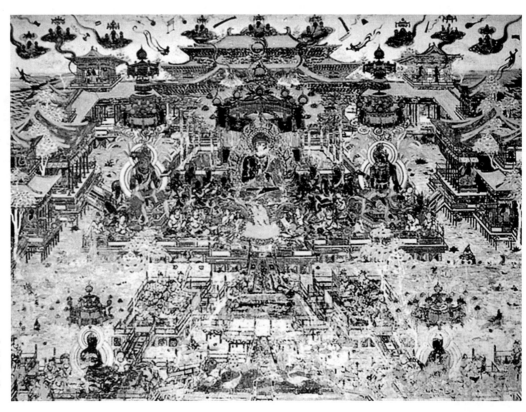

图12 敦煌第172窟北壁观无量寿经变（图片来源：敦煌研究院编. 中国石窟艺术 莫高窟[M]. 南京：江苏凤凰美术出版社，2015：112.）

（图13-a）：前进殿身重檐九脊殿顶，前有龟头屋，左右有挟屋、行廊、茶楼，与《法式》佛道帐、壁藏中的天宫楼阁一致；后进大殿坐落在须弥座台基上，有两道圆弧形踏道，《法式》称作"圆桥子"。大殿三开间重檐九脊殿顶，殿左右接行廊。殿前有开阔庭院平地，庭院左右各设水池，池中各立楼阁座，均是重檐九脊殿顶。在南壁观无量寿经变（图13-b），可以看到重檐九脊殿顶的茶楼四出抱厦，这种做法今仅存河北正定隆兴寺摩尼殿孤例。

　　晚唐时期，建筑的布局再次发生变化，在左右壁上出现了双层楼阁，并以行廊与后壁的三座双层楼阁相连，形成了新的组合模式。此时的典型代表为四川夹江千佛崖观经变造像龛第99、115、128、137号龛，三开间重檐九脊殿式殿身，殿身与茶楼间有行廊连接，左右壁刻二层重檐九脊殿式楼阁，有行廊与正壁殿身相连。

　　至此，西方净土变相发展至完全成熟，逐步定型化。最典型的代表就是大足石刻北山第245号龛，它由42座楼阁、经幢组群，正面居中的主建筑物是一座两层的九脊殿式殿身，正面突出并厦两头造的龟头屋。该殿身伸出两层的行廊折向左右两边的二层重檐九脊殿式楼阁（图14）。

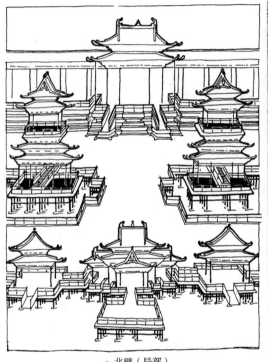

a 北壁（局部）

b 南壁（局部）

图13 敦煌榆林窟第3窟
（图片来源：a.参考文献［12］；b.樊锦诗. 榆林窟艺术［M］. 南京：江苏凤凰美术出版社，2014：14.）

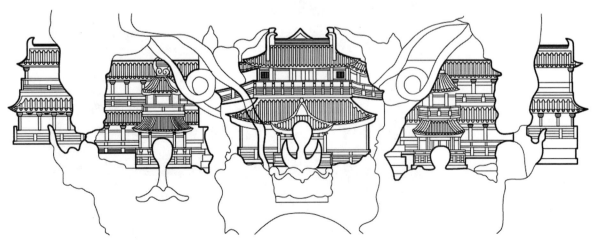

图14 大足北山245号龛（图片来源：作者自绘）

四 西方净土变中的天宫楼阁与《营造法式》

宋《法式》中，天宫楼阁属于小木作中的帐藏制度中的最高等级。它包括天宫楼阁佛道帐、壁藏、转轮藏三类。目前，《法式》的帐藏制度尚未破译，对其解读首先考虑的方法便是将文本与实物比照。但宋之前的实物已不存，宋辽金时期的实物，天宫楼阁壁藏仅大同下华严寺薄伽教藏殿的孤例；转轮藏，虽有河北正定隆兴寺北宋年间转轮藏，但其属于山花蕉叶型，不存在天宫楼阁；佛道帐，也仅有山西泽州县小南村二仙庙、玉皇庙等几例。实物寥寥可数，而且这些实物的形制与《法式》的记载亦不尽相同。因此，我们另辟蹊径找到西方净土变。

西方净土变，开启了认识《法式》帐藏制度中天宫楼阁的一扇窗口。

第一，从时间维度看，西方净土变保留了天宫楼阁演绎——从发生、发展到定型——的完整资料，从中可以获得天宫楼阁完整的信息。将《法式》帐藏制度中天宫楼阁放到这个背景中，方认识到它仅是天宫楼阁定型阶段的部分。西方净土变还可以弥补《法式》天宫楼阁中若干缺环及深层，如从天宫楼阁的发端，双阙楼象征天宫，可以看到这承接了汉画像升仙图中以双阙象征"天门"图式。

第二，西方净土变天宫楼阁中有着丰富的建筑单体类型，其中涵盖了《法式》天宫楼阁的全部构成元素。如已经消失的建筑类型"殿身"，过去我们知之甚少，从西方净土变，我们看到与《法式》记载完全一致的图景：重檐九脊殿屋顶、3层。前有龟头屋、下左右有挟屋、上左右有行廊相连。

第三，西方净土变的天宫楼阁，如上所述，给出了《法式》中天宫楼阁的构成元素的配置与组群形式，也弥补了《法式》若干组群形式的缺环，因为《法式》中天宫楼阁的组群形式，只是宋代定型后的若干种。如山西泽州小南村二仙庙的天宫楼阁（图15），与《法式》中天宫楼阁完全对接不上。从西方净土变，我们知其为双阙形天宫楼阁的遗踪。

第四，从西方净土变中丰富的形象资料，我们有可能深入《法式》中天宫楼阁的细节。例如，《法式》中的天宫楼阁的主要组成殿身、茶楼，均为九脊殿顶，为何？比照西方净土变可以看出，殿身、茶楼早期主要是四阿顶。天宫楼阁中包括屋顶在内的建筑形象，取材于当时社会中的建筑形象，《法式》中的天宫楼阁反映的是宋代建筑形象。宋人精致秀劲的审美观下，更偏爱九脊殿顶。再如，《法式》中殿身与茶楼，两种构成元素的区别在殿身为重檐九脊殿顶，对此西方净土变中提供了丰富的形象资料。又如，《法式》的帐藏制度无对"行廊"的形态说明，图版中却作拱形廊桥，如前文已述，西方净土变中提供了例证。

图15 山西泽州小南村二仙庙的天宫楼阁（图片来源：作者自摄）

五 结语

西方净土变相中的"天宫",是对佛经汉化的转译后,将中国传统文化中的"天宫"替代了所谓"西方极乐净土"。而构成"天宫"的单体建筑与组群方式,都是特定时空中的中国传统建筑形式。因此,从西方净土变相中,可以看到构成天宫的单体建筑演变,也看到其组群方式,也从"双阙楼象征天宫"到诸种"殿身楼阁组群形式"。西方净土变保留了天宫楼阁演绎——从发生、发展到定型——的完整资料。

《法式》中帐藏制度,是天宫楼阁定型阶段的产物。通过西方净土变,将其放到天宫楼阁演进的背景中,有益于我们认识《法式》中的天宫楼阁,并可以弥补《法式》天宫楼阁中若干缺环,将问题引向深层。

附表1 西方净土变中的天宫楼阁演进(表格来源:作者自制)

窟名	楼阁	时间	图像	来源
西方净土变壁画				
麦积山第127窟	中间一单间庑殿式大殿,两侧各绘一单层庑殿顶式阙	西魏		文献[15]:135
敦煌393窟	无楼阁建筑	隋代		文献[15]:136
敦煌220窟	主尊两侧各有一双层楼阁	初唐		作者自绘
敦煌329窟	二层庑殿顶楼阁,有行廊与两侧二层歇山顶楼阁相连	初唐		山崎淑子. 初唐敦煌莫高窟大幅净土变之建筑图——试论贞观时期和武则天时期莫高窟的某些特点[J]. 西北民族研究,2000(1):66-75.

			西方净土变壁画		
龛名	楼阁	时间	图像		来源
敦煌 205 窟	中央并列三座二层庑殿顶楼阁，楼阁之间用弧形阁道相连	初唐			文献［12］
敦煌 103 窟	主尊身后二层庑殿顶楼阁，两旁为二层歇山顶楼阁，之间以廊道相连	盛唐			作者自绘
敦煌 66 窟	主尊身后二层庑殿顶楼阁，两旁为二层歇山顶楼阁，之间以廊道相连	盛唐			作者自绘
敦煌 45 窟	主尊身后并列三座二层楼阁，皆为歇山式，以阁道相连	盛唐			文献［12］
敦煌 217 窟	主尊身后二层庑殿顶楼阁，两旁为二层歇山顶楼阁，之间以廊道相连	盛唐			文献［12］

			西方净土变壁画		
龛名	楼阁	时间	图像		来源
敦煌 171 窟	主尊身后二层庑殿顶楼阁，两旁为二层歇山顶楼阁，之间以空中回廊相连	盛唐			作者自绘
敦煌 172 窟	主尊身后二层庑殿顶楼阁，两旁为二层歇山顶楼阁，并在左右对称增加了角楼，之间以廊道相连	盛唐			文献［12］
敦煌 158 窟	大殿的后方开始出现了攒尖顶楼阁和圆塔	中唐			文献［12］
敦煌 156 窟	大殿是一座三开间的二层楼。两边体量较小的配殿面向中间的大殿开门，大殿二层两侧开的侧门与配殿二层的正门之间用虹桥连接	晚唐			杨璐. 理想与现实——唐代佛教绘画中的佛教建筑解析［D］. 西安：西安建筑科技大学. 2017.
榆林 3 窟南北壁西方净土变	中央三开间大殿，两侧各一座楼阁，以廊屋相连，皆为重檐歇山式	西夏			文献［12］

			阿弥陀佛经变龛	
龛名	楼阁	时间	图像	来源
南响堂石窟第1、2窟	左右两侧立有中国式楼阁	北齐		作者自绘
广元苍溪阳岳寺2号龛	在窟龛两侧雕双阙楼	初唐		作者自绘
巴中西龛第53龛	龛口左右雕刻天宫楼阁，楼阁每层均设廊庑，庑殿顶	初唐		作者自绘
丹棱刘嘴39龛	主尊后一层庑殿顶楼阁	盛唐		作者自绘
丹棱郑山42龛	主尊身后重檐歇山顶二层大殿，二菩萨身后亦刻二层重檐歇山式楼阁，以廊桥相接	盛唐		作者自绘
邛崃石笋山4号龛	后壁三座并列四柱三开间二层重檐歇山顶大殿，大殿两侧各有一座六角形七层塔楼，以廊桥连接并延伸左右两壁，左右壁各雕两座楼阁	中唐		作者自绘

阿弥陀佛经变龛				
龛名	楼阁	时间	图像	来源
邛崃石笋山6号龛	后壁三座并列二层歇山顶楼阁，左右壁各雕一座三开间楼阁，一座塔楼，一座经幢，后壁楼阁与左右壁楼阁之间有两层走廊相连通	中唐		作者自绘
夹江牛仙寺220龛	主尊后一座二层重檐歇山顶楼阁	晚唐		作者自绘
宜宾市丹山碧水崖2号龛	三尊身后三座二层歇山式楼阁侧殿为三开间重檐歇山顶，中殿与侧殿之间有飞廊连接	晚唐		作者自绘

观无量寿经变龛				
龛名	楼阁	时间	图像	来源
安岳木鱼山第6号经变龛	中央正殿为双层庑殿顶，两侧各一座双层庑殿顶楼阁，以拱形飞廊连接。两侧壁各有一座两层歇山顶楼阁	初唐		作者自绘
安岳木鱼山第8号经变龛	佛像上方有两层佛殿建筑，正中佛殿建筑后侧隐约有一体量更大的楼阁式建筑的轮廓，从后部建筑左右两边分别出连廊与侧壁上雕刻的楼阁式配楼相连接	初唐		作者自绘

龛名	楼阁	时间	图像	来源
乐山凌云寺净土变	并列三座三层楼阁，中间大殿为庑殿顶，两侧楼阁突出并厦两头造龟头屋一间	中唐		作者自绘
潼南崇龛镇第7号龛	主尊身后一座四柱三间二层歇山顶殿阁，两侧楼阁与中心殿阁以圜桥相联系	中唐		作者自绘
蒲江关子门唐代《观经变》造像龛	主尊身后刻密檐歇山式楼阁。二菩萨身后各有楼阁一座，与主尊身后楼阁有飞廊相连	中唐		作者自绘
夹江千佛崖99号龛	三尊身后二层重檐歇山式大殿，大殿三开间，正殿两端由廊道连接龛左右两壁	晚唐		作者自绘
夹江千佛崖128号龛	主尊后二层重檐歇山式楼阁，楼阁与正壁殿宇由天桥相连	晚唐		作者自绘
夹江千佛崖137号龛	主尊后三开间重檐歇山式大殿，大殿与偏殿间有厢房连接，左右壁刻二层重檐歇山式楼阁，有飞廊与正壁殿宇相连	晚唐		作者自绘

表头：观无量寿经变龛

观无量寿经变龛				
龛名	楼阁	时间	图像	来源
邛崃盘陀寺3号龛	像后雕二层楼阁，右壁各雕二层攒尖顶楼阁，两侧楼阁与后壁楼阁间有虹桥相接	晚唐		作者自绘
鹤林寺三区6号	主尊后雕一座两层楼阁，二菩萨后有楼阁残迹，左右侧各雕一塔楼	晚唐		作者自绘
乐山龙泓寺净土变	中间为庑殿顶大殿，两侧楼阁正面突出作歇山顶龟头屋，楼阁间以阁道相连接	晚唐		作者自绘
大足北山245号龛	主尊上方左右刻五开间二层歇山顶大殿，两侧二层回廊连接左右各一座八角形两层攒尖顶阁楼以及两侧的二层歇山顶配殿	晚唐		作者自绘
安岳庵堂寺21号龛	主尊上方为正中大殿出厦两头造龟头屋，而菩萨上方为四角攒尖顶的二层楼阁，正殿两侧出连廊，延伸至侧壁，与侧壁上两侧楼阁式配楼相连	五代		作者自绘

参考文献

[1] 何志国. 天门·天宫·兜率天宫——敦煌第275窟弥勒天宫图像的来源 [J]. 敦煌研究, 2016 (1): 1-11.

[2] 陈清香. 西方净土变相的源流及其发展//佛教艺术 第三期 [M]. 台北: 佛教杂志社, 1986: 15.

[3] 吴仁华. 巴蜀石窟之西方净土变相图像源流初探 [C]. 大足学刊 (第一辑), 2016: 148-161.

[4] 方立天. 弥陀净土理念: 净土宗与其他重要宗派终极信仰的共同基础 [J]. 学术月刊, 2004 (11): 27-30.

[5] 田官晓旭. 盛唐净土宗佛教艺术哲学思想考察 [D]. 西安: 西安音乐学院, 2016.

[6] 胡文和. 四川和敦煌石窟中"西方净土变"的比较研究 [J]. 考古与文物, 1997 (6): 63-76.

[7] 雷玉华. 巴中石窟研究 [D]. 成都: 四川大学, 2005.

[8] John C. Huntington. A Gandharan Image of Amitayus' Sukhavati [J]. Annali dell'Istituto Orientale di Napoli, 1980, 40(4): 651-672.

[9] 张建宇. 净土变相图像渊源诸说 [J]. 艺术探索, 2018, 32 (3): 32-40.

[10] (日) 东山健吾著, 官秀芳译. 麦积山石窟的创建与佛像的源流 [J]. 敦煌研究, 2003 (6): 71-75.

[11] 金维诺. 麦积山石窟的兴建及其艺术成就//麦积山石窟艺术研究所编. 中国石窟·天水麦积山 [M]. 北京: 文物出版社, 1998: 165-180.

[12] 萧默. 敦煌建筑研究 [M]. 北京: 文物出版社, 1989.

[13] 杨明芬. 莫高窟早期净土思想表现——以北凉三窟为中心 [J]. 敦煌学辑刊, 2006 (4): 33-41.

[14] 李其琼. 隋代的莫高窟的艺术//敦煌文物研究所编著. 中国石窟·敦煌莫高窟 第二卷 [M]. 北京: 文物出版社, 1989: 165-166.

[15] 张建宇. 敦煌净土变与汉画传统 [J]. 民族艺术, 2014 (1): 131-137.

[16] (日) 八木春生著, 姚瑶译. 初唐至盛唐时期敦煌莫高窟西方净土变的发展 [J]. 敦煌研究, 2017 (1): 35-53.

[17] (日) 八木春生著, 李梅译. 敦煌莫高窟第220窟南壁西方净土变相图 [J]. 敦煌研究, 2012 (5): 9-15.

[18] 王治. 未生怨与十六观——敦煌唐代观无量寿经变形式发展的逻辑理路 [J]. 故宫学刊, 2014 (1): 74-91.

[19] 雷德侯. 净土变建筑的来源 (摘要) [J]. 敦煌研究, 1988 (2): 105-106.

[20] (日) 中村兴二. 日本的净土变相与敦煌//敦煌文物研究所编著. 中国石窟·敦煌莫高窟 第三卷 [M]. 北京: 文物出版社, 1987.

[21] 胡文和. 四川邛崃石笋山唐代摩崖造像 [J] 文博, 1990 (6): 17-23.

[22] 沙武田. 北朝时期佛教石窟艺术样式的西传及其流变的区域性特征——以麦积山第127窟与莫高窟第249、285窟的比较研究为中心 [J]. 敦煌学辑刊, 2011 (2): 86-106.

试析木材加工对古建筑构件形制的影响

——以假昂为例[❶]

彭明浩

（北京大学考古文博学院）

摘要：从木材加工的角度考察古建筑构件形制，假昂的制作非常特别。其中，下出假昂的昂头多单独制作，拼接于前端，而不浪费大料一体加工，以此反思平出假昂的加工，也有相同的目的，两者均体现了我国早期建筑"就材充用"的基本原则，而晚期建筑并没有完全延续这一原则，在官式与民间建筑中出现了分化。

关键词：假昂，材料，形制，就材充用

❶ 本文受教育部人文社科重点研究基地重大项目（16JJD780003）、国家自然科学基金（51878007）资助。

An Analysis of the Influence of Wood Processing on Structure and Shape of Traditional Architectural Components: Taking the False *Ang* as an Example

PENG Minghao

Abstract: From the perspective of wood processing to study on the structure and shape of ancient architecture component, the false *ang* is very special. As one type, the head of a lower false cantilever arm (*ang*) is mostly made separately and spliced in the front end, without wasting large raw materials for integrated processing. Based on this, the processing of a horizontal false *ang* has the same purpose. Both of them reflect the basic principle of "adequate utilization in accordance with materials" in ancient Chinese architecture, while the later architectures did not fully continue this principle and differentiation appeared between the official and vernacular architecture.

Key words: false *ang*; material; structure and shape; adequate utilization in accordance with materials

　　假昂是斗栱中常见构件，其模拟昂的外观，但不具有真昂的结构作用，现存木构实例可追溯至北宋初年[1-2]，以敦煌慈氏塔、万荣稷王庙大殿最早，其昂头不同于一般的下昂走势，而向前水平伸出，可称为"平出假昂"。约至宋末金初，在初祖庵大殿、善化寺山门与三圣殿，才普遍见有模拟一般下昂走势、昂尖向下斜出的假昂做法，可称为"下出假昂"。

　　下出假昂虽在现存实例中较平出假昂出现为晚，但却是后世假昂的普遍形式，其昂头斜出向下，昂尖低于栱身下皮，是木构建筑中极少见的弯折构件，而一般构件加工，多顺应木材纹理纵向延展的特点，做长直构件。那么，匠人在制作下出假昂这类弯折构件时，如何利用与加工木材，就成为观察建筑材料与形制做法相互关系的一个有意思的角度。

一　下出假昂

　　现存下出假昂的早期实例之一为北宋宣和七年（1125年）河南登封少林寺初祖庵大殿[❷]。大殿平面近方，面阔、进深均为三间，单檐歇山顶，其斗栱五铺作单杪单下昂，柱头铺作使用插昂，补间铺作使用真昂，仅角铺作正侧方向与45°斜向使用假昂。这些假昂向下探出的昂头做法

❷ 祁英涛. 对少林寺初祖庵大殿的初步分析//建筑史专辑编辑委员会. 科技史文集 第2辑［C］. 上海：上海科学技术出版社，1979：61-70.

❶ 文献［3］：89—90.

❷ 整体来看，此为前檐特例，梁思成、刘敦桢先生《大同古建筑调查报告》中所测绘制图的即此朵斗栱，很可能是有意的挑选，参见文献［4］。

特别，其与栱身并非同一木料一体加工，均另外单独制作，平接于栱身前端下方，栱身内侧隐刻双瓣华头子和部分昂身，与下方探出的假昂头共同表现出斜下出昂的形象（图1）。需要说明的是，这种另接昂头的做法，并非现代修缮所致。首先，在初祖庵早期照片中，即能明确看到这种做法❶，并可看出昂头与栱身的连接方式，其下方昂头在昂面上端中部作榫头，插入栱身前端的卯口之中（图2）。其次，大殿角铺作所见假昂无一例外均另接昂头，而柱头铺作和补间铺作分别采用插昂和真昂，昂头和昂身一体制作，若角部假昂昂头为后期脱落而做的加补，那么补间、柱头铺作不可能都保存完好，而仅角铺作所有昂头全部脱落。由此可见，初祖庵大殿角铺作假昂的做法是原始处理，其特别使用普通栱材和昂头小料拼合假昂，而不浪费大料一体加工，是当时明确的技术选择。

上述另接昂头的加工方式并非局部地区的特例，也见于山西大同善化寺金初天会六年至熙宗皇统三年间（1128—1143年）重建的山门、三圣殿［4］。善化寺为辽金大寺，等级较高，其山门面阔五间，进深两间，单檐庑殿顶，斗栱五铺作单杪单下昂，补间铺作使用插昂，柱头铺作与转角铺作附角斗栱均下出假昂。这些假昂的昂头，也都另外制作，平接于栱身前端下方，昂后栱身内隐刻双瓣华头子（图3）。现昂头颜色、新旧程度多与栱身不同，多为现代修缮更换，昂头两侧用铁锔与栱身连接。在老照片中可确认山门另接昂头的做法，部分昂头还有掉落迹象（图4）。山门假昂加工方式和拼接做法均与初祖庵大殿类似，唯假昂分布并不限于角铺作，遍及檐下，可见这种保证栱身直材加工、另接假昂头的做法，已较普遍。

三圣殿亦见这种假昂加工方法，且更为灵活多变。大殿面阔五间，进深四间，单檐庑殿顶，斗栱六铺作单杪双下昂，其补间铺作均使用真昂，前端挑檐，后端抵于槫下，有明确的结构作用，但柱头铺作与殿内梁栿绞构，由于前后檐和山面梁栿结构各异，其昂的结构也不相同，可分为以下4类：（1）前檐明间东侧柱头铺作❷：双插昂，衬于殿内六椽栿出头前端上方（图5-a）；（2）前檐其余三个柱头铺作：均在梁头前方使用上插昂下假昂的形式，下方假昂昂头均单独制作，接于梁头前端下方（图5-b）；（3）后檐柱头铺作：殿内上下相叠的乳栿出头，栿前端下方均另接假昂头（图5-c）；（4）山面柱头铺作：双昂里转均为足材栱，上承丁栿，栱前端均下接假昂头（图5-d）。总的来看，三圣殿柱头铺作普遍使用假

图1 河南登封少林寺初祖庵大殿角铺作假昂（图片来源：作者自摄）

图2 河南登封少林寺初祖庵大殿角铺作老照片［3］

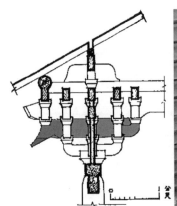

图3 山西大同善化寺山门柱头铺作假昂（图片来源：改绘自文献［4］）

图4 善化寺山门老照片（图片来源：（日）竹岛卓一. 辽金时代的建筑及其佛像［M］. 东京：东方文化学院东京研究所，1934：图版65.）

昂，昂头另接，保证身后梁材或栱材的充分利用，仅前檐或下接假昂头，或斜接插昂，其分布没有规律，反映出当时工匠对二者并没有明确区分，且下接假昂与插昂都不具有真昂的原始结构功能，因此，插昂或可认为是一种特殊的假昂，只是其昂头斜插于栱头或梁头上方，而常规意义的假昂昂头平接于栱、梁前端下方[3]。

三圣殿前后檐梁头下接假昂的特殊做法，还见于山西文水则天圣母庙后殿，其面阔三间，进深三间，单檐歇山顶，柱头铺作均五铺作单杪单下昂，两山使用插昂，但前后檐柱头铺作做法却很特殊，华栱之上均挑承殿内梁栿（前五椽栿后劄牵）出头，其前端下方下出的昂头均单独制作，接于梁头之下，后方还在梁身上隐刻出斜向上的昂身，模拟出下昂的形式（图6）。这是在保证梁栿直材充分使用的条件下，通过另接昂头、隐刻昂身的处理，"将假昂制成真昂形制"[4]。

金代以后的重要实例，可举元代官方敕建的永乐宫[5]，其几座大殿斗栱假昂均见有另接昂头的加工方法（图7），昂面作榫口连接昂头与栱身，并在昂底打入铁钉向上锚固。但除龙虎殿山门普遍见有下接假昂做法外，其他三座大殿，以一体加工的假昂居多（表1），反映出另接假昂头的加工方法渐向一体加工转变。

❸ 插昂为假昂的先声这一认识，贾洪波先生早已提出，参见文献［1-2］。若以此为基础，可进而认为插昂是下出假昂的最初形态，而插昂出现较早，至少可推至宋初，与平出假昂大略同时，则可见假昂初创时，可能就根据加工方式的不同，产生了下出插昂和平出假昂两种不同的做法。但插昂与栱身毕竟斜接，与下平接假昂还是有所差异，且学界对插昂与假昂的基本概念已有明确区分，为避免概念混乱，本文暂不将插昂纳入假昂考察。

❹ 李会智. 文水则天圣母庙后殿结构分析［J］. 古建园林技术，2000（2）：7-11.

❺ 杜仙洲. 永乐宫的建筑［J］. 文物，1963（8）：3-18.

表1　永乐宫各殿假昂分布与加工（表格来源：作者自制）

殿名	时代	面阔进深	铺作次序及假昂分布	另接假昂头做法
龙虎殿	元至元三十一年（1294年）	面阔五间，进深两间，单檐庑殿顶	五铺作单杪单昂 柱头铺作假昂，补间铺作真昂	普遍
三清殿	元中统三年（1262年）	面阔七间，进深四间，单檐庑殿顶	六铺作单杪双昂 柱头、补间铺作均为假昂	部分
纯阳殿		面阔五间，进深三间，单檐歇山顶	六铺作单杪双昂 柱头、补间铺作均为假昂	部分
重阳殿		面阔五间，进深四间，单檐歇山顶	五铺作单杪单昂 柱头、补间铺作均为假昂	较少

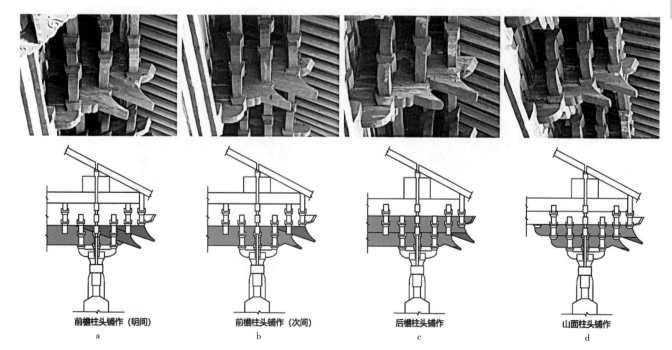

前檐柱头铺作（明间）　　前檐柱头铺作（次间）　　后檐柱头铺作　　山面柱头铺作
　　a　　　　　　　　　　　b　　　　　　　　　　　c　　　　　　　　d

图5 山西大同善化寺三圣殿各柱头铺作假昂做法示意（图片来源：改绘自文献［4]）

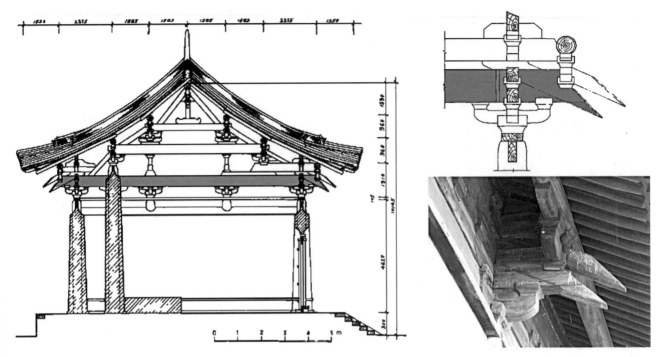

图6 山西文水则天圣母庙剖面与前檐柱头铺作假昂（图片来源：李会智. 文水则天圣母庙后殿结构分析 [J]. 古建园林技术，2000（2）：7-11.）

龙虎殿　　　　　　　　　　　　　　　　　三清殿

纯阳殿　　　　　　　　　　　　　　　　　重阳殿

图7 永乐宫各殿另接假昂头做法（图片来源：作者自摄）

二　平出假昂

从下出假昂的早期加工方式，可看出工匠不浪费大材加工斜向探出构件，而采取另接昂头的做法，以保证栱、梁直材的充分使用为要务，以此视角来看实例中相对出现更早的平出假昂，其特别的形制，实际上也有同样的目的。

图8 甘肃敦煌慈氏塔斗栱（图片来源：作者自摄）

图9 山西忻州金洞寺转角殿前檐柱头铺作（图片来源：作者自摄）

❶ 文献［6］：387-391.

❷ 李艳蓉，张福贵. 忻州金洞寺转角殿勘察简报［J］. 文物世界，2004（6）：38-41.

❸ 刘敦桢. 苏州古建筑调查记//刘敦桢. 刘敦桢文集（第二卷）［M］. 北京：中国建筑工业出版社，1984：257-317.

❹ 文献［7］：9-24.

平出的昂头，按其下皮的走向，还可细分为下平和下卷两型[5]。

下平型假昂似出现较早，其最早木构实例见于甘肃敦煌慈氏塔，该塔原在三危山上，后迁于莫高窟前，建造时代推测为宋初。塔八角攒尖顶，柱头斗栱"**五铺作偷心出双杪……各华栱头都砍作批竹昂形，昂底略向下斜，昂侧隐出华栱**"❶（图8）。这样加工的假昂，与单纯作栱所使用木料的截面大体一致，不需要准备特别的方材，但昂底微斜，也反映出当时工匠对下昂形式的执念。

山西忻州金洞寺转角殿也可见这种下平型假昂❷，大殿面阔三间、进深三间，单檐歇山顶，其前檐与山面柱头铺作均五铺作单杪单昂，昂头与栱身之间，做出凹槽表现华头子，并隐刻出昂身，以表现平出的昂头（图9）。昂头上方，令栱上还斜出昂形耍头，其下斜走势与平出假昂上皮斜度一致，虽有一定的呼应关系，但两者向前聚拢，较为抵牾，反映出平出假昂较难表现下昂的势态，还是一种顾及材料加工的权宜之策。

南方建筑也有类似做法，南宋苏州玄妙观三清殿，面阔九间，进深六间，重檐歇山顶，其上檐柱头与补间铺作，均用双杪双昂，双昂均假昂，"**虽前端下垂甚平，但其下缘则用直线**"❸，在昂头与栱身间表现华头子（图10），与金洞寺转角殿相似。

下卷型假昂最早见于北宋天圣元年（1023年）山西万荣稷王庙大殿❹，该殿面阔五间，进深三间，单檐庑殿顶，斗栱五铺作双昂，柱头铺作均使用假昂，补间铺作第一跳假昂第二跳真昂。不论柱头还是补间铺作的假昂，昂头均平出，昂底皮上卷，昂尖上翘，在昂头与栱身间隐刻单瓣华头子和斜上的昂身。假昂昂底最下方与栱身下皮在同一水平线，昂尖也没有上挑太高，整个昂头均在栱身方材的范围内，保证了使用栱身规格的直材一体加工（图11）。大殿补间斗栱上出真昂，与下方假

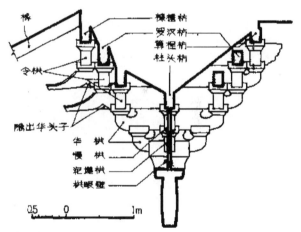

图10 苏州玄妙观三清殿上檐补间铺作（图片来源：刘敦桢. 苏州古建筑调查记//刘敦桢. 刘敦桢文集（第二卷）［M］. 北京：中国建筑工业出版社，1984：257-317.）

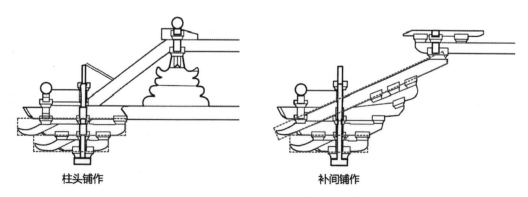

柱头铺作　　　　　补间铺作

图11 稷王庙柱头铺作与补间铺作材料加工[7]

图12 万荣稷王庙大殿补间铺作真假昂做法（图片来源：作者自摄）

❶ 柴泽俊. 太原晋祠// 柴泽俊. 柴泽俊古建筑文集[M]. 北京：文物出版社，1999：12–16.

❷ 文献［5］；喻梦哲. 晋东南五代、宋、金建筑与《营造法式》[M]. 北京：中国建筑工业出版社，2017：173–176.

昂交错，很容易出现金洞寺转角殿上下真假昂相互抵牾的情况。但稷王庙大殿补间上方真昂前端，也采用与下方假昂类似的卷昂造型，昂尖均上翘，弱化了两者的矛盾（图12）。可见这种下卷型假昂的特殊处理，是在直材的加工要求之下，尽可能通过灵活的形制变化，达到出昂的效果，并通过昂尖的卷曲调整昂头斜出的方向以统一真假昂走势，实现整体的和谐，反映了当时工匠在材料与形制的权衡中，两不偏废的高超技巧。

下卷型假昂另一重要实例，在山西太原晋祠❶，祠内除北宋圣母殿使用这种做法，后代增建的金代献殿、元代唐叔虞祠正殿均沿用平出的假昂。大殿面阔七间，进深六间，重檐歇山顶，其下檐柱头斗栱五铺作双昂，均使用平出假昂，昂尖向前，昂底皮接近平直，略微上卷，昂底与栱身底皮水平，保证了方材的统一加工。下檐补间铺作五铺作单杪单下昂，使用真昂，上出下昂状耍头，表现出双下昂的外观形象，这与柱头平出的双昂相间设置，一高一矮，一斜一直，富有节奏韵律（图13），金代增建献殿也模仿这种铺作次序，可见其为特意的安排。

北宋假昂案例，绝大多数采用或下平或下卷的平出假昂。从现存资料看，这种做法地域分布较广，时代也延续较长❷，在甘肃、河南、山西、陕西、四川、江苏等地皆有所见，"足证其在历史上曾一度具有较为重要的地位，是不可忽视的非主流形制"[5]。这种平出的假昂，造型虽较为复杂，看似追求形制的艺术效果，实则保证了身后梁、栱直材的充分利用，是受木材限制对形制所作的调整，与材料加工关系更为密切，在现存实例中，其出现较下出假昂更早，也就在情理之中。从加工角度看，山西高平崇明寺北宋开宝初创建的中佛殿补间二跳做法，似乎也有相同的意趣（图14），其年代确切，形制又介于栱、昂之间，可视为平出假昂的先声。

图13 太原晋祠圣母殿前檐斗栱（图片来源：作者自摄）

图14 高平崇明寺中佛殿东山补间铺作（图片来源：作者自摄）

三 《营造法式》"就材充用"原则

由上可见，下出假昂和平出假昂的加工，都保证了昂后栱身或梁身方材的充分使用，不浪费大材加工小构件，且无论是下出假昂的善化寺、永乐宫，还是平出假昂的晋祠圣母殿、稷王庙大殿，均为等级较高的建筑，可见这并非地方做法，而是官方认可的材料加工原则。

北宋官修的《营造法式》卷第十二《锯作制度》即规定：

"用材植之制度：凡材植，须先将大方木可以入长大料者，盘截解割；次将不可以充极长极广用者，量度合用名件，亦先从名件就长或就广解割。

"抨绳墨之制：凡大材植，须合大面在下，然后垂绳取正抨墨。其材植广而薄者，先自侧面抨墨。务在就材充用，勿令将可以充长大用者截割为细小名件。"❸

《营造法式》卷二十六《诸作料例大木作》将木料分为用于加工梁柱的方木、柱材，以及用于加工其他构件的各类方木，均为规整的直材，并特别提到各类方木需"就全条料又剪截解割"❹。

以上"就材充用"与"就全条料剪截解割"，均说明当时的营造工程以材料为准绳，就材植的基本尺寸加工构件，充分利用原材料，"勿令将可以充长大用者截割为细小名件"。在材料和形制的权衡中，《法式》明确了材料为第一要务，就材充用，节制功料，这也是李诫编纂《营造法式》的要旨："系营造制度、工限等，关防功料，最为要切，内外皆合通行"❺，这种拟推及官方和民间的功料制度，在前述不同等级的建筑实例中有充分反映。以此视角反观《营造法式》卷四《大木作制度》，其"飞昂"条，只提及下昂、上昂两种制度，另附有插昂❻，均为单纯的直材构件，当时假昂在建筑实例中虽已出现，但未载于法式，可见当时官式规定，仍以简单、直接的结构构件为主流，力求原材料的充分使用。

❸ 文献［8］：251.

❹ 文献［8］：349–350.

❺ 文献［8］：5.

❻ 文献［8］：90–100.

四 与后期建筑假昂加工方式的对比

宋末金初，下出假昂渐成流行做法。有意思的是，从现存早期建筑最为丰富的山西南部地区看，金中期以后，这类假昂的加工，适应当时建筑材料的改变，还出现了选用弯材加工的现象。

这一时期建筑所用假昂的表面，部分还能看清木纹走势，其在栱身较顺直，但在下出假昂的部分，木纹多逐渐下斜，与假昂的斜度基本一致，这一现象说明当时工匠有意选用自然弯材加工下出假昂，而非宋代以前常见的直材加工（图15），这与金元时期建筑广泛采用自然弯材制作大梁、丁栿、大额类似，是一种普遍的材料选择❼，其背后，与自然选材的变化有一定关联：宋代以前，山西南部地区建筑多使用松材，松木劲直，少有弯材，这也是早期假昂就直材加工的原因。而随着自然松林的砍伐，堪用大材的松木减少，人们开始使用周边的榆木、槐木、杨木等乡土树种来建造房屋，这类树木树干多绕曲，可依就自然弯材加工构件❽（图16）。

这种一体加工下出假昂的做法，在明清官式建筑中渐成一种制度，即便可以远距离运输松木、杉木、楠木等劲直的木材营建房屋，也一体制作下出假昂，由此自然带来材料的浪费，反

❼ 张驭寰. 山西元代殿堂的大木结构// 建筑史专辑编辑委员会. 科技史文集（第2辑）［C］. 上海：上海科学技术出版社，1979：71–106.

❽ 彭明浩. 山西南部早期建筑大木作选材研究［D］. 北京：北京大学，2011.

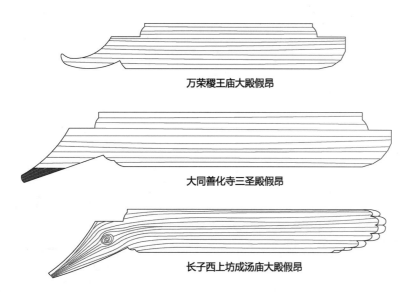

万荣稷王庙大殿假昂

大同善化寺三圣殿假昂

长子西上坊成汤庙大殿假昂

图15 直材加工的木纹与弯材加工木纹对比示意图（图片来源：作者自绘）

图16 使用弯材一体加工的假昂木纹（图片来源：作者自摄）

❶ 清工部允礼编. 工程做法则例（卷28）[O]. 刊本, 1734.

❷ 文献［9］: 97.

❸ 现鼓楼已重建, 老照片中可见其为另接假昂头的加工方法, 参见: 文献［3］: 87。

❹ 祝纪楠编著.《营造法原》诠释［M］. 北京: 中国建筑工业出版社, 2012: 47.

❺ 文献［10］: 311.

映出明清官式建筑斗栱以追求形制为主，并未充分利用原材料，这也是后期斗栱结构功能弱化，偏重造型装饰的反映。

但明清官式建筑假昂加工浪费材料的程度，也不宜过分放大。一方面，此时建筑斗栱的用材已经很小，即使下出假昂整体加工，其原材料也并非大料，备料难度不大；另一方面，清代建筑假昂下斜程度已明显减小，按清工部《工程做法则例》卷二十八《斗栱做法》规定："头昂每斗口一寸，应前高三寸，中高二寸，宽一寸……二昂高厚与头昂尺寸同"❶，则其原料较一般栱身高约1/2，昂下皮斜度按常规做法，约为13°（图17）❷，已接近平出，这也一定程度减少了假昂加工时所浪费的材料。

同时无论南北方，大量建筑仍常见另接昂头和平出卷昂的做法，如朔州崇福寺千佛阁，登封少林寺鼓楼❸、常熟赵用贤宅大门等，另外，部分一体加工的下出昂头也多有上卷的倾向，如江南地区建筑常见的"凤头昂"做法❹，也一定程度上防止了加工时的材料浪费。同时，下出的假昂头也普遍延续了拼料做昂的做法，并见有将一较大的整材锯解为收尾错开的两道昂的加工方式❺（图18），这些都反映了民间建筑中材料对形制做法仍有很强的制约，与官式建筑有明显分化。即使现代修缮或者复建，也能看到这种倾向，如大同华严寺近年复建的钟鼓二楼，其下出假昂也另接昂头，不知是有意仿照早期做法，还是确为材料限制所作的处理。

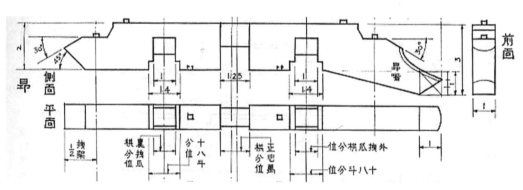

图17 清式平身科斗栱分件——昂（图片来源：文献［9］: 97.）

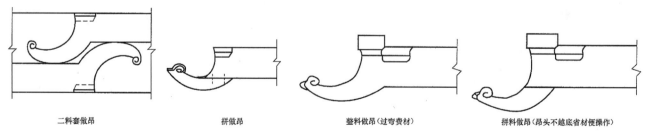

二料套做昂　　　拼做昂　　　整料做昂（过弯费材）　　　拼料做昂（昂头不越底省材便操作）

图18 凤头昂加工（图片来源：文献［10］: 311）

五 结语

假昂模拟昂的外观，但不具有真昂的结构功能，可以说，它的出现标志着我国建筑的营造理念开始脱离纯粹的结构逻辑而逐渐侧重于外观形象装饰。但早期假昂的制作，仍适应于木材特点，宋金即出现了下接昂头和平出假昂两种做法，而金元时期，还出现了选用自然弯材，一体加工下出假昂的做法，这些都体现了《营造法式》所谓"就材充用"的基本原则。而随着时代的发展，假昂做法逐渐脱离材料的束缚，晚期官式建筑，普遍采用直材一体加工下出假昂，反映出建筑装饰化的进一步深入，但民间建筑，由于材料的限制，虽具体形制有所改变，但本质上仍延续了另接昂头或平出卷昂的加工方式，反映了材料对建筑形制的广泛约束作用。

综上可见，材料是建筑的基础，也是工匠加工改造的对象，构件最终形成的形制做法，是匠人根据材料条件所做的适应性改造。不同时期、不同区域、不同等级的建筑中所反映出的材料应用倾向，与自然环境、施工条件、匠人观念息息相关，这也构成了反观区域匠作传统的有效途径。

参考文献

[1] 冯继仁. **中国古代木构建筑的考古学断代** [J]. 文物，1995（10）：43-68.

[2] 贾洪波. **关于宋式建筑几个大木构件问题的探讨** [J]. 故宫博物院院刊，2010（3）：91-109.

[3] （日）常盘大定，关野贞. **中国文化史迹（第二辑）** [M]. 法藏馆刊行，1939.

[4] 梁思成，刘敦桢. **大同古建筑调查报告**//梁思成. **梁思成全集（第二卷）** [M]. 北京：中国建筑工业出版社，2001：49-176.

[5] 徐怡涛. **宋金时期"下卷昂"的形制演变与时空流布研究** [J]. 文物，2017（2）：89-96.

[6] 萧默. **敦煌建筑研究** [M]. 北京：机械工业出版社，2003.

[7] 徐怡涛等. **山西万荣稷王庙建筑考古研究** [M]. 南京：东南大学出版社，2016.

[8] 梁思成. **营造法式注释**//梁思成. **梁思成全集（第七卷）** [M]. 北京：中国建筑工业出版社，2001.

[9] 梁思成. **清式营造则例** [M]. 北京：清华大学出版社，2006.

[10] 过汉泉. **江南古建筑木作工艺** [M]. 北京：中国建筑工业出版社，2015.

中国古代砖塔内部类型研究[1]

薛垲

（常州工学院土木建筑工程学院建筑学系）

❶ 本文为教育部人文社会科学研究青年基金项目（项目编号：18YJZH209）的阶段性成果。

摘要：塔作为中国古代建筑的一种重要类型，留存众多且形式多样，现在已有很多古塔的分类方法。本研究关注有内部空间且能登临的砖塔，以塔的结构类型为主要划分依据，结合垂直交通方式，参考前人的研究成果，对现存砖塔内部类型重新分类，梳理砖塔内部类型的演化过程，并探索技术成熟之后，砖塔内部类型的使用规律。

关键词：砖塔，结构，垂直交通，类型，演变

A Study on the Interior Type of Chinese Ancient Pagodas

XUE Kai

Abstract: As an important type of Chinese ancient architecture, pagodas have been preserved in large numbers and diversified forms, and there are many classification methods of ancient pagodas. This study will focus on the brick pagodas which have interior space and can be climbed. With the structure type of brick pagodas as the main dividing basis, combining with the vertical traffic, and with the reference of previous research results, this study reclassifies the interior categories of existing brick pagodas, analyzes the evolution process of the interior categories, and explores the application of the interior category of brick pagoda when the technology is mature.

Key words: brick pagoda; structure; vertical traffic; category; evolution

026
建筑史 第46辑

一 概述

塔是中国古代建筑的一种重要类型，至今仍有大量存留，包含丰富的类型。现有古塔的分类多是从塔的外形、材料、内部结构、年代、宗教意义等来划分，有些还会混杂以上几种要素分类。

最常见的古塔分类法是根据塔的外形，将其分为楼阁式塔、密檐式塔、亭阁式塔、喇嘛塔和金刚宝座式塔等。另一种常见的古塔分类法是根据塔的建造材料，划分为砖塔、木塔、砖木混合塔、石塔、土塔、金属塔等。如果按材料分类，留存至今的中国古塔主要为砖塔和砖木混合塔，这些塔也可以统称为砖塔。

汉魏南北朝时期的佛塔，不论层数多少，体量多大，一般都不具备登临的条件，惟佛塔首层设置佛像供人礼拜，上层塔身没有实际功用❷。赋予了登临功能的砖塔，需要有垂直交通，并在内部形成使用空间，其内部类型要比实心塔或仅有一层心室空间的塔复杂得多。从外形分类来看，这些有内部使用空间的塔主要是楼阁式和密檐式，而且以楼阁式塔为主。

本文即对这些能登临的砖塔内部类型的研究。

❷ 文献［1］：180.

二 现有砖塔内部类型分类

刘敦桢先生对唐宋砖塔内部的演化有很精练的总结："且考唐、宋间此类砖塔之演变，在中

原诸省者，约可分三期。即唐代之塔，内辟方室，岧峣直上，有若空井，其中构木桁架多层，施楼板及梯，以便升降。降及五代，塔心之室，犹如旧规，但废木梯，另于外壁中设砖道，盘旋而上。入宋以后，砖梯以外，其内室之楼板，天花，亦易木为砖，较之唐塔之结构方式，已迥然异观。"❸

❸ 刘敦桢. 四川宜宾旧州坝白塔//文献［2］: 445.

现有的砖塔内部分类主要是以塔内楼梯类型或者塔内攀登方式为划分依据。

由张驭寰先生任主任编审的《中国古代建筑技术史》一书中，把砖塔分为空筒结构砖塔、砖阶梯塔和实心砖塔等几种，并总结砖阶梯的五种方式：壁内折上式、穿心式、穿壁式、回旋式和扶壁攀登式❹。该书认为以上几类梯级，实际都是在砖砌体内留出一个通道，通道的顶部仍用拱券或叠涩结构跨覆。另外还有扶壁攀登式。

❹ 文献［3］: 195-197.

罗哲文先生把中空塔（即能登上的塔）的内部分为七种：木楼层塔身、砖壁木楼层塔身、木中心柱塔身、砖木混砌塔身、砖石塔心柱塔身、高台塔身（金刚宝座塔）和其他（喇嘛塔）❺。罗先生的分类方法以塔的材质、结构为依据，并不仅局限于砖塔。

❺ 罗哲文. 中国古塔//文献［4］: 114-116.

张驭寰先生在后来的著作中，把塔的内部结构分为空筒式、壁内折上式、壁边折上式、穿壁式与穿心绕平座式、错角式、回廊式、穿心式·实心式、扶壁攀登式、螺旋式和混合式❻。但这种分类方式会使有些塔同时属于两种或多种类型，比如大雁塔就既属于空筒式，又属于壁边折上式❼。

❻ 文献［5］: 156-170.

❼ 文献［5］: 156, 162. 书中把壁边折上式区别于空筒式，但又认为这种结构仍然采用空筒式，只是各楼层与外壁连接在一起。书中介绍壁边折上式创建于宋，但其后又举唐代大雁塔为实例。

可以看出，现有对于中国古塔内部类型的各种分类，有相通之处，但差异也较大，至今并没有统一的分类方法。

三　砖塔内部类型重新分类

由于现有砖塔内部类型的分类仍不是很清晰，本文以塔的结构类型为主要划分依据，结合垂直交通方式，参考前人的研究成果，对现存砖塔内部类型重新分类，并梳理砖塔内部类型的演化过程。

本文把砖塔的结构类型分为五类：单腔空筒类、错角空筒类、多腔空筒类、实心类和套筒回廊类。

（a）单腔空筒类：是指砖塔由一层外壁构成，内部为一个贯通的空间，中间只有木制楼板分隔（图1-a）。

（b）错角空筒类：这种类型也是空筒式，但相对于早期的类型，这种错角式是一种进步。这类塔有共同的特点，都是楼阁式八面塔，内部心室为方形，心室方向隔层转45°，各层相闪开门洞（图1-b）。

（c）多腔空筒类：由单腔空筒类演化而来，一层外壁围合成的内部不再是一个贯通的空间，中间有砖顶和楼层分隔（图1-c）。

（d）实心类：塔身为实心，垂直交通的梯道就是在塔身中掏出的通道，塔身中一般没有塔心室（图1-d）。

（e）套筒回廊类：这种类型的塔在一层外壁中还有一个塔心柱，两层砖壁中形成一道回廊（图1-e）。空筒壁内折上式是在塔壁内开辟梯道，一些砖塔的梯道和每层廊道连通，可以连续盘旋而上，被一些学者归为双层套筒结构。与空筒壁内折上式相比，套筒回廊类是在同一层有一道贯通的回廊，因此有内、外两层相对独立的壁体，而前者实际只有一层外壁。

本文把砖塔的垂直交通方式分为六式：壁边折上式、壁内折上式、螺旋式、穿心式、穿壁式和扶壁攀登式。

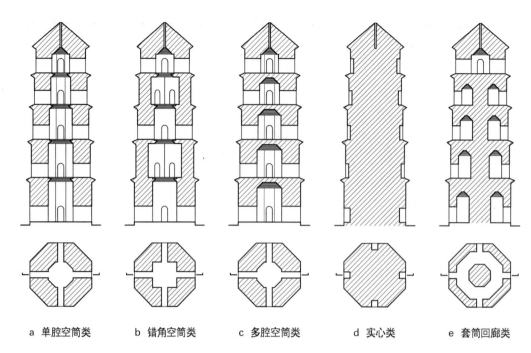

| a 单腔空筒类 | b 错角空筒类 | c 多腔空筒类 | d 实心类 | e 套筒回廊类 |

图1 砖塔结构类型分类示意图（图片来源：作者自绘）

（a）**壁边折上式**：梯级在塔壁内侧，一般一侧贴塔壁，另一侧凌空，使用空间（心室或回廊）和交通空间（梯级）处于一个空间（图2-a）。

（b）**壁内折上式**：梯级夹在塔壁内部，平行塔壁或者心室设置。与壁边折上式比，壁内折上式的梯级与心室间还隔着一层塔壁，而且壁边折上式木楼梯较多，壁内折上式多为砖石阶梯（图2-b）。

（c）**螺旋式**：梯级盘绕中心柱螺旋而上，与壁内折上式比，梯级围绕的是一个实心心柱，没有心室（图2-c）。

（d）**穿心式**：梯级穿过塔心，斜直向上，这种类型的塔由于穿心的楼梯影响心室层高，所以一般不设位于塔心正中的心室（图2-d）。有部分实例中梯道在塔心位置旋转一定角度，再继续向上，亦归入穿心式。

（e）**穿壁式**：梯级垂直穿过塔壁，到达上一层，需要绕平座调转方向，继续穿壁向上，因此多被称为穿壁绕平座式（图2-e）。

（f）**扶壁攀登式**：没有梯级，在狭小的空间中依靠塔壁内设置的蹬孔，需要手脚并用垂直攀爬而上（图2-f）。

每个砖塔的内部类型由上述结构类型的"类"和垂直交通方式的"式"组成（图3）。

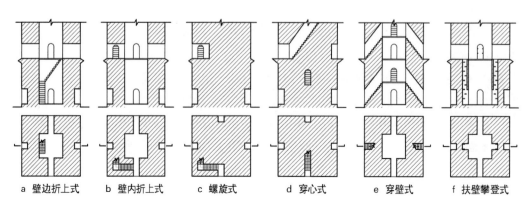

| a 壁边折上式 | b 壁内折上式 | c 螺旋式 | d 穿心式 | e 穿壁式 | f 扶壁攀登式 |

图2 砖塔垂直交通方式分类示意图（图片来源：作者自绘）

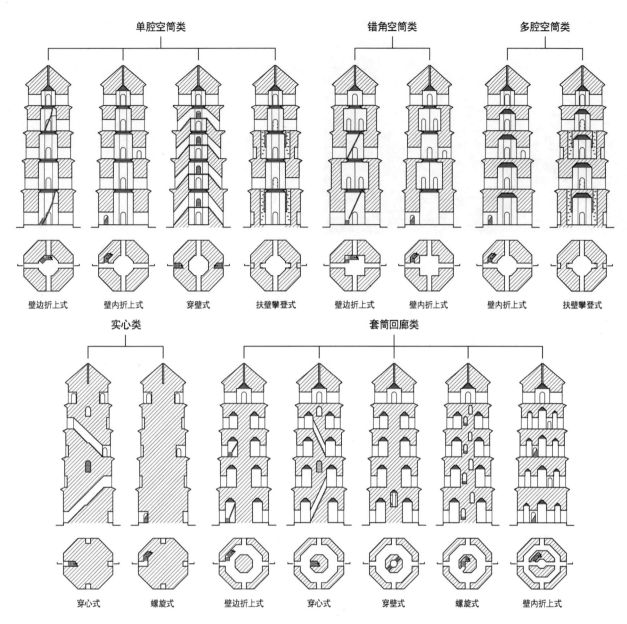

単腔空筒类　　　　　　错角空筒类　　　多腔空筒类

| 壁边折上式 | 壁内折上式 | 穿壁式 | 扶壁攀登式 | 壁边折上式 | 壁内折上式 | 壁内折上式 | 扶壁攀登式 |

实心类　　　　　　　　　　　　　套筒回廊类

| 穿心式 | 螺旋式 | 壁边折上式 | 穿心式 | 穿壁式 | 螺旋式 | 壁内折上式 |

图3 砖塔内部类型分类示意图（图片来源：作者自绘）

1. 单腔空筒类

河南登封嵩岳寺塔是单腔空筒类砖塔现存最早的实例，虽然上部空间应该不对普通人开放，也没有楼板，但已具备用于登临的木楼梯，内部设陡峭的木梯主要是为了施工和维修[1]。

（1）壁边折上式

现存唐塔实例多为是单腔空筒类[2]，这类塔的使用空间和交通空间都在一个空筒内，楼梯沿着塔壁内侧布置，垂直交通都是壁边折上式。

陕西西安小雁塔除第一、二层为木楼梯，其余各层从塔壁叠涩出挑形成的砖楼梯（图4），绕塔壁而上。这在唐塔中比较少见，说明建造塔壁的同时砌筑砖梯的做法在唐代已经存在。

浙江临安功臣塔建于五代后梁贞明元年（915年），是现存最早的砖芯木檐楼阁式塔实例，内部仍然采用单腔空筒类，木制楼板、楼梯已损毁。而后南方平面尺寸较小的砖芯木檐楼阁式塔大多还是这种简单的单腔空筒类壁边折上式。

[1] 文献［6］：17–18. 其内部一至八层有68个小卯口，部分卯口内留有外端已被烧毁的栗木，这些木段悬挑在塔内形成栈道式梯道，供施工及检修使用。推测不供人登临的依据为：各层内部无楼板，不能供人登临；缺乏必要的攀援通道；采光条件很差；内部各层真门的位置与人体尺度不合；塔内未设支撑楼板的承重结构；塔内无粉饰，砌作草率，不见游人题记，无磨损痕迹。

[2] 文献［7］：57. 有学者认为大雁塔这种内外砖壁，中间填土的形式是筒中筒结构。

图4 小雁塔砖楼梯照片（图片来源：作者自摄）

四川彭州建于北宋天圣元年（1023年）的正觉寺塔和北宋景祐年间（1034—1037年）的云居院塔都是四面十三级的密檐塔，内部中空，由木楼板分成四到五层，沿壁设置木楼梯。

南诏、大理时期的建塔技术继承于四川❶，现存该时期的砖塔主要是单腔空筒类，内部为木楼板、楼梯，如千寻塔（图5）。

受限于砖块尺寸，砖塔塔壁内侧很难用砖出挑成梯级，故现存壁边折上式砖塔中的楼梯基本都是上下两头架于楼板或梁上的木梯，但是木材较易损坏和烧毁。特别是在单腔空筒类砖塔中，一旦底层失火，内部木构很容易因为烟囱效应完全烧毁。

❶ 文献［8］: 83.

（2）壁内折上式

河南滑县明福寺塔建于北宋，塔内原有木楼梯可至五层，雷击后烧毁，木楼梯应该是大修时后加的。原构空筒式，每层有木楼板，梯道设于外壁内，但是并不能连贯攀登，每层需要出券门，绕平座进入另一个券门继续攀登。这是唐代空筒壁边折上式向宋代壁内折上式嬗递的实例。

（3）穿壁式

浙江松阳延庆寺塔开建于北宋咸平二年（999年），塔壁内设置的梯级不够登上每一层的高度，因此每层都有木梯与塔壁内的砖梯配合，这也可以看成是早期空筒木楼梯向砖梯演进的一种过渡现象。这种类型的典型实例还有始建于北宋大中祥符二年（1009年）的广东南雄三影塔（图6）。但是这样设计使得每个心室中间都架有木梯，使用空间受到很大影响。

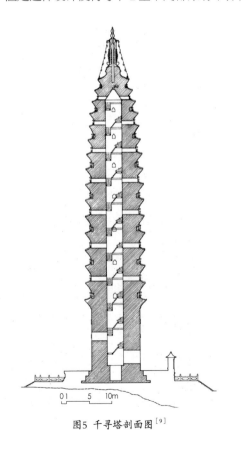

图5 千寻塔剖面图［9］

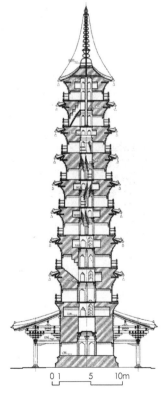

图6 三影塔剖面图［12］

穿壁式一般楼梯都比较陡峭，比如安徽宣城仙人塔直接从首层塔门内设梯道登上二层，需要在1米厚的塔壁内登上4米的高度。由于有些塔的塔壁厚度内穿壁攀登高度不够一层层高，还产生了设置暗层的处理手法，外观一层内部对应两层，暗层的楼面可以作为梯道的转换平台，这样就能通过两段梯道登上与外观对应的一层。如建于北宋绍圣四年（1097年）的广东广州六榕寺花塔、建于宋代的广东连州慧光塔、建于北宋绍圣四年（1097年）的江西安远无为塔等。这种类型砖塔在浙江、江西、广东地区留存较多。

另外有些楼阁式砖塔，首层有副阶，首层较高，在副阶内设木质楼梯（亦有部分为砖砌楼梯），需要在塔身外爬一定高度，再从一层塔壁中部穿壁入塔，如建于南宋端平（1234—1236年）初的浙江湖州飞英塔（图7）。

（4）扶壁攀登式

云南昆明西寺塔建成于南诏后期，为空筒类密檐式砖塔。内部沿四壁安装木板，木板搭置在两壁之间，每55厘米高一块，按四个壁面逐渐上升安装。这还不能算是扶壁攀登式，但攀扶而上为登塔提供了一种新的方式。

山西陵川三圣瑞现塔建成于金大定九年（1169年），内部中空，只是第一、二层间有转折，用于垂直攀登的休息平台，三层以上垂直贯通，相对壁面设置脚蹬（图8）。

这种攀登方式多不会单独存在于一座塔中，而会在塔的上部数层采用，具体实例归为后面的"混合型"。

2. 错角空筒类

这类砖塔内部大多仍使用木楼板、楼梯，垂直交通方式以壁边折上式为主。

图7 飞英塔副阶内木楼梯照片（图片来源：作者自摄）

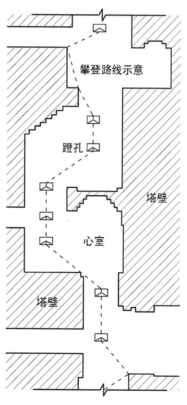

攀登路线示意

蹬孔

塔壁

心室

塔壁

图8 三圣瑞现塔第一至二层攀登方式示意图

（图片来源：作者根据文献［3］重绘）

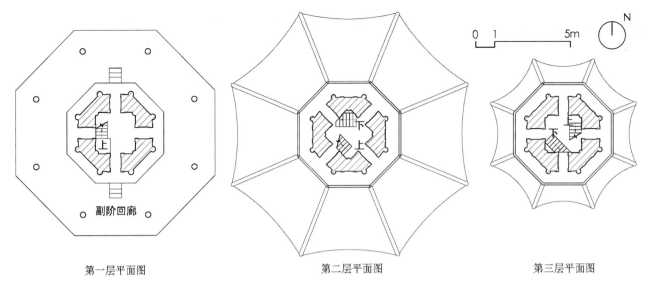

第一层平面图　　　　　　　　　　第二层平面图　　　　　　　　　　第三层平面图

图9 聚沙塔平面图（图片来源：作者根据修缮报告重绘）

上海龙华塔始建于北宋太平兴国二年（977年），八面七级，首层心室八边形，以上方形，逐层旋转45°。

江浙地区现存这种类型的砖塔比较多，如：始建于北宋太平兴国七年（982年）的罗汉院双塔、始建于北宋元丰二年（1079年）的护珠塔、始建于南宋绍兴年间（1131—1162年）的聚沙塔（图9）。这种类型在明清江浙地区仍广为使用，如建于明代中期的南京牛首山弘觉寺塔。

（2）壁内折上式

上海圆应塔建于南宋咸淳年间（1265—1274年），现砖塔身为宋代原构，木檐为明代重修。该塔除了第五、六层心室、门洞方向相同，其余各层都是错45°设计。首层可以从塔壁外侧穿壁式登塔，但由于塔壁厚度内攀登的高度不够登上二层，砖梯转向左侧，改为顺时针壁内折上式，是错角空筒类砖塔中不多的壁内折上式实例（图10）。

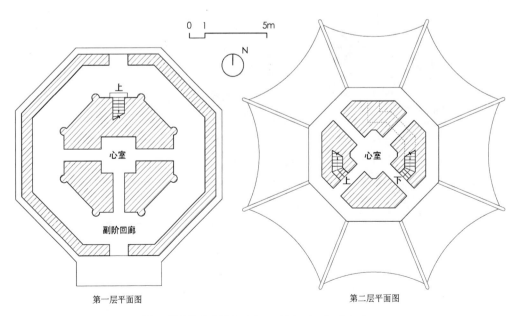

第一层平面图　　　　　　　　　　　　　　　第二层平面图

图10 圆应塔平面图（图片来源：作者根据文献［15］重绘）

3. 多腔空筒类

有一类塔只有一、二层间有砖构分隔，以上各层中空，塔身内部被分为两个腔，可以说是二腔空筒类，是单腔空筒类向多腔空筒类转变的中间类型。

陕西周至仙游寺法王塔始建于隋仁寿元年（601年）●，四面七级，下有一层基座。基座中空，有砖砌穹顶，不与上层相通，上面七层为典型的唐代单腔空筒类（图11）。该塔因为搬迁，经过拆毁后重砌，原状是否已改变并不清楚。虽然塔身仍然中空贯通，但是该塔可以算是现存最早的二腔空筒类实例。

和法王塔类似，这种类型的塔很多并不能从首层登塔，而要从外部架梯上到二层门洞进入，二层以上为一个贯通的空筒。河南宋塔中这类比较多，如始建于北宋仁宗年间（1023—1063年）的千尺塔（图12）。

图11 仙游寺法王塔剖面图（图片来源：作者根据文献［17］重绘）　图12 千尺塔剖面图（图片来源：作者根据文献［18］重绘）

山西太古无边寺白塔建于北宋元祐五年（1090年），一层南面辟门，心室砖砌穹隆顶，有木梯上一、二楼间的暗层，属于壁边折上式，以上空筒式，二层由于层高较高也有一个暗层，内部一共九层。这座二腔空筒类塔已可以从一层心室内登塔，从登塔方式来看，这是一个进步。

● 文献［16］：101. 曹汛先生认为隋代所建为木塔，早已毁去，现塔为唐开元十三年（725年）所建。

上海松江李塔砖塔身建于宋，首层为壁内折上式，二层以上贯通，层间有木板和木梯级。这种类型后期仍然存在，比如平遥麓台塔建于金天会年间（1123—1137年），一层心室左侧有砖砌台阶绕塔心室到半层，以上为空筒，各层还有木楼板、楼梯。

（1）壁内折上式

河南开封繁（音bó）塔开建于北宋太平兴国三年（978年），各层有砖砌穹顶，首层南面进入心塔，北面设方形塔室，东西各设梯级，可盘旋而上到达二层高度，继续穿壁式可上到三层心室。梯级的设计并不能连贯登塔，进入第二层需要在壁内折上式梯道平台穿壁式往下数步台阶，出塔门，再通过宽约70厘米平座绕到南面券洞进入二层心室（图13）。

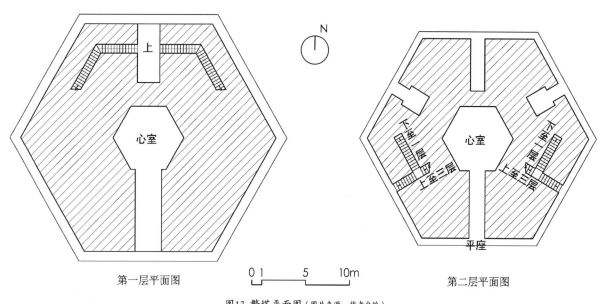

第一层平面图　　第二层平面图

图13 繁塔平面图（图片来源：作者自绘）

河南郑州福胜寺塔始建于北宋天圣十年（1032年），下三层壁内折上式，但不能连贯登塔，而需要绕平座才能进入上一层的梯道。作为现存最早壁内折上式实例，繁塔也并不能通过连贯梯道从一层到二层心室，而是要出塔身绕平座进入。出现这些现象，可能是因为早期砖塔刚出现壁内折上式，做法并不成熟。

河南商水寿圣寺塔建于北宋明道二年（1033年），也是壁内折上式，和上述二塔不同，已经可以在首层从同一个甬道进入心室空间和登塔梯级，并且连贯登塔。

四川宋塔很多外观密檐式，内部壁内折上式，如：建于北宋天圣十年（1032年）的灵宝塔（图14-a）、建于北宋晚期的旧州坝白塔（图14-b）、开建于南宋庆元三年（1197年）的圣德寺塔（图14-c）。

壁内折上式在宋塔中得到长足发展，逐渐成为一种主流的形式。

（2）扶壁攀登式

河南西平宝严寺塔建于北宋晚期，下两层壁内折上式，以上空筒类，每层在心室边的两个竖井内设外伸砖台，供扶壁攀登（图15）。

这种类型在河南金代砖塔中留存较多，如：建于金大定十一年（1171年）的天宁寺三圣塔、建于金大定十五年（1175年）的白马寺齐云塔、建于金大定十六年（1176年）的宝轮寺塔。

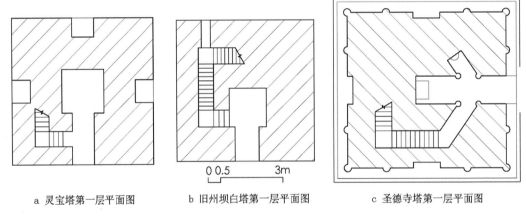

a 灵宝塔第一层平面图　　b 旧州坝白塔第一层平面图　　c 圣德寺塔第一层平面图

图14 典型四川宋塔平面图（图片来源：作者根据文献［19］重绘）

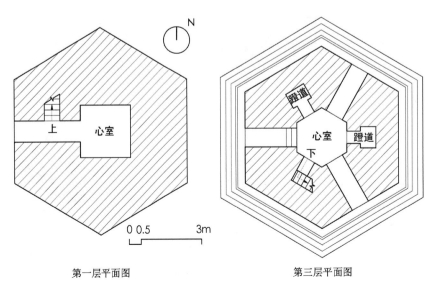

第一层平面图　　　　　　　　第三层平面图

图15 宝严寺塔平面图（图片来源：作者根据文献［20］数据自绘）

4. 实心类

（1）螺旋式

这种类型的最早实例是建于唐贞观元年（627年）的广东广州怀圣寺光塔，塔南北各辟一门，内有逆时针双螺旋式梯级盘旋而上。但它严格来说并不是砖塔，而是座伊斯兰建筑。

河南开封佑国寺塔开建于北宋皇祐元年（1049年），首层东、南、西、北各辟龛室，北面龛室内有梯级可以顺时针螺旋而上（图16）。

（2）穿心式

有些塔仅首层为穿心式：河南尉氏兴国寺塔始建于北宋太平兴国年间（976—984年），首层东西向穿心式；河南永城崇法寺塔始建于北宋绍圣元年（1094年），首层北南向穿心式；河南中牟寿圣寺双塔建于北宋，都是首层穿心式，以上顺时针螺旋式（图17）。

广东仁化建于北宋熙宁八年（1075年）的澌溪寺塔（图18）和建于北宋元丰五年（1082年）的华林寺塔，都是穿心绕平座式。

湖北麻城柏子塔第一至五层穿心式，塔身内置廊道与梯道结合登塔，梯道每层转120°，五层以上顺时针螺旋而上（图19）。与下文的套筒回廊类塔相比，柏子塔的廊道不是塔身与心柱间的连贯回廊，而是两段梯级间的水平休息段。

这种类型的塔由于多没有心室，实用性不强，很多塔中只有部分层使用这种登塔方式，这些塔可以归为下文的"混合型"。

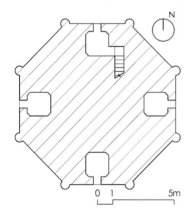

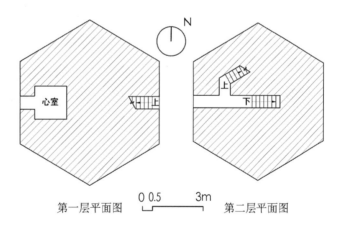

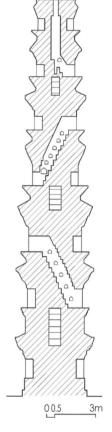

图16 佑国寺塔第一层平面图（图片来源：作者自绘）　　图17 寿圣寺东塔平面图（图片来源：作者根据文献［21］数据自绘）　　图18 澌溪寺塔剖面图（图片来源：作者根据文献［13］重绘）

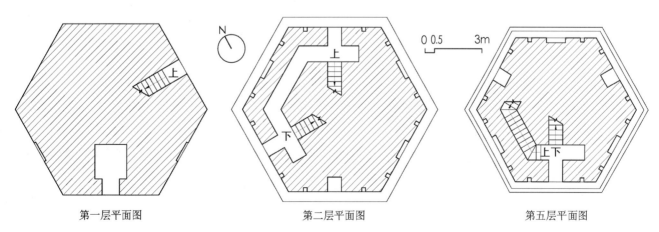

第一层平面图　　　　　　　第二层平面图　　　　　　　第五层平面图

图19 柏子塔平面图（图片来源：作者根据文献［22］重绘）

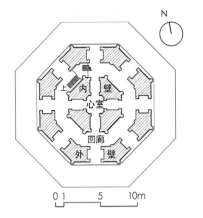

图20 云岩寺塔第一层平面图（图片来源：作者根据文献 [23] 重绘）

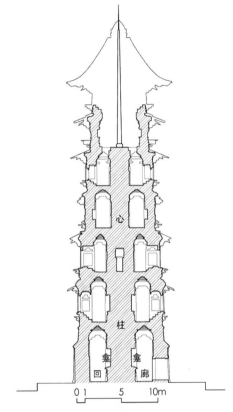

图21 瑞光塔剖面图（图片来源：作者根据文献 [24] 重绘）

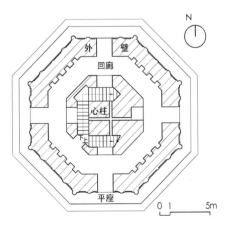

图22 智度寺塔第四层平面图（图片来源：作者根据文献 [26] 重绘）

5. 套筒回廊类

早期的砖塔主要是实心或者空筒类，套筒回廊类产生后空筒类仍然同时大量存在，说明塔心柱的存在对于砖塔在结构、构造或宗教意义上来说并不是必需的。砖塔的心柱不同于木塔，木塔的心柱是串联塔刹的刹杆直通到底。《中国古代建筑技术史》中从结构角度解释砖塔心柱的产生："我国古代砖塔砖构楼层的结构方式，除了拱券结构以外，常采用叠涩结构，其原因大约是施工便利。叠涩结构主要利用砖的抗剪强度，每皮叠出尺寸与砖厚尺寸的比例，须限制在刚性角的范围之内，须有很多出跳皮数，才能达到某一出跳长度，一般来说，是不利于跨越较大跨度的。为了减缩叠涩结构楼层的跨度，于是出现塔心柱或塔心室，使楼层分隔为小面积的内廊和塔心室，每一部分跨度都不大。"❶

有一些塔首层或者局部层有回廊，其余层仍然是空筒式，也可以归为下文的"混合型"。

（1）壁边折上式

这类塔在回廊内设置木楼梯，水平和垂直交通都在回廊中组织。

江苏苏州云岩寺塔始建于五代后周显德六年（959年），是这种类型现存最早的实例（图20）。此后，江浙地区大型宋代砖塔很多使用这种类型，如：开建于北宋景德元年（1004年）的瑞光塔、重建于南宋绍兴年间（1131—1162年）的报恩寺塔、建于南宋绍兴二十三年（1153年）的六和塔。

浙江杭州雷峰塔开建于北宋开宝五年（972年），1924年倒塌。从现存首层遗址来看，雷峰塔也是典型的套筒回廊类，心室中空，南门进回廊左转有砖砌踏步，登塔的梯级应该也是设于回廊内，顺时针盘旋而上。

当塔身平面尺寸够大时，心柱就有足够的面积容纳心室。而像瑞光塔这种，由于平面尺寸较小，心柱中没有心室（图21）。

（2）壁内折上式

河北涿州双塔中的云居寺塔建于辽代，心室内还有一根实心砖心柱，类似木塔的塔刹木落地，砖身平面从外到内由外壁、回廊、内壁、心室、塔心柱组成。登塔的梯级设于内壁中，顺着内壁壁内折上。

（3）螺旋式

浙江杭州六和塔首层八角形心柱内有方形楼梯螺旋而上二层，以上各层梯级置于回廊内，壁边折上。

河北涿州双塔中的智度寺塔建于辽，心柱只在半层位置设有心室，以上实心，仅为采光和通风开狭窄的通道，楼梯在塔心柱内逆时针呈方形盘旋而上（图22）。

内蒙古呼和浩特万部华严经塔建于辽代，内部比较特殊，楼梯介于螺旋式与穿心式之间，而且从二层开始每层有两部梯道可以上楼（图23）。

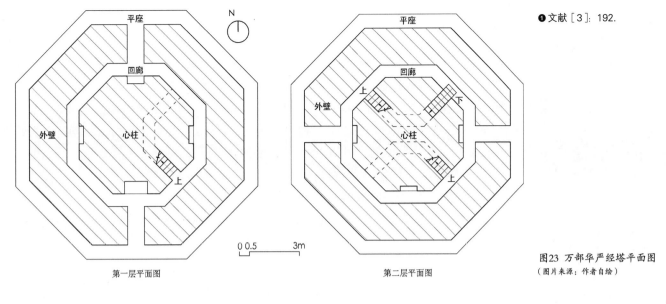

❶ 文献［3］：192.

图23 万部华严经塔平面图
（图片来源：作者自绘）

图24 辟支塔第四层平面图（图片来源：作者根据文献［27］重绘）

图25 开元寺料敌塔剖面图（图片来源：作者根据文献［3］重绘）

图26 智度寺塔第一层平面图（图片来源：作者根据文献［26］重绘）

（4）穿心式

山东长清辟支塔始建于北宋淳化五年（994年），第一至五层梯级设在心柱中，各层转换90°，梯道在平面上呈"十"字形交叉（图24）。

河北定州开元寺料敌塔于北宋咸平四年（1001年）诏建，首层从心柱穿心而上，逐层转换方向，可以一直到顶层，整座塔仅一、二层间的夹层设心室（图25）。

（5）穿壁式

智度寺塔首层心柱内穿壁式，可以上半层，到达心室，心室穿壁，可达二层（图26）。

❶关于万佛塔内部结构的描
述，有几种版本。《兴化
寺塔现状勘查与维修设计
方案》载：第一层穿心
式、第二层穿心回廊式、
第三层壁内折上式（八边
形）、第四层壁内折上式
（方形）、第五层壁内折上
式（八边形）、第六至十二
层壁内折上式（方形）、第
十三层实心。《蒙城宋代砖
塔调查记》载："第一层
自北进入塔身，直登砌在
塔心的楼梯。第二层外壁
与塔心间有0.67米的走道，
楼梯在塔心内，第一层楼
梯上来顺时针转90°上。第
三层有八角形心室，叠涩
圆锥形藻井，楼梯在东南
角塔壁内。第四层中部偏
北为方形心室，环心室东、
西、南有通道，楼梯砌在
西北角的塔壁内。以上与
第三层相同，九层以上实
砌。"《蒙城万佛塔考》载：
"第一层、二层为穿心式，
自三层上以为壁内折上式，
可登至十层。十层以上的
三层为实心，不可登临。"
笔者实地调研时，并未能
进入塔内。因张驭寰先生
参与了该塔的测绘与维修
设计，比较可信，因此本
文采用第一种。

6. 混合型

这类塔的内部类型不止一种，上文提及的砖塔实例中已经有一些属于混合型。

现存混合型砖塔很多下部较实，上部数层，特别是顶层为简单的单腔空筒类，如：宝严寺塔下两层为壁内折上式，以上空筒，扶壁攀登而上；福胜寺塔下三层壁内折上式，以上空筒，第六层穿壁可上七层平座；寿圣寺塔下部为壁内折上式，七层开始东西壁对称设砖窝，扶壁攀登而上；兴国寺塔首层为东西方向穿心式，以上为壁内折上式；河北衡水宝云塔建于宋代，下五层穿心绕平座式，以上空筒式，各层有木隔板，需要另外借助梯子攀登。

辟支塔一至四层为套筒回廊穿心式，五层以上变为实心穿心式。

崇法寺塔下第一层穿心式，第二层回廊穿心式，三至六层壁内折上式，七、八层螺旋式，九层实心。安徽蒙城万佛塔与崇法寺塔内部结构十分相似，第一、二层回廊穿心式，三至七层壁内折上式，八至十二层螺旋式，顶层实心❶（图27）。两塔外观类似，高度都为34米左右，细部也有很多相似处。崇法寺塔建于1094年，万佛塔1102年建到第四层，可以说两座塔是同一时期建造的，而且两塔地理位置接近。

四 小结

从现存实例来看，唐塔几乎都是单腔空筒类壁边折上式❷。到了五代，各种砖塔内部类型开始出现，且到了北宋初，基本现存主要的类型都已经产生（图28）：砖芯木檐单腔空筒类壁边折上式的功臣塔建于后梁贞明元年（915年），套筒回廊类壁边折上式的云岩寺塔建于后周显德六年（959年），错角空筒类壁边折上式的龙华塔建于北宋太平兴国二年（977年），多腔空筒类壁内折上式的繁塔建于太平兴国三年（978年）；实心类穿心式的兴国寺塔建于太平兴国年间（976—984年），单腔空筒类穿壁式的延庆寺塔建于咸平二年（999年），实心类螺旋式的佑国寺塔建于

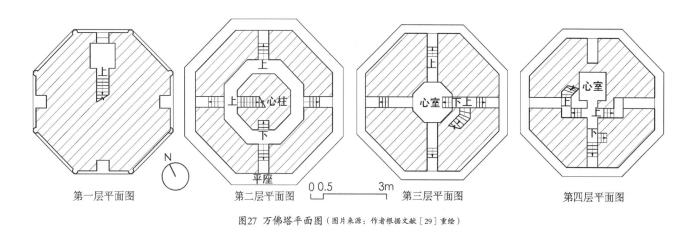

第一层平面图　　第二层平面图　　第三层平面图　　第四层平面图

图27 万佛塔平面图（图片来源：作者根据文献［29］重绘）

图28 各种砖塔内部类型现存最早实例时间关系图（图片来源：作者自绘）

皇祐元年（1049年）。

梁思成先生认为："（繁丽时期）八角形的平面已成为常规，而方形的倒成了例外。原来在塔的内部被用来分隔和联通各层的木质楼板和楼梯已被砖石所取代，最初匠师们的胆子还小，他们把塔造得如同一座实心砖墩，里面只有狭窄的通道作为走廊和楼梯。但在艺高胆大之后，他们的这种砖砌建筑便日趋轻巧，各层的走廊越来越宽，最后竟成为一栋有一个砖砌塔心和与之半脱离的一圈外壳的建筑物，两者之间仅以发券或叠涩砌成的楼面相连。"❸虽然套筒回廊类比较复杂，但是从现存古塔实例来看，这种类型出现很早。山东历城神通寺四门塔建于隋大业七年（611年），是现存最早的亭阁式石塔，虽然是单层，但从平面来看已经是套筒回廊类。北朝的木塔，如洛阳永宁寺塔，中心为巨大的土墩塔心，沿塔心布柱网，也可以看作是套筒回廊类。套筒回廊类的云岩寺塔，也在五代末期出现，早于很多其他类型的砖塔。

有些砖塔内部使用多种类型，虽然各个塔都有不同的组合，但是仍然遵循一定的规律，一个明显的规律就是下层较厚实、上层较空透，产生这种现象可能有几个原因：下层建造厚实可以使整体结构更稳定；上层空筒还能降低整个塔的重心；上层空筒减轻自重的同时还能减少工程量、节省工料；上层空筒可以创造开阔的空间；往上塔身平面尺寸缩小不适合复杂的类型。

一些从外观到内部类型都很相似的砖塔实例会集中出现在某些区域。如河南几座金塔（三圣塔、齐云塔、宝轮寺塔）及山西三圣瑞现塔，建造年代相近，外观相似，都为密檐式，四面十三级，底部有放大的基座，内部结构形式也很相似。

随着各种类型的产生，砖塔内部类型的选用会表现出很明显的地域性特征，如：北方砖塔中多腔空筒类壁内折上式成为最常见的形式；南方砖塔中单腔空筒类仍然使用较多，垂直交通方式以壁边折上式和穿壁式为主。北方空筒类砖塔一般首层壁厚要占到对径的1/3甚至更多，把梯道设于壁体内，合理利用了砖塔的厚壁，有利于形成更完整的心室空间。南方空筒类砖塔较多采用砖芯木檐式，内部虽仍似唐塔的壁边折上式，但壁厚已经减薄到对径的1/4以下，同样的建筑面积能创造出更多使用面积。从时间线来看，这些都是中国砖塔的进步之处。

❷ 广州怀圣寺光塔建于唐贞观元年（627年），内部螺旋式，是个特例。仙游寺法王塔年代存疑，且结构类型不明确。穿心式的柏子塔年代存疑。

❸ 文献［30］：141.

参考文献

［1］傅熹年主编. **中国古代建筑史 第二卷：两晋、南北朝、隋唐、五代建筑**［M］. 北京：中国建筑工业出版社，2001.

［2］南京工学院建筑研究所. **刘敦桢文集（三）**［M］. 北京：中国建筑工业出版社，1992.

［3］中国科学院自然科学史研究所主编. **中国古代建筑技术史**［M］. 北京：科学出版社，1985.

［4］罗哲文著，中国建筑文化中心组编. **罗哲文文集**［M］. 武汉：华中科技大学出版社，2010.

［5］张驭寰著. **中国塔**［M］. 山西：山西人民出版社，2000.

［6］河南省古代建筑保护研究所. **登封嵩岳寺塔勘测简报**［J］. 中原文物，1987（4）：7-20.

［7］俞茂宏，ODA Y，方东平等. **中国古建筑结构力学研究进展**［J］. 力学进展，2006（1）：43-64.

［8］梁晓强. **南诏佛塔的建设**［J］. 曲靖师范学院学报，2009（9）：80-88.

［9］云南省文化厅文物处，中国文物研究所，姜怀英，邱宣充编著. **大理崇圣寺三塔**［M］. 北京：文物出版社，1998.

［10］邹学德，刘炎编. **河南古代建筑史**［M］. 郑州：中州古籍出版社，2001：167-168.

［11］黄滋. **浙江松阳延庆寺塔构造分析**［J］. 文物，1991（11）：84-87.

［12］程建军. **广东南雄三影塔建筑性质与形制研究**［J］. 古建园林技术，2012（1）：30-34+4.

［13］广东省文物考古研究所编. **广东古塔**［M］. 广州：广东省地图出版社，1999.

［14］张驭寰. **南方古塔概观**//《建筑史专辑》编辑委员会. **科技史文集（十一）建筑史专辑（4）**［M］. 上海：上海科学技术出版社，1984：51-70.

［15］傅岩. **宋代砖塔研究**［D］. 上海：同济大学，2004.

［16］曹汛. **建筑史的伤痛**［J］. 建筑师，2008（2）：95-102.

［17］苏军，高大峰. **仙游寺法王塔的结构特征与抗震性能研究**［J］. 工程抗震与加固改造，2008（5）：107-111.

［18］河南省古代建筑保护研究所，荥阳县文物保护管理所. **荥阳千尺塔勘测简报**［J］. 文物，1990（3）：78-81.

［19］张墨青. **巴蜀古塔建筑特色研究**［D］. 重庆：重庆大学，2009.

［20］李桂堂. **西平宝严寺塔**［J］. 中原文物，1982（2）：74-75.

［21］宋秀兰，别治明. **河南中牟寿圣寺双塔**［J］. 文物，2012（9）：81-89.

［22］湖北省古建筑保护中心，李德喜，谢辉编著. **湖北古塔**［M］. 北京：中国建筑工业出版社，2010.

［23］陈嵘主编. **苏州云岩寺塔维修加固工程报告**［M］. 北京：文物出版社，2008.

［24］戚德耀，朱光亚. **瑞光塔及其复原设计**［J］. 南京工学院学报，1981（2）：107-122.

［25］梁思成. **杭州六和塔复原状计划**//中国营造学社. **中国营造学社汇刊**［M］. 北京：知识产权出版社，2006.

［26］田林，郑利军. **涿州智度寺塔初探**［J］. 古建园林技术，2005（3）：50-53.

［27］黄国康，周福森. **灵岩寺辟支塔**//中国建筑学会建筑历史学术委员会主编. **建筑历史与理论（第二辑）**［M］. 南京：江苏人民出版社，1982：94-102.

［28］张驭寰. **兴化寺塔现状勘查与维修设计方案**//张驭寰. **古建筑勘查与探究**［M］. 南京：江苏古籍出版社，1988.

［29］胡悦谦. **蒙城宋代砖塔调查记**［J］. 文物，1965（5）：26-29.

［30］梁思成英文原著. 费慰梅编. 梁从诫译. 孙增蕃校. **图像中国建筑史**［M］. 北京：中国建筑工业出版社，1991.

［31］中国社会科学院考古研究所著. **北魏洛阳永宁寺（1979～1994年考古发掘报告）**［M］. 北京：中国大百科全书出版社，1996.

辽代许从赟夫妇墓中的仿木现象解析[❶]

喻梦哲　　张学伟
（西安建筑科技大学建筑学院）

摘要： 作为"大同市已发掘的50余座辽墓中规模最大、内涵最为丰富的一座"[❷]，许从赟夫妇墓呈现出晋北地区砖仿木壁画墓的最高工艺水平。本文以该例中各类组件"模仿木构程度的差异性"为切入点，围绕其实现机制与空间意涵展开讨论，并试图从砖件拼接逻辑与比例限定的角度考察其仿木意图的践行方式，以期在一定程度上探索工匠的设计思维并复现营建过程，从而以建筑学的视野架构起对该例中仿木现象的整体认识。

关键词： 辽代许从赟夫妇墓，仿木现象，空间意涵，实现机制

❶ 本文为教育部人文社科基金项目"唐宋砖石墓葬及塔幢的仿木技术与设计方法研究"（项目批准号：20XJCZH014）成果。

❷ 文献［1］：35.

The Phenomenon of Wood-Imitation in the Fresco Tomb of XU Congyun and His Wife

YU Mengzhe, ZHANG Xuewei

Abstract: As the most representative case of fresco tomb with wood-imitation appearance in Liao dynasty, the tomb of XU Congyun and his wife has long been renowned for its superb handicraft. From the point on the differences of wood-imitation extent between various components, this article discusses the realization mechanism and spatial implication of the case. Furthermore, the way to achieve the wood-imitation effect also being explored from the perspective of brick's masonry splicing and the limit of outline's aspect ratio, thus the design and construction process can be revealed to some degree.

Key words: Mural tomb of XU Congyun and his wife; wood-imitation phenomenon; spatial implication; realization mechanism

一　弁言

　　跨越材质的界限去对木构整体或局部形象进行写仿与再现，在我国是一个有着悠久历史的建筑文化现象，它往往与丧葬行为相伴，并最终拓展至塔、幢等宗教性的载体之上。今生的居所被投射到关于彼世的想象之中，彰示着生、死（或圣、俗）两界的同构与血脉亲缘的沿袭，因而，砖石建筑的仿木现象本质上是一个观念问题，工匠技术层面的支持或限制则界定了"模仿"行为自身的像似程度与实现途径，两者互为表里，不可分割。

　　就砖仿木墓葬而言，不同学科的研究呈现出截然不同的旨趣，但无论是考古学的分型断类、美术史的原境重构还是建筑史的形制互证，聚焦点大都停留在视觉形象本身的描述、分析与比对上，而缺乏基于建构视角的、围绕设计意匠与施工逻辑的复原，这也导致对于"仿木"现象的理解失之偏颇，忽略了仿木行为"在场"的遗留形象与"缺席"的营造匠意间，维度与介质的递进变化关系，及其暗示的空间意涵的多重解释。

　　本文举许从赟夫妇墓（以下简称"许墓"）为例，通过对其视效目标、实现机制与空间叙事的分析，尝试以工匠视角复原其营建过程，并据之探讨砖砌体在组成木构件轮廓以诱发视觉识别时采用的常规手段（包括模数设计、拼切工艺及图形区辨措施），以期对其仿木现象做出更为整体的把握。

二 许从赟夫妇墓仿木做法概述

许从赟，字温毅，后唐云州守将。清泰四年（937年）降辽后累官至大同军节度使，应历八年（958年）逝于燕京，乾亨四年（982年）遗骨迁回云州，与六年前离世的妻子康氏合葬于云中县权宝里，即今大同市西南郊新添堡村南。许墓于1984年被发现，发掘简报认为其中的仿木内容"对于完整地了解唐宋之间我国木构建筑的演变具有重要意义"[❶]。

该墓南北朝向，单室、砖砌，由墓道、墓门、甬道和墓室组成，仿木形象集中于墓门门楼与墓室周壁。门楼两侧以砖砌出方柱，门额上置斗栱三朵（仅当中用六铺作单杪双下昂重栱计心造，余不出跳）；墓室平面近于圆形，叠砖起穹隆顶，以砖砌倚柱划分壁面为八段，每面正中饰以砖雕及壁画，形象有门窗、衣架、侍女等，其中尤以西壁上所砌抱厦最为精美。墓室内每面亦用三补间，当中一朵与柱头为砖砌五铺作单杪单下昂单栱计心造（施于抱厦者偷心），两侧两朵则在刷饰成素方的砖带上绘、砌或隐出驼峰、枓子、翼形栱等物件，以象征木构建筑的隐刻补间做法（图1）。

考古报告虽称其仿木形象"反映了辽初木结构建筑的真实面貌"[❷]，但考察各处仿木细节，仍明显存在着细致程度的差别。在衡量砖砌体与其所模仿的木构形象间的视觉联系时，我们会发现"成功"与否的评价标准是多元的，"真实性"的实现有时基于某类构件（如倚柱）轮廓比例的精准，有时又依托于相邻构件间交接关系的合理（如组成阑额的砖件边缘抹杀以模仿木构中阑额收窄入柱）。这里并不存在统率整个墓室营造的基本准则，设计中各自为政的现象是普遍的——如墓室壁柱自身比例合宜但高度却接近两倍间广，完全突破了"柱虽高不越间之广"的定则（附表1，附表2）；又如柱头卷杀、栱面抹斜等装饰细节虽被完整传摹，斗、栱构件相互咬合的构造信息却被彻底忽略（图2）。阿恩海姆提出，"从一件复杂的实物身上选择出的几个突出的标记或特征，仍能唤起人们对这一复杂实物的回忆"[❸]，这意味着要实现对某一事物的模仿就必须把握其最为突出的

❶ 文献［1］：47.

❷ 文献［1］：47.

❸ 文献［2］：50.

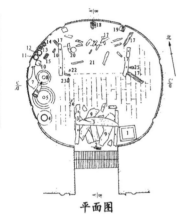

平面图　　墓门立面图　　A-A剖面图

图1 许从赟夫妇墓概况[1]

斗、栱平置

栱端卷杀出锋

图2 许墓壁面仿木细节（图片来源：作者据参考文献［1］改绘）

特征。围绕何为"最突出特征"的问题，营建许墓的工匠显然重视样式细节胜过建构逻辑，这导致模仿行为自身的价值取向片面化，对于技术的侧重也不尽均衡，产生这一倾向的内因又是什么呢？

三 设计层面的考察与反思

正如邓菲指出的，"除非丧家对图像内容有明确的要求或规划，否则在很大程度上，墓葬内容并不一定是丧家意志的直接表达，而是在该时该地葬俗、礼仪、信仰影响下，工匠设计创作的结果"❹。墓葬的设计受到礼俗传统和工艺水平的诸多限制，无论是从葬器物还是墓穴本身都是如此。作为像、塑等形象载体的仿木壁体同样由成套的标准砖料组合垒砌而成，其搭建需符合"规格化"、"模数化"的要求，大量程式化的手法被不断地总结、继承和流传，这与"粉本"在图谱绘制与传播过程中的作用相类似。装饰性的斜坡墓道自东汉出现后，至唐辽而臻完熟❺，本节就许墓仿木部分的设计流程展开复原推想，以期梳理其原初意匠。

❹ 文献［3］: 80.

❺ 文献［4］: 419.

（1）分析其平面设计手法

墓室北、东壁砌有墓门，西壁砌有抱厦（附有版门），南壁为券洞，发掘报告指出洞前散落朽木为原装门扉。显然，四面门洞的表达途径与性质并不相同，"东—西"向轴线更偏重象征意味与礼仪诉求，"南—北"向轴线则具有更明确的实用功能。墓门在不见天日的地穴内起到了"辨方正位"的功用，同时成为整段连续墙面的观看重点，从而为墓室下半部分的空间秩序确立了主从原则——不同壁面间相互接续的拐角部分需让位于逐段壁面自身以门为载体的、实体化了的中轴，八分后的壁面各自承担着独特的表意任务，在这里，汉魏以降利用壁面绘画进行连续叙事的传统已趋向终结（图3）。

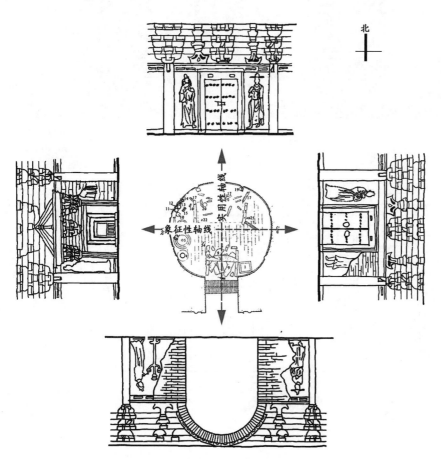

图3 许墓平面轴线分析（图片来源：作者据参考文献［1］改绘）

八幅壁面的横宽（姑且记作"间广"）亦不均平，当中北壁最大，东、西壁次之，再次为东北、西北，东南、西南又次之，而以南壁最窄，其相互差值较大，难以简单归因于施工误差。从装饰的精粗和随葬器物的差异看，每段壁体均有明确的功用：北壁作为整个墓室的背屏，是自外而内的视线焦点所在，此处设有棺罩并埋置石棺，是墓主的正位和直接象征。同时，其人字栱及门簪、门钉的形制与数量均超过了同样做出版门的东壁（图4），余者自不待言。

东壁拥有与北壁相同的仿木主题（等级略次），西壁抱厦更是精美，东—西轴线下的随葬品也更加集中，这当然反映了契丹民族"**好鬼而贵日，每月朔旦，东向而拜日**"[1]的旧俗，在许墓中，汉地强调阴阳向背、坐北面南的传统和辽人东向尊的习惯，乃至佛教影响下的烧身葬法相互混融，导致了双轴线的出现。相较而言，南壁在不强调引魂升仙的情况下就显得无足轻重，因而开间最窄。这样的主从关系也暗示了各段壁面的施工次第：逐渐收窄的各幅墙壁构成的八边形平面显然不是借由方形切角或沿中心点作垂径求得的结果，而是工匠在圆形空间内凭经验自北向南逐段砌成。最后形成的南壁被用于消解累积的间广差值，因其过于窄促，干脆不设壁柱[2]，以免造成柱高与间广比例失调的不良后果。

（2）考察柱框层的设计规律

间广分配完毕后，工匠应通盘考虑仿木部分自身及其与墓室的比例尺度关系，壁面的高度尤需优先确定，据"柱高不越间广"的原则给定上限后，相继在壁体上隐出地栿、版门、横钤立旌和倚柱以分割界面即可。较之用作壁画"边框"的仿木构件形象，画幅中的人物或器物似乎更受

❶（宋）欧阳修撰.（宋）徐无党注. 陈尚君等修订. 新五代史［M］. 北京：中华书局，2016，卷七十二，四夷附录第一.

❷ 许墓南壁两侧甚至不愿影出壁柱，去除券洞后壁面所余无几，我们出于视觉习惯才将其纳入壁面划分规律的考察范畴。程大锦认为，"由于我们通常在自己的视野中寻找规律性和连续性，因此我们倾向于将看到的物体规整化处理或忽略哪些微小的不规则因素"（文献［5］：80.），此处情况正是如此。

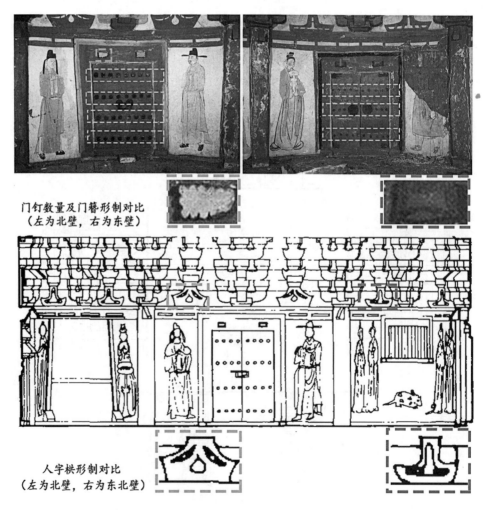

门钉数量及门簪形制对比
（左为北壁，右为东壁）

人字栱形制对比
（左为北壁，右为东北壁）

图4 许墓壁面仿木形制分析（图片来源：作者据参考文献［1］改绘）

重视：通过"复制"墓主生前场景以实现"事死如生"、令墓葬建筑尽量"仿生"以便墓主"永生"于地下，正是营造砖石仿木墓的终极目标，"仿木"的种种努力只是引发生死两界同构共情的一种象征符号，表达"服务"与"占有"主题的"象生"图画才是构建地下世界的核心任务，它反映着墓主及其家族对于在一个可以认知的世界永享富贵的根本诉求。

在许墓中，引发空间联想的仿木部分与陈述永生愿景的壁画部分在壁面分配中平分秋色。举正壁为例，其上绘画内容约占一半间广（余壁则犹有过之），此时若取上限（即间广尺寸）定柱高，则在加宽泥道版"割让"壁面以描绘生活场景后，所余部分必然难以满足《营造法式》对版门"广与高方"[3]的比例要求。工匠的对策是在均分开间后以中间两份做方正版门，余下两份留予壁画，随后以所得门高为基准，协调额枋、地栿等构件尺寸后再定柱高（图5）。宋辽时期遗构中木质檐柱的高径比大概在1/7～1/10间（附表1），以此反推许墓的合用柱径，所得尺寸恰为墓砖的丁宽，这也从侧面支持了工匠具有成熟比例控制意识的推想。另外，额枋上施用的"七朱八白"在形式上与用在柱间壁画、版门上者同构，也是一条辅证。

需要注意的是，虽然墓室四面正壁均辟有门户形象，但它们并未纳入同一尺度体系之中。以壁绘侍者为标尺，发现东、北、南三门大小基本与人物形象相符，而西壁抱厦上之版门几乎仅达前者三分之一强，与人像相去悬殊（图1）。这种多元尺度共存，或者说空间、形象

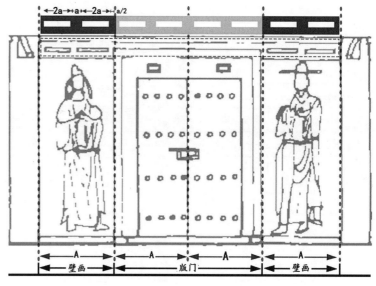

图5 许墓北壁内容占比分析（图片来源：作者据参考文献［1］改绘）

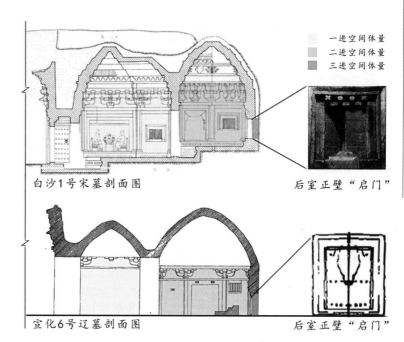

一进空间体量
二进空间体量
三进空间体量

白沙1号宋墓剖面图　　　后室正壁"启门"

宣化6号辽墓剖面图　　　后室正壁"启门"

图6 中古时期墓葬空间的逐进微缩现象（图片来源：作者据参考文献［7］改绘）

逐步微缩的现象在中古时期的墓葬中较为常见（图6），巫鸿认为这反映了死者所处的不同境地或曰位格，墓主"在家族影堂中的公开肖像"、"隐匿在棺木中的尸体遗骸"以及最后"无形的灵魂"在墓室中理应拥有与之对应的不同尺度的映射物[4]，只有在穿越了最为缩微的假门之后，才会使"非物质的灵魂超越了墓室建筑材料的局限，只存在于人们的想象空间之中"[5]。

另外，考虑到墓葬中明器微缩的特点及其"貌而不用"的基本要求[8]，仿木形象中多重尺度的并存也可视作受到了儒教葬俗的影响。辽墓中多民族、多宗教交融的现象实属常态，无论宣化墓中大量出现的陀罗尼经还是下八里墓顶的星座图像均可为之作注[9]，兹不赘述。

（3）考察铺作层高与补间配置的权衡手法

众所周知，唐宋时期铺作总高约取柱高1/3，而在许墓中这个比例达到1/2（附表2），原因是砖件的层间叠加方式固定，无法如其模仿的木构斗、栱相互咬合。在铺数相同且默认叠砖"栱"与其表达的木栱等高（即以材广数据作为各构件间比例权衡的折算基准）的前提下，仿木

[3] 文献［6］，小木作制度一：44.

[4] 文献［7］：187.

[5] 文献［7］：187.

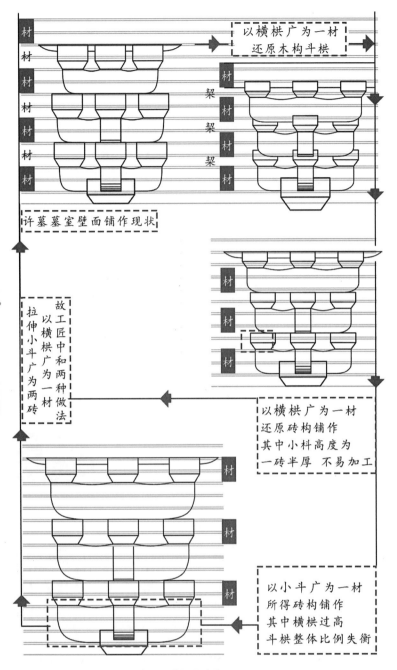

铺作较其原型被显著地"拽高"了，这是砖、木不同材性与构造逻辑导致的必然结果，前者的"斗"、"栱"、"方"彼此平置，将后者的"材—栔交叠"关系转化为"材—材堆叠"形式（图7），以至高宽比趋大。此时若欲维持檐柱与铺作间的固有竖向比例，势必增加柱高，这又将导致更为根本的壁面比例分配问题，相权之下，工匠放弃了铺作与柱高间的惯常关系，转而保证充足的壁画面积、合宜的版门形象，维系柱高不越间广的基本原则。

铺作整体竖向拉伸的同时，"栱间版"的尺度也被拽长，这为安置更多补间斗栱提供了可能。《营造法式》规定心间用双补间，次、梢间可减为一朵，陈明达进而注解其所占份数范围，单补间间广在200～300分°间，双补间则在300～450分°间[1]。许墓正壁间广近乎三倍于补间铺作宽，若维持单补间不作调整，必将导致铺作层零落空旷，解决方案是增加了两列"翼型栱—斗"组合，模仿扶壁上隐栱置斗的做法，使得斗栱形象更为逼真，配置也更紧凑。类似做法在同期地面木构中亦属常见（图8）。

（4）分析斗栱构件的形象生成机制

不同材质的建筑在实现仿木意向时依凭的基本逻辑是不同的，如金属的范铸是以底为图，石料的镌刻是减地显像，砖件的砌筑则需充分利用视错觉，借助大量"像素点"自底面中浮现而形成木构轮廓，再进一步利用砖件自壁体挑出形成的边缘贯线和阴影关系去暗示复杂的木构件组合关系。铺作作为木构建筑中最为复

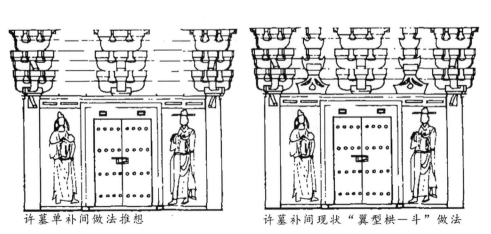

图7 砖、木构铺作构件关系（图片来源：作者自绘）

图8 许墓北壁补间铺作设计推想（图片来源：作者据参考文献[1]，[23]改绘）

杂、精彩的部分，势必成为仿木工序中的刻画重点[11]，我们分别从加法与减法（即单元砌筑与整壁隐出）两种不同视角出发，对许墓的斗栱形象设计提出假设，并通过虚拟搭建予以验证。

❶ 文献［10］：11.

先看加法思路——"单元砌筑"。斗栱形象由砖件自墙体内挑出后拼砌而成，在许墓的五处完整壁面（西南、东南无壁柱围合，正南辟券洞）中，每间均设形制相同的柱头铺作两朵、补间一朵、隐刻异形栱与直斗两处。竖向考察的重点在于分层放置的"斗"、"栱"各自的组合方式和比例关系。许墓用砖规格较统一，绝大部分为55毫米×175毫米×350毫米，普遍采用平砌。若以顺砖平置做"斗"，则其尺度过大，将进一步引发"栱"身诎长，从而令补间铺作过宽，最终导致朵当与间广比例失当，故只能以丁面作为小斗长身，此时又需面对单皮丁砖高宽比（1/3）与习见木斗比例（5/8）相去弥远的问题，因此改以两皮丁砖叠砌的方式表达小斗看面，在比例近似的同时也便于砍削下皮砖件外缘以形成斗斘❷。木构栌斗和横栱高分别是小斗高的2倍和1.5倍，换算为砖后则是四皮与三皮，由于砌块间缺乏斗件开槽咬接栱、方的构造可能，逐级叠砌势必令得铺作总高迅速突破木构标准，控制铺数尤其必要。横向考察的关键则在于栱长的量定原则，为满足砌体与木栱外观上酷肖，栱身高宽比需尽量接近木构的1/4（泥道栱、瓜子栱）、1/5（令栱）或1/6（慢栱）。木构中小斗看面长度与横栱高（单材广）相近，将之倍增后即得到大体的横栱长，是为"倍斗取长"之法。这种利用"突出的标记或特征而唤起人们对这一复杂实物的回忆"❸的手段同样适用于砖仿木的部分，据附表1统计数据可知，许墓中横栱长约当小斗看面宽度的3.5倍（适当缩短栱长是为了避免各组铺作间横栱相犯），其被"华栱"或"耍头"打断后的两端所余部分则为小斗宽的1.5倍。显然，斗宽（也是砖宽）之半被用作了铺作横向构成的基准长。

❷ 木斗按《营造法式》，其看面高宽比为0.625或0.714，两砖叠砌后则为0.629，且可借由灰缝作进一步调整。

❸ 文献［2］：50.

再看减法思路——"切削隐出"。单元砌筑的思路受限于砖构件自身的三向尺寸制约，难以如木料般进行灵活精密的加工（如栱长中2分°的尾数即无法表现），同时也无从避免单元间出现通缝的问题，它应当不是许墓中铺作仿木的唯一实现手法。通过对栱端卷杀部分与砖缝的比对，我们发现工匠在若干部位采取了隐刻的方式，结合彩绘涂装后人为地混淆了灰缝与栱端外缘的位置关系，以应对砖缝与构件边线不能重合的问题。具体措施是，在略微伸出壁体且覆盖灰浆的砖带上随宜勾画或隐刻横栱端头，剔凿卷杀折线下的多余部分（图9）。

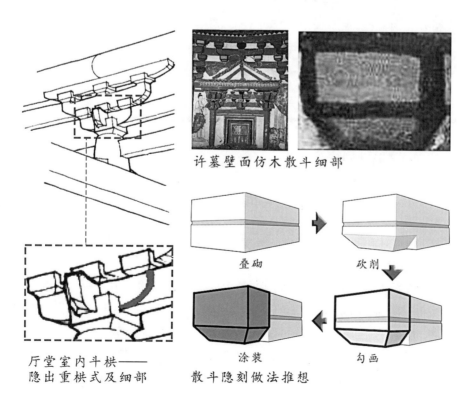

许墓壁面仿木散斗细部

叠砌　砍削

涂装　勾画

厅堂室内斗栱——
隐出重栱式及细部

散斗隐刻做法推想

图9 许墓北壁补间铺作形制设计推想（图片来源：作者自绘）

（5）分析墓室内部观看视点、视廊和视角

❶ 文献［12］：331.

一般认为墓葬中的仿木内容同时服务于死者与生人❶，前者的任务在于再现和维持生前的种种场景以达到长生于地下的诉求，后者则重在通过送葬仪式目睹亡亲故友的身后居所合乎预期。尤其自五代以降阴宅风水盛行，生气感应福泽后人的共同愿景将阴阳殊途的血亲紧密联系起来，墓穴的营构事关整个家族的兴衰，其意义不再限于墓主一人的登仙或安息，孝子贤孙的认可与否直接关系到工程评价，仿木的结果自然要接受业主遗族的审查。

以观看者视角讨论墓葬内容是美术史研究的重要方法。郑岩曾指出，死者亲友送葬时对于墓葬的第一印象"其实不是那些复杂的升仙图像，而是一座高楼的轮廓"❷；郑以墨也认为"观者的视线使作品产生了存在的意义"❸。无疑墓葬中砖石仿木建筑制作地成功与否有赖于观者的评判，其视线引导和视点设计仍需满足一般的人体工学原理，工匠通过预设观者位置与视角来协调仿木内容，删繁就简以求事半功倍。

❷ 文献［13］：157–158.

❸ 文献［11］：44.

傅熹年在论及庙宇像设布置时称，"30°仰角以内是人平视时可以较自然而舒适的视物范围。观者处在建筑的特定位置，并以这一视角总能看到建筑内部装饰的精彩部位或佛像的全貌"❹。许墓中的仿木形象配置同样是运用了相似规律的结果。以替木为上限，墓室周壁仿木形象高约2260毫米，若定视平线高为1600毫米，则观者在墓室南门处看全正壁铺作的视仰角约为8°，若移步墓室中心则为15°；同样的，西壁仿木抱厦高约2033毫米，观者在东壁与中部位置看到其屋脊上皮的视仰角分别为5°与9°；而墓门门楼虽高达4955毫米（算至正脊上皮），工匠仍通过将墓道下端到墓门间距加至5970毫米的手段，确保观者拾级而下时可在30°视角内欣赏门楼全貌。或许在墓室平面尺寸初定之时，工匠已基于观看角度的要求对仿木部分的总高进行了初步限定（图10），但建筑形象的观看角度普遍偏低，已接近于平视，这也是墓葬空间微缩的一个结果。

❹ 文献［15］：136–146.

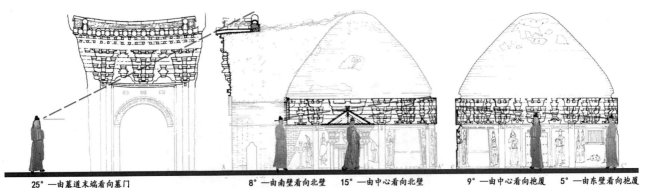

25°—由墓道末端看向墓门　　　　　　8°—由南壁看向北壁　　15°—由中心看向北壁　　　　9°—由中心看向抱厦　　5°—由东壁看向抱厦

图10 许墓观者视线分析（图片来源：作者据参考文献［1］改绘）

四　施工层面的推想与验证

工匠施工时需对前期的设计意向加以审度，也直接决定了砖件仿木的真实程度，包括整体的砌筑组合方式和局部的砍刨磨削工艺。

就"柱框"层来说，仅需在壁体内适当位置悬挑出砖件，以突出"柱"、"额"的轮廓即可，壁面多为丁顺相间平砌，局部以侧砖立砌。其中北壁每用丁砖平铺一层，其上立砌侧砖一列（每丁砖一块承侧砖三块、灰缝约10毫米，可视作一组单元），以中线为界，立柱占一组、壁画面三组、门三组（立颊一组、门扇两组），阑额以单皮砖丁顺相间砌成，其下彩绘由额（高两皮），二者均被版门打断；东壁与北壁同，但额枋形象完整，未受版门影响（图11）；东北、西北

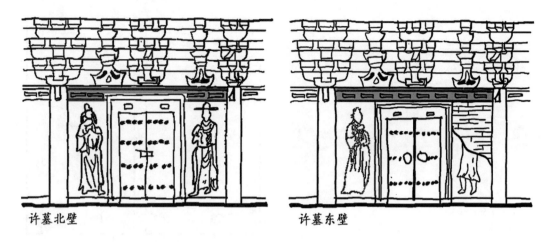

许墓北壁　　　　　　　　　　　许墓东壁

图11　许墓壁面仿木阑额"打断"现象示意（图片来源：作者据参考文献［1］改绘）

许墓西北壁面砌法推想图

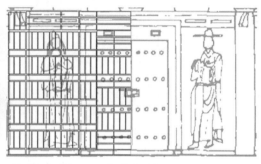

许墓北壁面砌法推想图

图12　许墓壁面砌法示意（图片来源：作者据参考文献［1］改绘）

壁的砌法与之相同，前者窗立颊及棂条以两列侧砖立砌而成，后者中部填充五组单元并局部砍削以适应"衣架"斜边（图12）；东南、西南两壁基本未做仿木（仅后者隐出灯架），墙体逐层一顺一丁砌筑并绘制壁画；西壁之画面与壁面各占两组单元，抱厦以两列丁砖立砌表达壁柱（立颊同），柱、门间墙壁占有一组单元，门扇在其基础上再加立砌丁砖三块，门额则为三皮丁砖平砌而成，其上画出由额、阑额（均合一皮砖厚）。侧砖立砌并不很符合砖材的力学性能，在同等耗砖量的情况下，显然不如平砖顺砌更利于发挥砖料的抗压优势，这样做或许是为了保护壁画基底（现状裂痕多集中于砖的横缝处，图13），使之持久。

对于"铺作层"来说情况则更加复杂，以正壁补间铺作为例考察其砌法：工匠首先在"阑额"上以单层砖按"丁—顺—丁"的顺序平砌，顺砖突出壁面约100毫米，三面砍削做出栌斗"斗欹"；第二层以两列丁砖立砌的方式表达华栱（亦可增加抗剪强度），两侧平整、半丁砖两皮作为泥道栱，端头均磨出卷杀

▭ 墓门饰面残损

图13　许墓北壁残损现状（图片来源：作者据参考文献［1］改绘）

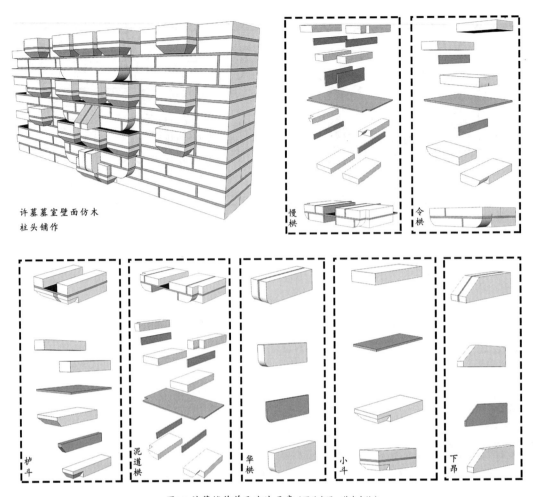

许墓墓室壁面仿木
柱头铺作

慢栱

令栱

栌斗

泥道栱

华栱

小斗

下昂

图14 许墓铺作单元砌法示意（图片来源：作者自绘）

线；第三层以丁砖两层横铺砌出三小斗，小斗两两间以丁砖竖砌填塞；第四层除丁砖伸出260毫米做成昂头意向外，砌法与第二层相同；第五层三小斗做法与第三层同；第六层为表达讹长的"令栱"，以两层"丁—顺—丁"砖平砌，以便在适当位置隐出令栱边缘折线；第七层除三小斗外，尚额外隐出替木形象。整个铺作轮廓皆施彩勾描，不仅突出了构件形象，也对比例作了微调，使之更贴近木构建筑（图14）。

五 空间意涵的解析

许墓的仿木做法中有一个细节难以用单纯的技术观点加以解释，即北侧墓壁上门、窗对额枋的"打断"（图11）。其特殊性有两点：一是在处理更加复杂的铺作形象时都未发生构件间"相犯"的视觉问题，门的大小可较为自由地调节，更不应出现此类矛盾；二是东壁墓门与之做法相似，却不曾与额枋相犯。

若非无意识的错置，则此处做法更可能表达的是一种复杂的空间关系。类似的情况在诸如和林格尔东汉壁画墓中同样有所体现——其前室南耳室西侧壁画上同样出现了形象间的打断关系，后室庄园图中诸多元素的并置更是这一空间意向的升华（图15），崔雪冬认为，前者"明确指示出马与柱的前后关系"，后者则"作为整个墓葬壁画中唯一描绘出极富视觉效果和空间关系的独幅作品，画面中绘出明确的空间远近效果，前景、中景、远景空间层次也较清晰"❶，二者所表现出的"重叠"与"遮挡"的透视关系也正是中国叙事性壁画中实现情节承转的常用方法。

❶ 文献［16］：131–138.

许墓门户与阑额间的打断现象或许正是这一理论的实例注脚，基于空间语境的讨论有助于挖掘仿木现象下的设计意图。显然，门户与阑额间的打断、遮蔽现象在二维壁面之外进一步暗示了景深的存在，这使得建构空间叙事成为可能。如前所述，墓室中除去饰有门户形象的四面正壁外，余下壁面均以绘画作为主要装饰，正如巫鸿强调的，"不同壁画在功能相对统一的语境下所具有的相关性"❷，许墓壁画虽形象各异，且被壁柱、阑额所构成的"画框"界分为不同单元，但无碍其定格"生活场景"的属性，相对统一的主题与均匀连续的铺作串联起了各个"场景"，刺激观众"驰目游神"以体会墓室的空间营建。"……为了欣赏完整的壁画不得不转动身躯，在此过程中，观者的目光再次消解了不同壁面的界限，此时我们会惊奇地发现，对画面延续性的强调使得壁画似乎具备了手卷的特征……"❸许墓的环形平面进一步柔化了壁面间的转折，使游观活动更加自然连贯。

前室南耳室西壁壁画及局部示意图

后室山水庄园图摹本及其空间结构示意图

图15 和林格尔东汉壁画墓中的"打断"现象（图片来源：作者据参考文献［16］改绘）

程大锦提出，"圆放在场所的中心将增强其内在的向心性。把圆形与蔽之的或成角的形式结合起来或者沿圆周设置一个要素就可以在其中因其一种明显的旋转运动感"❹，若将整个墓室内壁视作一幅连续的环幕，则不难发现作为"交通节点"的门户形象与表现"生活场景"的壁画内容在整列壁面上交替出现。基于此，我们从观者视角对墓室的空间叙事提出一种设想：壁面内容（包括壁画与仿木砖构形象）是对地面院落与建筑空间的集约反映，墓主的魂灵借由在重重门户间穿行完成日常起居，并在周而复始中实现永恒。

按墓室方位关系，壁画中的空间叙事应从象征墓主所在的北壁开始，沿顺时针铺陈开来❺：穿过墓门后，一列槅窗映入眼帘，窗侧有侍女二人展步言笑，居左者捧小壶、温碗，居右者执拂尘、毛笔，类似图像一般被认为是侍学的主题❻。窗下狸猫的动向及侍女的视线引导观者继续向右看去，再入一门后见一立侍注目墓室券洞之外，空间好似杳渺无尽，其右侧人像虽已残缺，推测应与之同❼。券洞外直通甬道、墓道，一般认为此类形象普遍含有"沟通室内空间和想象中的室外空间"之意❽，结合作瞭望状的侍者形象，推测该处主题为迎送。而券洞前的木门残片与铁锁也强化了通道意象，既令墓室空间更加完整，也保证了整个循环的闭合。

需要注意的是，墓顶天象图所绘日月形象与墓室的真实方位保持一致，即东日西月，这或是为了明确空间叙事的时间线索❾，不仅表示明月所对应的墓室西部属于入夜后的场景，也为迎送主题之后、西南壁面绘制的"侍女添灯"图像提供了依据，强调了这一墓葬中的经典意象❿。在穿过抱厦后，叙事进入末端，由衣架、盥盆、侍女所组成的主题当是侍寝（当然，它也可以是整个叙事的起点，"侍寝"与"侍起"的表达内容在形式上极为相似）。墓主仿照生前的日常起居在地下得到延续，循环往复无有尽时（图16）。

❷ 文献［17］：110.

❸ 文献［18］：74.

❹ 文献［5］：39.

❺ 文献［18］：72. 文献［19］：5-6.

❻ 文献［20］：237-240.

❼ 文献［1］：38.

❽ 文献［21］：182.

❾ 文献［20］：237-240.

❿ 文献［12］：45-78.

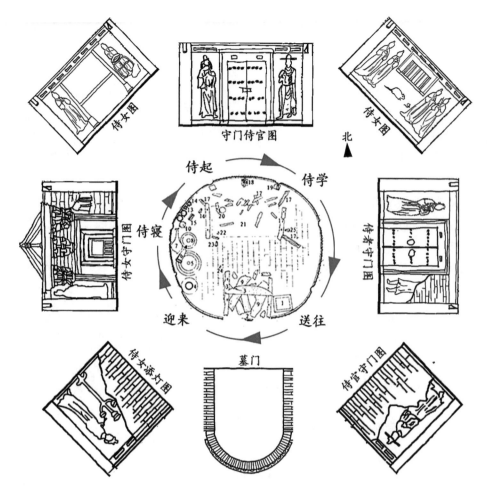

图16 许墓空间叙事结构示意（图片来源：作者据参考文献［1］改绘）

六 结语

　　在谈论榆林窟的装饰纹样时，李路珂引借了《不列颠百科全书》对于"模仿性装饰"（mimetic ornament）的定义——"在技术变革的时期，人们用新的材料和技术再现那些过去已成定式的做法。古代的大部分建筑形式都始于模仿原始的住宅和圣所。例如穹窿就是用永久性材料来模仿早期用柔软材料构筑的形式。早期文明的成熟时期，建筑的类型已经超越原始的原型，但是它们的装饰常常会保留原型的痕迹"❶，这一概念同样适切于砖石仿木领域的图像解读，神圣与日常、砖石与土木、永恒与朽灭，此类二元观念在中国陵墓类建筑中被不断提及，在对立与统一中建构着东方独特的生死体验。

　　燕云地区胡汉杂处，许墓中的仿木现象正是多元丧葬习俗共同作用下的产物。本文基于既有研究成果，进一步以建构视野复现其实现机制与空间叙事后，得出材性特质是导致砖、石仿木细致程度差异主要原因的结论。

　　彼此平置的构造前提和作为单元"像素"的砖件自身固有的较大尺寸共同制约了砖仿木构件在比例权衡上的真实度，但工匠仍可借助在砌体表层局部覆盖灰面来遮掩砌缝，从而在外观上消解砖砌体的内在组合逻辑，并通过局部磨削、彩绘等手段强调仿木细节的相似，以求借助装饰而非构造层面的"证据"尽可能地贴近木构本身。

　　另一方面，本应位于同一维度的仿木构件间刻意以前后遮挡的方式形成景深，为空间的解读提供了明确线索，并借由壁画场景与通过性节点的呼应，刺激观者产生联想，最终以游观的

❶ 转引自文献［22］：7.

方式完成对墓主彼岸生活的体验。如果说营造墓葬的终极目标是在地下世界实现"仿生",那么"仿木"无疑是促使其实现的重要基础：它既以舞台背景的姿态成为永恒居所的图式象征,也为空间叙事的循环运行提供动力,进而建构起墓主的完整彼岸生活。

附表1　许墓仿木构件比例分析（数据来源：参考文献[1]、[6]、[23]、[24]）

		许墓			《营造法式》	现象/备注 （比值均为构件高宽或高径比）
		墓门	墓室	抱厦		
柱框层	柱	16.34	8.14	5.93	7 ~ 10	墓门柱高细比超出常规,墓室壁柱合宜,抱厦壁柱过矮
	门	1.19	1.26	1	1	墓门与墓室周壁版门较高,抱厦版门合宜
	窗	/	0.66	/	0.5	墓室周壁窗户形象较窄
铺作层	华栱	1	1.2	2.4	2.1	截面变幅较大
	栌斗	0.46	0.63	0.36	0.625	墓门墓室取值接近法式,抱厦取值相差较远
	小斗	0.63	0.67	0.56	0.625	三者比例均较法式不远
						（以下比值为横栱长广比）
	泥道栱	0.21	0.21	0.42	近似0.24	三处横栱形式相近。墓门墓室泥道栱此值小于法式,抱厦较大
	慢栱	0.17	/	/	近似0.16	
	瓜子栱	0.21	0.21	0.52	近似0.24	
	令栱	0.21	0.22	/	近似0.21	

附表2　许墓仿木构件尺度分析（数据来源：同上）

高度比	许墓			《营造法式》	现象
	墓门	墓室	抱厦		
柱框/铺作	2.19	1.74	1.56	—	许墓该值均小于木构,墓室部分尤甚
阑额/由额/地栿	—	1/2/1	1/1/1	10/9/6	墓室周壁由额广为阑额两倍,明显讹大。抱厦中三者等高
间广/柱高	0.90	1.47	1.19	>1	墓门显瘦长,墓室显宽广,抱厦较为合宜
开间/补间	3	3	2.38	2或3	多采用双补间配置的三倍关系
小斗高/横栱高	1	1	0.5	0.67	抱厦中比例失调
小斗高/栌斗高	1	1	1	1/2	小斗被加高

附表3　许墓仿木铺作斗件比例分析（数据来源：参考文献［1］、［10］）

		栌斗	齐心枓	交互斗	散斗	现象
墓室周壁补间铺作	斗耳＋平（毫米）	90	90	100	100	接近法式规定
	斗欹（毫米）	50	50	60	60	
	耳平／斗欹	1.8	1.8	1.6	1.6	
墓门门楼补间铺作	斗耳＋平（毫米）	90	70	60	70	
	斗欹（毫米）	60	50	50	50	
	耳平／斗欹	1.5	1.4	1.2	1.4	
墓室西壁抱厦补间铺作	斗耳＋平（毫米）	25	23	23	23	去法式较远
	斗欹（毫米）	50	36	36	36	
	耳平／斗欹	0.5	0.64	0.64	0.64	

参考文献

［1］王银田等．山西大同市辽代军节度使许从赟夫妇壁画墓［J］．考古，2005（8）：34-47.

［2］（美）鲁道夫·阿恩海姆（R.Arnheim）著．滕守尧，朱疆源译．艺术与视知觉［M］．北京：中国社会科学出版社，1984.

［3］邓菲．试析宋金时期砖雕壁画墓的营建工艺——从洛阳关林庙宋墓谈起［J］．考古与文物，2015（1）：71-81.

［4］傅熹年主编．中国古代建筑史 第二卷 两晋、三国、南北朝、隋唐、五代建筑［M］．北京：中国建筑工业出版社，2009.

［5］程大锦（Francis Dai-Kam Ching）著，刘丛红译．建筑形式空间秩序［M］．天津：天津大学出版社，2018.

［6］（宋）李诫．营造法式［M］．杭州：浙江人民美术出版社，2014.

［7］（美）巫鸿著，钱文逸译．"空间"的美术史［M］．上海：上海人民出版社，2018.

［8］（美）巫鸿．"明器"的理论和实践——战国时期礼仪美术中的观念化倾向［J］．文物，2006（6）：72-81.

［9］张保胜．宣化辽墓陀罗尼考//河北省文物研究所编著．宣化辽墓1974—1993年考古发掘报告 上［M］．北京：文物出版社，2001：352-360.

［10］陈明达．营造法式大木作制度研究［M］．北京：文物出版社，1981.

［11］郑以墨．缩微的空间——五代、宋墓葬中仿木建筑构件的比例与观看视角［J］．美术研究，2011（1）：32+41-47.

［12］复旦大学文史研究院编．图像与仪式：中国古代宗教史与艺术史的融合［M］．北京：中华书局，2017.

［13］郑岩．魏晋南北朝壁画墓研究［M］．北京：文物出版社，2002.

［14］郑以墨．内与外　虚与实——五代、宋墓葬中仿木建筑的空间表达［J］．故宫博物院院刊，2009（6）：64-77.

［15］傅熹年．傅熹年建筑史论文集［M］．天津：百花文艺出版社，2009.

［16］崔雪冬．图像与空间：和林格尔东汉墓壁画与建筑关系研究［M］．沈阳：辽宁美术出版社，2017.

［17］（美）巫鸿．礼仪中的美术：巫鸿中国古代美术史文编［M］．北京：生活·读书·新知三联书店，2016.

［18］郑以墨．五代王处直墓壁画的空间配置研究——兼论墓葬壁画与地上绘画的关系［J］．美苑，2010（1）：72-76.

［19］（美）巫鸿．超越"大限"：苍山石刻与墓葬叙事画像［J］．南京艺术学院学报（美术与设计版），2005（1）：1-8.

［20］李清泉．宣化辽墓：墓葬艺术与辽代社会［M］．北京：文物出版社，2008.

［21］（美）巫鸿．黄泉下的美术：宏观中国古代墓葬［M］．北京：生活·读书·新知三联书店，2016.

［22］李路珂．甘肃安西榆林窟西夏后期石窟装饰及其与宋《营造法式》之关系初探（上）［J］．敦煌研究，2008（3）：5-12+115.

［23］郭黛姮主编．中国古代建筑史·第三卷·宋、辽、金、西夏建筑［M］．北京：中国建筑工业出版社，2009.

［24］潘谷西，何建中．《营造法式》解读［M］．南京：东南大学出版社，2006.

高平董峰万寿宫山门斗栱营造解读

李大卫　刘畅　赵寿堂　蔡孟璇
（清华大学建筑学院）

摘要：本文以山西高平董峰万寿宫中结构精巧、几何设计严整的山门为研究对象，梳理了庙中现存碑碣的文字记载，并与三维激光扫描及手工测量的数据所反映的万寿宫山门现状进行对照，从而对山门的营造经过与尺度设计进行解读。山门采取四柱三间三楼的牌楼形式，并在斗栱设计上极具巧思，形式多样、组合多端。本文推测，山门底层斗栱、上层斗栱的斜栱设计上以出跳值、足材广为预设参数，进而通过计算45°斜栱反过来来确定间架尺度；本文推算，山门营造尺长约为315毫米，下层斗栱斗口为3寸，足材6.7寸，出跳分别为8寸（中楼）、9寸（东、西楼），上层斗口2寸，足材4.5寸，出跳6寸。此外，本文还对于山门位置和第一进院落局促的关系、山门不同时期历史遗存等问题，作出了营造史阐释。

关键词：董峰万寿宫，山门，大木制度，斜栱，营造尺

Interpreting the Construction of Bracket System of the Entrance Gate of Wanshou Temple at Dongdeng, Gaoping

LI Dawei, LIU Chang, ZHAO Shoutang, CAI Mengxuan

Abstract: This article explores the construction process and scale design of the delicately structured and geometrically designed gate of Wanshou Temple in Dongfeng, Gaoping, Shanxi province through comparison of temple inscriptions with the current state of the gate based on 3D laser scanning and manual measurement. The gate has the form of a gateway with four columns and three bays and with highly complex and beautifully designed joints and details. The bracket sets (dougong) on the bottom and upper levels of the gate have exterior projections using the full standard unit (zucai); and the 45-degree angled brackets (xiegong) were used to determine the bay size of the building. The absolute length unit (chi) for construction was approximately 315mm. The basic modular unit (doukou) of lower-eaves bracketing was 3 cun and the full standard unit (zucai) was 6.7 cun; the exterior projection of dougong measured 8 cun (central bay) and 9 cun (east and west side bays). The doukou of upper-eaves bracketing was 2 cun and the zucai was 4.5 cun; the exterior projection measured 6 cun. In addition, this article analyses the spatial relationship between the gate and the first courtyard in different time periods.

Key words: Wanshou Temple in Dongfeng; gate; wooden structural system; angled bracket (xiegong); absolute unit length (chi) for construction

　　董峰万寿宫（又名圣姑庙）坐落于高平市原村乡上董峰村北，坐北朝南。旧时与西侧玉皇庙和北山坡上的圣母殿共生并存，如今的万寿宫古建筑群包含前后二进院落，其中后殿为庙内现存最古木构，始建于金元政权交替的空白期，蒙古太宗十二年（1240年）。正殿，又名三教殿，建于七年后（1247年）。元明清三代，万寿宫历经数次增修补葺，建筑遗存现状和碑碣记载为我们提供了溯源的依据。山门（图1）的营建与修缮，也可以据此发掘出更多线索。

一 碑碣记载

图1 万寿宫山门（图片来源：作者自摄）

建筑史 第46辑

❶碑碣现存万寿宫院落内。

❷同上。

董峰万寿宫院落内现存民国及以前碑碣21通，其中元代碑碣4通，明代5通，清代11通，民国1通。其中和山门营建、修缮相关的碑碣有如下两通：

（1）万历四十五年（1617年）石狮基座"重修万寿宫记"：❶三教殿年久日深，撒塌毁坏，难以修盖，……，后土圣祖越台一坐，方圆十杖，石桥一坐，石人一对；东西皇王二偍宝殿两所，**三门一座**，大石狮一对。

（2）咸丰二年碑碣"整修万寿宫记"❷中记载道光五年（1825年）的修缮：

道光乙酉，时在春日，正殿上盖亦翻挑整饬，瓦劈脊兽，椽柱檩梁，坏者易之，好者因之。周匝墙墉，内皲圮，外酥裂。内依土墙，复涂以泥，外接砖基，尽褙以砖。内山屏两旁，新筑砖圈，矮矮两道；山屏背后，新加木栅，长长一列。后翼宽闲地，权借戏台。后场通用后墙，除梁下改为戏台闪屏。一设举作，固补修工，费实繁衍。戏台场窄地狭，盖危柱侧，彻底倒地，宽大重立。东列宿殿，上盖因以新之。东小院关圣殿，上盖改换。东高禖祠、西药王殿、左右翼殿、西列宿殿，盖瓦补破漏，墙墉糊崩烂。东北云厨，上盖换，前墙土坯易以砖。西北闲房，上盖新，南西厂棚，又改平房三间。南马房五间，倒地重修。东偏云厨、禅院南室三间一架。凡上盖一以新换。**三门中圈，卑矮狭小，夹以方栏，改为方门，以觉壮观。**前阶级下，地步窄狭，周方阔大，重为整墁。

此二通碑碣为万寿宫现存碑碣中关于山门的仅存记载。

第一通碑碣记载了山门的营建过程，前文"后土圣祖越台一座，方圆十杖，石桥一座，石人一对"的记述是与位于后殿北侧坡上的后土圣母庙相吻合的。而"三门一座""大石狮一对"两句相连，刻有碑文的大石狮现位于正殿南侧，因此可以推测此处的"三门"应为万寿宫山门，位于正殿南侧，而非后土圣母庙单独的山门。

第二通碑碣记载对于修缮过程的记载则要详尽得多。其中对于山门的调整，在描述中提到"三门中圈"由"方栏"改为"方门"，是为形制上的改变。此处"方栏"从字面上理解，或许是类似木栏杆一类的分隔构筑。这次改造是否涉及山门砖结构的砌筑，在碑碣中并未提及。

二 山门斗栱基础数据实测与分析

万寿宫山门采取四柱三楼的形制，各楼分作上下两层。根据斗栱的材截面和形制将斗栱分成a、b两类，其中b类斗栱材截面较a类更大（图2）。

下层斗栱中，中楼（a型）出三跳，东西配楼（a'型）出两跳。下层斗栱南北出踩，分别承托平板枋，置上层斗栱。

上层斗栱南北无连接，仅华栱后尾相撞。其中，南侧斗栱（b型）出斜栱，北侧斗栱（b'型）无斜栱。北侧最东、最西两攒b'型斗栱包在两侧倒座的砖墙中（图3）。

2019年7月清华大学建筑学院对于董峰万寿宫中轴线建筑（山门、正殿、石亭、后殿）进行了测绘工作，同时借助三维激光扫描仪对于山门的木构架进行了扫描测量。

为方便对于斗栱数据进行统计，将a/a'、b/b'四类斗栱依照从最西侧开始计数的方式进行编号（图4）。由于上层最东、最西两组b/b'型斗栱被遮挡，斗栱无手测与点云数据，不纳入编号内。

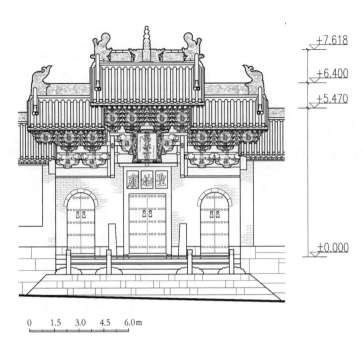

图2 万寿宫山门南立面图（图片来源：清华大学测绘图）

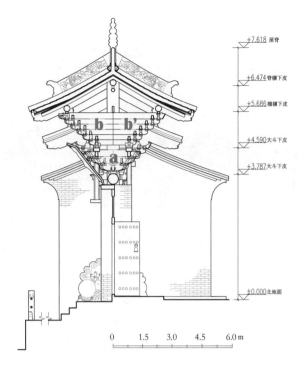

图3 万寿宫山门纵剖面图（图片来源：清华大学测绘图）

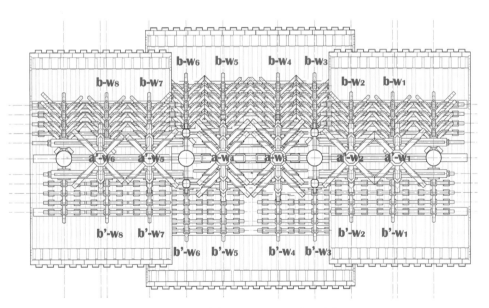

图4 万寿宫山门仰视平面及斗栱编号（图片来源：清华大学测绘图）

通过手工测量山门南侧、北侧部分斗栱的单材材广和材厚（斗口）。如表1所示（实测数据见附表1~附表4），通过对于材截面的测量数据，可以发现，对于中楼与两侧楼，或是分列南北侧的斗栱构件，用材根据上/下的位置，设置两种截面。换言之，a/a'型斗栱的材截面基本一致，b/b'型斗栱材截面基本一致。以31.5毫米作为寸的推测值计算，前者为3寸×5寸，后者为2寸×3.5寸，二者比例接近。

表1 东西侧楼a'型斗栱数据斗口、材广统计（表格来源：作者自制）

类型	a 型斗栱						b 型斗栱			
	材厚		材广				材厚		材广	
位置	翘/耍头	厢栱/瓜子栱	翘/耍头	厢栱/瓜子栱	斜翘/斜耍头-1	斜翘/斜耍头-2	翘/耍头	厢栱/瓜子栱	翘/耍头	厢栱/瓜子栱
均值	94.429	91.5	167.25	147	155.25	155.667	65.647	65.167	110.409	107.5
构件均值	92.964		156.292				65.407		108.955	
合31.5毫米/寸	2.951		4.960				2.076		3.459	
理想值/寸	3		5				2		3.5	

此外，通过手工测量山门b'型斗栱的横栱（瓜栱、厢栱）栱长数值，列于附表5。通过对于厢栱栱长的统计，瓜栱与厢栱尺度基本一致，且以315毫米作为营造尺长推算，合2尺。

从山门南侧、北侧6站扫描点云中提取出跳值与足材广（数据列于附表6～附表9）。通过三维激光扫描仪的测量结果统计，a/a'型斗栱的足材均约为6寸7分，即整尺的三分之二，b/b'型斗栱足材约为4寸5分，中楼与两侧楼数据之间无明显差异；a型斗栱出跳值约为8寸，a'型约为9寸，b/b'型斗栱出跳值均约为6寸。斗栱各跳的距离基本均匀。以315毫米作为营造尺推算，可获得较好的吻合度。

以315毫米/尺和31.5毫米/寸为依据的复原值见表2。

表2 各斗栱复原值比较（表格来源：作者自制）

	单材斗口（寸）	单材材广（寸）	足材（寸）	出跳（寸）
a 型	3	5	6.7	8
a'型	3	5	6.7	9
b 型	2	3.5	4.5	6
b'型	2	3.5	4.5	6

其中a'型（侧楼下层斗栱）与a型（中楼下层斗栱）仅出跳值存在不同，推测是因为下层斗栱中侧楼比中楼少一跳，适当增加出跳值可以让上层b型斗栱的平板枋位置更靠外，斗栱后尾加长，从而增加稳定性，防止外翻。

三 山门斗与斜栱数据实测与分析

山门下层a型斗栱每攒除正出之外，各出45°斜翘两组；用斗类型除大斗（坐斗）与十八斗之外，斜翘上施斜斗。上层b型斗栱中，北侧无斜翘，有横栱，用斗类型有大斗、十八斗与升；南侧出斜翘，相邻斜翘共同承斗，南侧用斗除大斗与十八斗外，斜翘承菱形或五边形斗，但斜翘上的斗普遍斗耳缺失，因此在测量中不作统计。

测绘团队手工测量山门各斗的尺寸，如表3所示（具体数据见附表10、附表11）。可见大斗、小斗的广、高可以较好折算成整数尺寸。栌斗中，a型斗栱的广、高取整为1尺与6.7寸，b型斗栱的广、高取整为8.5寸与5寸。a型斗栱十八斗的广、高取整为4.75寸与3寸，深8.5寸；斜斗的广、高取整为6.7寸与3寸。其中，斜斗的广和十八斗的广为7：5的关系，可视为等腰直角三角形"斜边：直角边"的简化比，由此推之，a型斗栱中，十八斗与斜斗为同样截面的料所出。b类斗栱十八斗和升的广、高取整均为4寸与2.5寸。

表3　a/b类斗栱各斗斗广、斗高（表格来源：作者自制）

类型	a类							b类					
位置	大斗		十八斗			斜斗		大斗		十八斗		升	
	斗广	斗高	斗广	斗深	斗高	斗广	斗高	斗广	斗高	斗广	斗高	斗广	斗高
平均值	321.5	199.7	149.8	265.3	93.1	197.6	98.3	260.3	158.2	118.4	76.6	126.2	79.4
31.5毫米/寸复原值	10.0	6.7	4.75	8.5	3.0	6.7	3.0	8.5	5.0	4.0	2.5	4.0	2.5

手工测量a/a'型斗栱斜栱的材厚（数据见附表12）显示，下层斜栱的材厚均值约为83.9毫米，以31.5毫米作为寸值，约合2.66寸，相比正向出翘材厚3寸，不足约三分之一寸；而上层b型斜栱的材厚与正出材厚保持一致。a型斗栱的用料更大，且斜栱用材相较正出更长，此处存在的斜栱"偷料"原因，或许是用料紧张的情况下，对于结构作用不如正出斗栱的斜栱的材厚进行了权宜的调整。

四　山门斗栱攒当设计分析

万寿宫山门由上下两层斗栱构成，在攒当的布局上，整体适应于上下两层的对位以保证其力学性能，在具体攒当的考量上，则基于用材、出跳，考虑斜栱的交接，通过计算来确定其攒当范围，设计实际的斗栱布局。

a/a'型斗栱与b/b'型斗栱除材截面的尺度不同外，斜栱的交接方式也不相同。a/a'型斗栱相邻斜栱通过调整攒当与要头伸出的长度，即要头后尾"勿令相犯"的原则；b/b'型斗栱相邻二跳斜栱交接，上共用一斗承托拽枋，拽枋同时又为上一层的一跳斜栱所承托（图5）。而对于当心间，攒当间距更大，b/b'型斗栱相邻三跳斜栱交接共承托拽枋。攒当尺寸可以通过"斜栱—攒当"的等腰直角三角形关系计算得出。

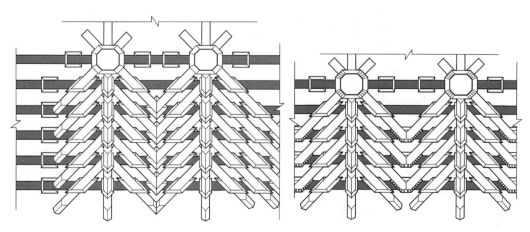

图5 万寿宫山门b型斗栱中楼/侧楼仰视平面横向枋与斜向构件交接关系示意图（图片来源：作者自绘）

其中中楼次间和侧楼都采用相邻二跳斜栱交接的形式，细部的处理存在不同。侧楼的二跳斜栱与相邻一跳斜栱的端头相平，而中楼次间的二跳斜栱端头明显短于相邻一跳斜栱（图6）。

其中侧楼、中楼次间的斗栱交接关系可以视为处于如下几种"极端"状态之间的过渡状态（表4）。

图6 万寿宫山门b型斗栱中楼/侧楼斜向构件交接关系对比（图片来源：作者自摄）

表4　b型斗栱攒当状态示意（表格来源：作者自制）

斗栱类型	示意图	攒当计算
b型侧楼最大值		攒当 ≈ 2×（2×出跳 +1/2×斗口）+ 斜栱平长 =2×（2×6寸 +1/2×2寸）+1.4×2.67寸 =29.74寸
b型侧楼现状		20.26寸 < 攒当 < 29.74寸
b型侧楼最小值（亦为）b型中楼次间最大值		攒当 ≈ 2×（2×出跳 +1/2×斗口 −1/2×斜栱平长）=2×（2×6寸 +1/2×2 −1/2×1.4×2寸）=23.2寸
b型中楼次间现状		18.26寸 < 攒当 < 23.2寸

斗栱类型	示意图	攒当计算
b型中楼次间最小值❶		攒当≈2×（2×出跳－1/2×斗口－1/2×斜栱平长） =2×（2×6寸－1/2×2寸－1/2×1.4×2寸） =19.2寸

❶此极端情况下时斜栱和枋无法进行竖向力的传递，实际不可能实现，仅作极值考虑。

对于中楼明间，相当于在次间的基础上增加两个出跳值，即中楼明间攒间比次间大12寸，约为31.2～35.2寸。

a类斗栱的攒当布置上，西侧和东侧的a'型斜栱攒当不同，交接关系不同，相比于西侧，东侧攒当更小，斜栱在更近的位置交接，相邻的斜斗与斜耍头相撞（图7、图8）。西侧相邻的斜栱之间留有一定距离，除斜耍头相较对侧（无相邻斗栱自由端）耍头伸出长度稍短外，没有相撞。下层攒当的最小值即东侧现状的情形，若更小，则会导致相邻斜栱斗耳的不完整，损失其力学性能。

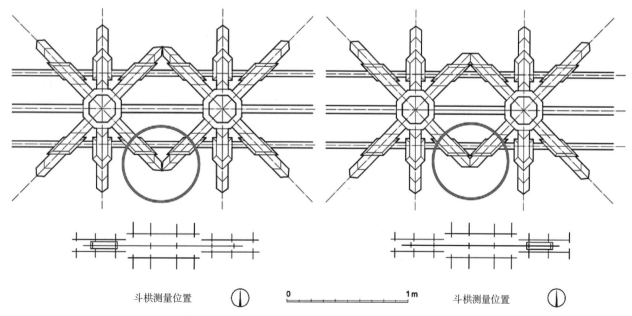

图7 a'型斗栱斜栱西侧/东侧交接关系对比（图片来源：作者自摄）

图8 a'型斗栱斜栱西侧/东侧仰视平面交接关系对比（图片来源：作者自绘）

斗栱测量位置   0   1m   斗栱测量位置

a型斗栱攒当的计算见表5。

表5　a型斗栱攒当状态示意（表格来源：作者自制）

斗栱类型	示意图	攒当计算
a 型侧楼 最大值	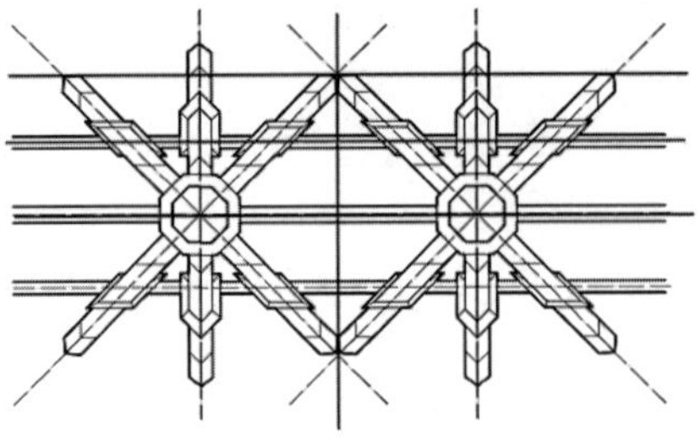	攒当 ≈ 2×2× 出跳 =4×9 寸 =36 寸
a 型侧楼 西侧现状	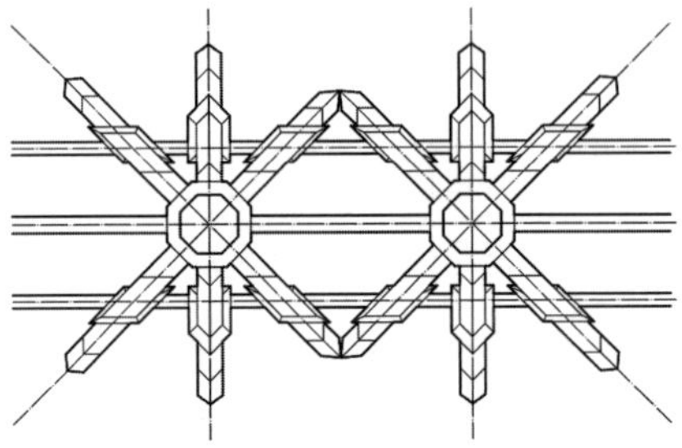	29.45 寸 < 攒当 < 36 寸
a 型侧楼最小 值（亦为） a 型侧楼 东侧现状	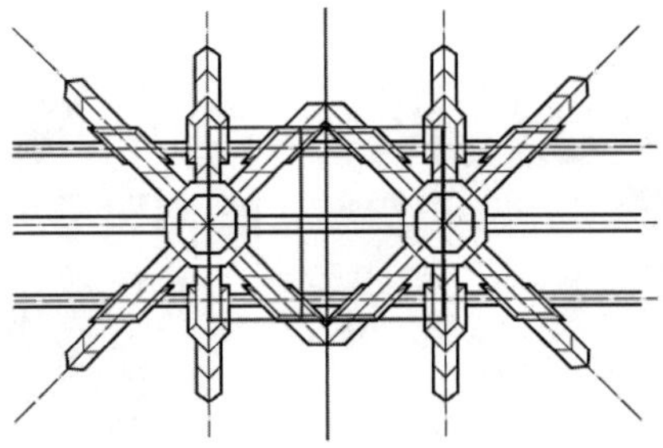	攒当 ≈ 2× 出跳 + 斜斗真深 + 斜斗平长 =2×9 寸 +4.75 寸 +6.7 寸 =29.45 寸

运算的结果和三维激光扫描仪测得的数据基本一致，扫描仪实测数据见表6。

a型中楼出跳值为8寸，相邻斜栱无交接，可用上表第一行的方法计算其攒当最小值，攒当＞2×2×出跳=32寸。

表6　山门斗栱攒间实测值（表格来源：作者自制）

位置	点云编号	上层斗栱					下层斗栱		
		中楼			西楼	东楼	中楼	西楼	东楼
		当心间	西次间	东次间					
北侧	scan01	1123	—	—	852	846	1117	981	902
	scan02	1125	—	—	851	—	1125	—	—
南侧	scan03	—	—	734	827	—	—	—	—
	scan04	1170	736	732	829	842	—	990	901
	scan05	1174	738	731	830	848	—	984	909
	scan06	—	—	—	830	830	—	989	901
北侧均值		1124			851.5	846	1121	981	902

位置	点云编号	上层斗栱					下层斗栱		
		中楼			西楼	东楼	中楼	西楼	东楼
		当心间	西次间	东次间					
南侧均值		1172	737	732.33	829	840	—	987.67	903.67
均值		1148	734.67		841.625		1121	984.33	902.83
合31.5毫米/寸		36.67	23.33		26.67		36	31.25	28.75

其中，中楼下层的a型斗栱攒间与上层b型斗栱明间攒间基本一致，栌斗对位整齐；侧楼山门整体上下层栌斗的位置相差不大，保证了平板枋相对较小的弯矩。

五 结论与其他佐证

"万寿宫"的匾额反映出其寺庙身份得到官方认可的历史经过，在元至治二年（1322年）的碑文"重修万寿宫记"中，提到"奉议大夫同知平江路总管府事何源篆额"❶，碑文记载了万寿宫的定名经过。元大德十一年（1307年），明真弟子张进善"复受教于天宝宫郑真人，乞行部符，定万寿宫额"❷。山门上现存万寿宫匾额，亦为何源所书，此匾左侧有文"大元至治三年岁次癸亥二月乙卯十五日丁壬❸施"，也和石碑的年份吻合。由此可知"万寿宫"匾额的年份为元代，早于碑文中山门营造于万历年间的最早记载，那么在万历之前，这块巨大的匾额（匾心尺寸1276毫米×758毫米）放置在哪里？

此外，山门的抱鼓石（图9）石雕的风格相较万寿宫后殿东配殿的石雕（图10）风格更加古朴，且石材种类不同，应为更早期作品。根据万寿宫内现存碑碣万历四十五年"重修万寿宫记"记载，"东西皇王二仙宝殿两所，三门一座，大石狮一对"，后殿东配殿为万历四十五年（1617年）与山门建造。

经手工测量，山门的砖尺寸为280毫米×140毫米×70毫米，东配殿南侧墙体的用砖尺寸与此一致。同时东配殿窗下石雕与明末清初的常见凤凰形象比较吻合，可印证石雕的年代应为万历四十五年，即碑文关于山门营造记载的同年。可以推知碑文中提到的"皇王殿"即现存的东配殿。

由此可知，山门的抱鼓石年代应早于碑文所载的山门营造年代。可以推测在此之前，或许早及"万寿宫"牌匾所言的元代，万寿宫已有山门，不过其初始山门随着万寿宫历次坍毁、修缮和重建，今已不复存在。

❶ 出自"重修万寿宫记"碑，现存万寿宫院落内，何源篆额，李友恭并书。

❷ 同上。

❸ 匾额现状作"丁壬"，语意不畅。靠近观察可见新漆之下叠压旧有刻痕为"丁壬"，应为近年修缮之误。

图9 山门抱鼓石（北）浮雕（图片来源：作者自摄）

图10 万寿宫后殿东配殿窗下浮雕（图片来源：作者自摄）

1. 木结构营造复原结论

董峰万寿宫山门在营造设计上总体基于标准材截面的尺寸，营造尺长度约为315毫米。斗栱的标准截面有两种，下层（a型）的用材截面为3寸×5寸，足材6.7寸，上层（b型）为2寸×3.5寸，足材4.5寸。下层斗栱出跳为中楼8寸，侧楼9寸；上层斗栱出跳6寸。

山门的攒当设计依照斗栱的用材和出跳，通过45°斜栱的交接关系，匠人可以根据用料及开间布局，考量实际山门牌楼的受力特点，在攒间可能的取值范围内，作出取舍和权衡。

2. 山门营建历史溯源

董峰万寿宫山门四柱三楼的"牌楼"形制与斗栱布局，与毗邻上董峰村的良户侍郎府山门极为相似，后者为康熙年间侍郎田逢吉在任期间建成。田逢吉在康熙十五年三月初二日为董峰万寿宫撰写碑文"重修万寿宫记" ❶。推测牌楼式山门在明末清初时期可能为当地常见的山门形制，匠人对于此类山门的营建、斗栱布局及用料分析已有某种定法。

抱鼓石为最早期山门的遗物，揭示了山门存于元代的可能，随后于万历晚期，在旧山门基址的基础上，山门得以重建，并在咸丰年间进一步修缮。

3. 关于山门布局的一些猜想

抱鼓石的存在揭示了早期山门的存在。此外，抱鼓石的朝向，相较于山门斗栱布列的轴线，也与正殿的轴线更为吻合。然而抱鼓石与正殿的明间并不对位，而是位于更加偏西的一侧。此外，若抱鼓石的位置与初始山门位置一致，那么除了明间轴线无法对位之外，山门与正殿之间的距离也过于狭窄，形成的第一进院落深约4米，甚至小于倒座的进深，这种空间布局的局促难以解释。

在此，笔者提供一种推测，正如董峰万寿宫2003年10月航拍图（图11）所佐证，董峰万寿宫院落南侧的空间曾经被民居所占，山门前除通向村里东西向的道路外，并无前导空间。万寿宫山门的兴废与重建或许经历过同样的过程。元代的山门位置今已不可考，抱鼓石则为当时的遗物，然而山门不如万寿宫正殿与后殿那样幸运，在万历晚期的修缮之前已经坍圮，甚至山门与正殿之间的院落部分已被民居所占据。因此新修建的山门位置上便紧贴正殿，利用两侧倒座之间的空间，牌楼式的山门也保证了南北方向上进深足够小。直至咸丰年间范围囊括万寿宫几乎所有建筑的大修，山门也经历了从"方栏"到"方门"的调整，并有大量的裱砖工作，即使如此，山门却没有调整它的位置以改变第一进院落的局促。可想当时，山门前侧的道路以及对侧的民居，已经作为更大场所——上董峰村空间格局的一部分，成为制约寺庙向南扩展的重要因素。

❶ "重修万寿宫记"碑现存于万寿宫院落内，由田逢吉撰写，落款为"赐进士出身通奉大夫巡抚浙江等处地方提督军务兵部左侍郎兼都察院右副都御史加一级前户部左侍郎经筵日讲官内翰林国史院学士加一级田逢吉撰"。

图11 董峰万寿宫2003年10月航拍图（图片来源：Google Earth）

❷本文附表均由作者根据2019年清华大学测绘数据整理。

附表1 中楼a型斗栱数据斗口、材广统计 ❷

序号	位置	斗口		材广			
		翘/耍头	翘/耍头	斜翘/斜耍头 -1	斜翘/斜耍头 -2		
a-w3	平板枋	96	146	—	—		
	北第一跳	99	148	147	162		
	北第二跳	98	—	156.5	—		

序号	位置	斗口	材广		
		翘/耍头	翘/耍头	斜翘/斜耍头-1	斜翘/斜耍头-2
a–w3	北第三跳	—	—	154	150
a–w4	平板枋	98	—	—	—
	北第一跳	98	—	—	—
	北第二跳	82	—	—	—
最大值		99	148	147	
最小值		96	146	162	
除特异后均值		97.8	147	153.92	
构件均值		97.8	151.943		
合31.5毫米/寸		3.105	4.824		
理想值/寸		3	5		

附表2　中楼b/b'型斗栱数据斗口、材广统计

序号	位置	材厚		材广	
		翘/耍头	厢栱/瓜子栱	翘/耍头	厢栱/瓜子栱
b'–w3	平板枋	70	68	107	97
	第一跳	58	76	108	109
	第二跳	70	62	103	108
	第三跳	62	72	116	116
	第四跳	65	63	107	105
	第五跳	64	56	116	90
b'–w4	平板枋	70	66	108	98
	第一跳	68	64	103	112
	第二跳	70	62	102	110
	第三跳	72	61	104	110
	第四跳	65	66	108	112
	第五跳	72	76	186	98
b'–w5	平板枋	—	74	107	—
	第一跳	—	—	116	—
	第二跳	—	—	103	—
	第三跳	—	—	110	—
	第四跳	—	—	105	—
	第五跳	—	—	104	—

序号	位置	材厚		材广	
		翘/耍头	厢栱/瓜子栱	翘/耍头	厢栱/瓜子栱
b'–w6	平板枋	60	60	105	113
	第一跳	60	60	110	110
	第二跳	61	60	100	106
	第三跳	68	65	101	115
	第四跳	61	62	—	111
b–w5	平板枋	—	—	—	107
	第一跳	—	—	—	116
	第二跳	—	—	—	103
	第三跳	—	—	—	110
	第四跳	—	—	—	105
	第五跳	—	—	—	104
最大值		72	76	116	116
最小值		58	56	100	97
除特异后均值		65.647	65.167	110.409	107.5
构件均值		65.407		108.955	
合31.5毫米/寸		2.076		3.459	
理想值/寸		2		3.5	

附表3　东西侧楼a'型斗栱数据斗口、材广统计

序号	位置	材厚		材广			
		翘/耍头	厢栱/瓜子栱	翘/耍头	厢栱/瓜子栱	斜翘/斜耍头–1	斜翘/斜耍头–2
a'–w1	平板枋	100	—	—	146	—	—
	北第一跳	100	—	170	—	140	—
	北第二跳	—	—	—	—	162	—
a'–w2	平板枋	100	—	—	156	—	—
	南第一跳	90	—	165	—	—	—
	北第一跳	88	—	—	—	146	144
	北第二跳	—	—	—	—	165	155
a'–w5	平板枋	—	87	—	140	—	—
	北第一跳	—	—	168	—	149	154
	北第二跳	93	—	—	—	167	167

序号	位置	材厚		材广			
		翘/耍头	厢栱/瓜子栱	翘/耍头	厢栱/瓜子栱	斜翘/斜耍头-1	斜翘/斜耍头-2
a'-w6	平板枋	—	96	—	146	—	—
	北第一跳	90	—	166	—	148	154
	北第二跳	—	—	—	—	165	160
最大值		100	96	170	156	167	167
最小值		88	87	165	140	140	144
除特异后均值		94.429	91.5	167.25	147	155.25	155.667
构件均值		92.964		156.292			
合31.5毫米/寸		2.951		4.960			
理想值/寸		3		5			

附表4 东西侧楼b/b'型斗栱数据斗口、材广统计

序号	位置	斗口		材广	
		翘/耍头	厢栱/瓜子栱	翘/耍头	厢栱/瓜子栱
b'-w1	平板枋	69	58	108	107
	第一跳	70	63	100	110
	第二跳	68	59	106	106
	第三跳	66	82	95	104
	第四跳	72	64	139	109
b'-w7	平板枋	54	58	104	112
b'-w8	平板枋	66	57	109	109
b-w1	第四跳	—	—	142	—
b-w2	平板枋	65	63	—	—
	第一跳	60	—	—	—
	第二跳	58	—	—	—
最大值		72	82	109	112
最小值		54	57	95	107
除特异后均值		64.8	63	103.667	108.143
构件均值		63.9		105.905	
合31.5毫米/寸		2.029		3.362	
理想值/寸		2		3.5	

高平董峰万寿宫山门斗栱营造解读

	东北次间		西北次间		北心间		
	b'-w8	b'-w7	b'-w2	b'-w1	b'-w5	b'-w4	b'-w3
第一跳	566	594	635	610	618	618	594
第二跳	—	—	635	643	612	644	662
第三跳	—	—	628	645	644	646	590
第四跳	—	—	634	668	636	640	596
第五跳	—	—	641	640	639	597	617
第六跳（厢栱）	—	—	—	—	672	636	654
除特异后均值	630.62						
313 毫米 / 尺	2.015						
314 毫米 / 尺	2.008						
315 毫米 / 尺	2.002						
316 毫米 / 尺	1.996						
317 毫米 / 尺	1.989						
315 毫米 / 尺复原值	2						
吻合度	99.90%						

附表6　中楼a型斗栱数据足材、出跳统计

序号	位置	足材		出跳	
		scan01/04	scan02/05	scan01/04	scan02/05
a-w3	南侧	218	222	259	268
	北侧	202	210	250	245
a-w4	南侧	212	—	245	—
	北侧	195	196	244	253
均值 1		206.75	209.333	249.5	255.333
均值 2		140.209		193.024	
311 毫米 / 尺		0.669		0.812	
312 毫米 / 尺		0.667		0.809	
313 毫米 / 尺		0.665		0.806	
314 毫米 / 尺		0.663		0.804	
315 毫米 / 尺		0.660		0.801	
316 毫米 / 尺		0.658		0.799	
317 毫米 / 尺		0.656		0.796	
318 毫米 / 尺		0.654		0.794	
319 毫米 / 尺		0.652		0.791	
315 毫米 / 尺复原值		0.666		0.8	
吻合度		99.17%		99.83%	

附表7 中楼b/b'型斗栱数据足材、出跳统计

序号	位置	足材			出跳		
		scan01/04	scan02/05	scan03/06	scan01/04	scan02/05	scan03/06
b'-w3	第一跳	143	138	—	195	202	—
	第二跳	133	124	—	200	196	—
	第三跳	140	137	—	208	204	—
	第四跳	151	143	—	200	201	—
	第五跳	—	125	—	198	196	—
b'-w4	第一跳	141	146	—	200	201	—
	第二跳	146	142	—	193	196	—
	第三跳	139	138	—	208	208	—
	第四跳	155	152	—	202	199	—
	第五跳	—	114	—	197	196	—
b'-w5	第一跳	147	146	—	—	197	—
	第二跳	134	142	—	193	198	—
	第三跳	136	—	—	208	209	—
	第四跳	148	—	—	202	201	—
	第五跳	—	—	—	197	202	—
b'-w6	第一跳	—	—	—	—	191	—
	第二跳	129	135	—	195	204	—
	第三跳	124	139	—	203	215	—
	第四跳	135	142	—	189	200	—
	第五跳	130	132	—	203	213	—
b-w3	第二跳	136	139	—	178	184	187
	第三跳	140	148	135	191	189	183
	第四跳	141	149	141	182	190	192
	第五跳	145	150	142	187	191	188
b-w4	第二跳	—	139	—	185	—	190
	第三跳	—	145	144	191	—	187
	第四跳	—	155	141	176	—	193
	第五跳	—	150	141	192	—	188
b-w5	第四跳	—	155	—	160	—	—
	第五跳	—	149	—	185	—	—
b-w6	第二跳	142	—	124	—	190	194
	第三跳	139	—	151	—	187	194
	第四跳	128	—	145	—	185	172
	第五跳	131	—	—	—	187	—

序号	位置	足材			出跳		
		scan01/04	scan02/05	scan03/06	scan01/04	scan02/05	scan03/06
均值1		138.875	141.308	140.444	197.571	193.5	188
均值2			140.209			193.024	
311 毫米/尺			0.451			0.621	
312 毫米/尺			0.449			0.619	
313 毫米/尺			0.448			0.617	
314 毫米/尺			0.447			0.615	
315 毫米/尺			0.445			0.613	
316 毫米/尺			0.444			0.611	
317 毫米/尺			0.442			0.609	
318 毫米/尺			0.441			0.607	
319 毫米/尺			0.440			0.605	
315 毫米/尺复原值			0.45			0.6	
吻合度			98.91%			97.92%	

附表8 东西侧楼a'型斗栱数据足材、出跳统计

序号	位置	足材			出跳		
		scan01/04	scan02/05	scan03/06	scan01/04	scan02/05	scan03/06
a'-w1	南侧	204	212	209	284	278	283
a'-w2	南侧	195	210	198	285	283	287
a'-w5	南侧	210	—	—	307	—	291
a'-w6	南侧	—	—	—	290	—	280
均值1		203	211	203.5	291.5	280.5	285.25
均值2			205.833			285.750	
311 毫米/尺			0.662			0.919	
312 毫米/尺			0.660			0.916	
313 毫米/尺			0.658			0.913	
314 毫米/尺			0.656			0.910	
315 毫米/尺			0.653			0.907	
316 毫米/尺			0.651			0.904	
317 毫米/尺			0.649			0.901	
318 毫米/尺			0.647			0.899	
319 毫米/尺			0.645			0.896	
315 毫米/尺复原值			0.666			0.9	
吻合度			98.11%			99.21%	

附表9 东西侧楼b/b'型斗栱数据足材、出跳统计

序号	位置	足材			出跳		
		scan01/04	scan02/05	scan03/06	scan01/04	scan02/05	scan03/06
b'–w1	第一跳	—	142	—	199	198	—
	第二跳	132	147	—	197	183	—
	第三跳	135	138	—	157	159	—
	第四跳	139	147	—	202	196	—
b'–w2	第一跳	141	—	—	197	—	—
	第二跳	135	133	—	192	211	—
	第三跳	146	122	—	162	197	—
	第四跳	—	148	—	210	222	—
b'–w7	第二跳	144	156	—	195	206	—
	第三跳	146	142	—	168	156	—
	第四跳	—	145	—	165	218	—
b'–w8	第一跳	—	—	—	204	—	—
	第二跳	146	—	—	179	—	—
	第三跳	141	—	—	170	—	—
	第四跳	140	—	—	187	—	—
b–w1	第一跳	—	—	—	179	190	181
	第二跳	132	131	132	189	193	188
	第三跳	135	138	135	173	165	173
	第四跳	137	136	135	197	196	199
b–w2	第一跳	—	—	—	—	186	—
	第二跳	138	150	128	200	192	196
	第三跳	138	154	140	169	174	170
	第四跳	144	131	144	191	193	192
b–w7	第二跳	145	—	148	195	—	164
	第三跳	149	—	149	160	—	193
	第四跳	150	—	—	190	—	—
b–w8	第一跳	—	—	—	197	—	—
	第二跳	145	—	—	188	—	—
	第三跳	144	—	—	162	—	—
	第四跳	148	—	—	194	—	—
均值1		141.304	141.25	138.875	185.103	190.8333	184
均值2		140.476			186.646		
311 毫米/尺		0.452			0.600		
312 毫米/尺		0.450			0.598		
313 毫米/尺		0.449			0.596		

序号 位置	足材			出跳		
	scan01/04	scan02/05	scan03/06	scan01/04	scan02/05	scan03/06
314 毫米/尺		0.447			0.594	
315 毫米/尺		0.446			0.593	
316 毫米/尺		0.445			0.591	
317 毫米/尺		0.443			0.589	
318 毫米/尺		0.442			0.587	
319 毫米/尺		0.440			0.585	
315 毫米/尺复原值		0.45			0.6	
吻合度		99.10%			98.75%	

附表10　a类斗栱各斗斗广、斗高

位置	大斗		十八斗（每攒各跳测量一只取均值）			斜斗（每攒各跳测量一只取均值）	
	斗广	斗高	斗广	斗深	斗高	斗广	斗高
a-w3	—	—	168	250	—	190	105
a-w4	323	—	—	262	—	206	112
a-w1	—	200	140	272	91.5	—	93.5
a-w2	—	200	160	288	90	198	92
a-w5	—	—	145	259	88	196	93
a-w6	320	199	142	261	103	198	94
最大值	323	200	168	288	103	206	112
最小值	320	199	140	250	88	190	92
平均值	321.5	199.67	149.83	265.33	93.125	197.6	98.25
31.5毫米/寸复原值	10.0	6.7	4.75	8.5	3.0	6.7	3.0

附表11　b类斗栱各斗斗广、斗高

位置	大斗		十八斗（每攒各跳测量一只取均值）		升（每攒各跳测量一只取均值）	
	斗广	斗高	斗广	斗高	斗广	斗高
b-w4	278	154	119	76.5	128.2	76.2
b-w5	275	160	117.6	76.5	125.67	79.6
b-w1	255	157	117.25	76.4	—	87
b-w2	255	160	119.75	76.8	—	82.5
b-w7	249	159	—	—	125.2	74
b-w8	250	159	—	—	125.6	77
最大值	278	160	119.75	76.8	128	87

位置	大斗		十八斗(每攒各跳测量一只取均值)		升(每攒各跳测量一只取均值)	
	斗广	斗高	斗广	斗高	斗广	斗高
最小值	249	154	117.25	76.4	125.2	74
平均值	260.33	158.17	118.40	76.55	126.17	79.38
31.5毫米/寸复原值	8.5	5.0	4.0	2.5	4.0	2.5

附表12 a/a'型斗栱斜栱材厚

			斜栱1	斜栱2
中楼	a-w3	北第一跳	84	—
		北第二跳	87	—
		北第三跳	80	81
	a-w4	北第一跳	81	87
		北第二跳	87	89
		北第三跳	—	92
侧楼	a'-w1	北第一跳	83	78
		北第二跳	79	—
	a'-w2	南第一跳	80	—
		北第一跳	85	85
		北第二跳	84	81
	a'-w5	北第一跳	86	83
		北第二跳	—	83
	a'-w6	北第一跳	82	83
		北第二跳	92	81
均值			83.875	
合31.5毫米/寸			2.66	

参考文献

［1］赵世瑜. 圣姑庙：金元明变迁中的"异教"命运与晋东南社会的多样性［J］. 清华大学学报（哲学社会科学版），2009（4）：7-17+161.

［2］赵寿堂，徐扬，刘畅. 算法基因——山西高平两座戏台之大木尺度对比研究//贾珺主编. 建筑史. 第42辑［M］. 北京：中国建筑工业出版社，2018：47-69.

［3］刘畅，姜铮，徐扬. 算法基因：高平资圣寺毗卢殿外檐铺作解读//王贵祥主编. 中国建筑史论汇刊. 第壹拾肆辑［M］. 北京：中国建筑工业出版社，2017：147-181.

［4］曹飞. 万寿宫历史渊源考——金元真大道教宫观在山西的孤例［J］. 山西师大学报（社会科学版），2004（1）：80-85.

高平董峰万寿宫山门斗栱营造解读

四川元明建筑天花的形式与演化

李林东

（成都文物考古研究院）

摘要： 四川现存古代木结构建筑中的天花主要有四种，根据结构逻辑又可以归为两类，即大木式天花与小木式天花。在元明两代四川天花表现出自大木式向小木式发展的规律，这一规律符合中国古代木结构建筑发展的整体趋势，由此可以从天花入手，讨论相关技术与营造观念，以及背后文化因素的变化。此外，大木式天花反映出更多早期天花的特征，也为探讨四川建筑技术的来源与发展提供了新的线索。

关键词： 大木式天花，小木式天花，元代建筑，四川

The Forms and Evolution of Ceilings in Sichuan during Yuan and Ming Dynasties

LI Lindong

Abstract: There are four kinds of ceilings in historic buildings in Sichuan. They can be divided into the structural ceilings and decorative ceilings according to the relationship with building structure. In Yuan and Ming dynasties, it showed the law of transformation from the structural ceilings to the decorative ceilings, in accord with the overall trend of the development of ancient Chinese wooden architecture. So the paper discusses the change of the building technology, concept and related culture by studying the ceiling. In addition, the research on structural ceilings not only reveals characteristics of early ceilings, but also provides new evidence for the source and development of Sichuan building technologies.

Key words: structural ceiling; decorative ceiling; architecture in Yuan dynasty; Sichuan Province

一 引言

天花通常归属小木作，但在四川部分天花具有大木作的特征，比如用材上采用大木材，结构上支撑上部梁架，可以定义为大木式天花。在四川现存古建筑中，大木式天花较小木式出现得更早，主要见于元代至明初，但小木式天花延续时间更长，明初至清代均广泛应用。通过对四川元明天花进行分析，就可以揭示这一时期小木式天花逐渐取代大木式的过程，同时也能反映出背后的结构逻辑与文化动因。

二 天花的分类

天花的分类可以从天花与主体梁架的相对位置关系，以及天花的支撑形式这两个方面入手。首先，通过位置的差异可以区分大木式与小木式天花，大木式天花的边框中线与柱轴线重合，与梁栿或檩条呈叠压关系，而小木式天花的覆盖范围相对内缩，整体位于梁栿内侧，也被称为侧挂式天花❶。其次，通过天花与内额斗栱的关系，又可将天花分为四周均由内额斗栱支撑、由内额斗栱与梁栿共同支撑、仅由梁栿支撑这三类。再经过简单的排列组合就可以形成六种天花类型（表1）。

❶ 本文借用了过往天花研究中大木式与小木式、叠压式与侧挂式的分类，但相关研究最初出自什么文献尚不明确，较完整的论述可参考文献 [1]: 131, 176。

表1　建筑天花的六种可能类型（表格来源：作者自制）

	a 仅由斗栱支撑	b 由斗栱与梁栿共同支撑	c 仅由梁栿支撑
Ⅰ 大木式 （层叠式）	Ⅰ-a	Ⅰ-b	Ⅰ-c
Ⅱ 小木式 （侧挂式）	Ⅱ-a	Ⅱ-b	Ⅱ-c

注：灰色区域为天花覆盖范围

在六种天花中，Ⅱ-b型天花前后边框位于斗栱跳头，左右边框紧贴梁栿（图1），是明清官式建筑明间常见的天花形式，但在四川缺乏这一类型的明确实例。Ⅰ-c型虽有实例，但通常是楼房地板的底面表现为这种形式，不同于一般理解的天花（图2），又或者是在其他天花省略斗栱时局部得到体现（图3）。因此本文对四川元明天花的研究主要通过其他四种天花。

对天花形式明确的四川元明建筑进行统计可以发现，大木式天花整体上早于小木式天花，其中Ⅰ-a型天花又是能看到的最早的天花形式（表2）。典型的Ⅰ-a型天花可参考元代醴峰观大殿、花林寺大殿，以及明初永安庙大殿：天花四周均有十字栱，由横栱支撑天花边框，向内出跳的华栱支撑天花内部的支条。这三处建筑还有另外两个特点：一是内柱与梁栿之间没有直接联系，天花与内额斗栱确实起到了传递屋顶重量的作用，二是前后内柱间的梁栿采用了槫状栿

图1 北京智化寺藏殿天花（图片来源：作者自摄）

图2 雅安名山观音殿二层楼板底面（图片来源：吴上摄）

图3 绵阳安州区开禧寺大殿前内柱与天花边框直接相交（图片来源：作者自摄）

① 四川建筑大部分天花没有完整保留下来，或在后期有较大改动，因此此部分建筑的天花原型并不明确，这些案例均未列入统计表，如南宋江溴圖山云岩寺飞天藏殿、元代的眉山报恩寺大殿与剑阁香沉寺大殿等。

② 题记内容为："广安千户守御所武德将军正千户李铭，武略将军副千户吴源史"，吴源史应为吴源、史俊，三人任职交集为正统五年至景泰五年。见文献［2］。

③（民国）《剑阁县续志》卷九，徐芝铭《重修觉苑寺记》："……元末寺毁坏，明天顺初僧静智及其徒道芳住锡于此，重新殿宇，奉佛祖像并绘释迦年谱于壁。"见文献［3］，第19册：969。

④ 天顺六年题记位于毗卢殿前檐明间下金枋，各文献中对该题记位置的记录有出入，原因可能是毗卢殿曾被误作观音殿，同时观音正殿被误作大雄宝殿，见文献［4］，第三卷：172-174，以及文献［5］：99-100。毗卢殿壁画上还有成化题记，见文献［6］：93。

⑤（嘉庆）《金堂县志》卷三，明成化十七年杜铭《重修明教寺记》："经始于天顺十月初一日，讫工于成化元年正月初四日。"见文献［3］，第4册：107。

⑥ "奉蜀定王令旨重建天成寺，佛殿、月台、廊庑焕然一新，工毕于戊子冬"戊子即明宪宗成化四年。见文献［7］：97-98。

做法，无论高度还是形制均与相交的下平槫相同（图4）。这两个特点表现出梁架的分层思想，天花成为上方屋顶与下方柱网间的夹层。

表2 四川现存元明建筑的天花类型统计表① （表格来源：作者自制）

名称	年代	纪年来源	类型
南部醴峰观大殿	元大德十一年（1307年）	墨书题记	I–a
盐亭花林寺大殿	元至大四年（1311年）	墨书题记	I–a
峨眉山东岳庙香殿	元至治二年至明洪武二十四年（1323—1391年）	墨书题记	I–a
遂宁百福院大殿	明洪武（1368—1398年间）	墨书题记	I–b
安州区（安县）开禧寺大殿	明永乐四年（1406年）修建，嘉靖七年（1528年）迁建	墨书题记	I–b
安岳道林寺大雄宝殿	明永乐十七年（1419年）	墨书题记	II–a
芦山佛图寺祖师殿（广福寺大殿）	明宣德三年（1428年）	墨书题记	II–a
广汉龙居寺中殿	明正统十二年（1447年）	墨书题记	II–c
资中甘露寺大殿	明正统十二年（1447年）	墨书题记	II–c
蓬溪慧严寺大殿	明正统十二年（1447年）	墨书题记	II–c
蓬溪宝梵寺大雄宝殿	明景泰元年（1450年）	墨书题记	I–a
南充隐珠寺大殿	明景泰二年（1451年）	墨书题记	II–a
广安兴国寺大殿	明正统五年至景泰五年（1440—1454年）	墨书题记②	II–a
平武报恩寺	明正统五年至天顺四年（1440—1460年）	《敕修大报恩寺碑铭》《勅修报恩寺功德记》	II–a
剑阁觉苑寺大殿	明天顺初（1457—1460年）	徐芝铭《重修觉苑寺记》③	II–c
新津观音寺毗卢殿	明天顺六年（1462年）	墨书题记④	II–c
新繁龙藏寺大殿	明成化元年（1465年）	墨书题记	II–c
青白江明教寺觉皇殿	明成化元年（1465年）	杜铭《重修明教寺记》⑤	II–c
龙泉驿石经寺大殿	明天顺七年至成化四年（1463—1468年）	《石经楚山和尚语录》⑥	II–a

❼ 观音殿成化六年题记位于前檐明间下金枋。

名称	年代	纪年来源	类型
新津观音寺观音正殿	明成化六年（1470 年）	墨书题记❼	I–c、II–c 混合型
荥经开善寺正殿	明成化十八年（1482 年）	墨书题记	II–c
南部永安庙大殿	明	—	I–a
梓潼大庙天尊殿	明	—	I–a
仁寿甘泉寺大殿	明	—	I–a
阆中张桓侯祠敌万楼	明	—	II–a
遂宁灵泉寺大殿	明	—	II–a
阆中观音寺观音殿	明	—	明间 II–b，次间 II–c
什邡慧剑寺觉皇殿	明	—	II–c
阆中圆觉寺大殿	明	—	II–c
三台云台观大殿	明	—	II–c

注："—"表示缺乏明确纪年或纪年明显早于该殿形制特征。

I–b型天花目前只确认了两例，即遂宁百福院大殿与绵阳安州区开禧寺大殿。与I–a型天花相比，该类型的天花只有前后采用斗栱支撑，至于左右两边，开禧寺大殿使用蜀柱直接支撑边框而不在蜀柱顶另设斗栱，百福院大殿则直接使用正缝梁架的三椽栿。使用梁栿是该类型的重要特征，这两例均在明间内额上设置附加的内额梁架，内额梁架底部的三椽栿同时充当天花支条（图5）。梁栿的介入取代了天花的部分结构功能，但天花的覆盖范围仍与轴线重合，前后斗栱与天花的关系也没有改变，I–b型天花仍属大木式。

II–a型天花外观上与I–a型相似，四周均有内额斗栱，不同之处在于天花边框位于内额斗栱华栱的跳头而不是横栱上方，因此天花范围向内缩小❽。即便斗栱上覆盖木板，仍会与内部天花作出区别，限定出天花的明确边界。这样的天花不用承担屋顶的重量，就从大木梁架中独立出来，实现了小木作的分化。同时，屋顶与柱网存在直接联系，弱化了分层的概念，强调梧架的整体性。这类天花相比大木式保存下来更多，如平武报恩寺各殿均采用II–a型天花（图6）。

II–c型天花是最简单且应用最广、持续时间最长的类型，在清代几乎是四川唯一的天花类型。该类天花相比II–a型取消了四周的斗栱，直接与水平构件如梁栿、檩条和额枋相接，同时

❽ 少数天花的边框并不准确位于华栱跳头，如龙泉驿石经寺大殿，天花四周均有斗栱，但左右边框位于靠里的栱头中部，紧贴梁栿，本应支撑天花的令栱也改作异形栱，天花与梁栿的关系反而具有部分II–b型特征。

图4 南部永安庙大殿天花（图片来源：作者自摄）

图5 安州区开禧寺大殿天花（图片来源：作者自摄）

图6 平武报恩寺万佛阁一层明间天花（图片来源：作者自摄）　　　图7 荥经开善寺大殿天花（图片来源：荥经县博物馆黄强摄）

又与Ⅰ-b型由梁栿兼作支条不同，Ⅱ-c型天花存在明确的边框，区别于大木构件，属小木式。较完整的案例有剑阁觉苑寺大殿与荥经开善寺大殿（图7）。

三　四川元明建筑天花的演化线索

1.　整体上保持内聚形式

四川建筑天花在演化过程中始终保持了内聚式布局，具体表现在天花之下形成了覆斗形空间。这样的形式不同于藻井，因为天花本身仍是平面的，在结合内额斗栱等其他构件后，才产生了中心上升的空间效果。

其中最形象的是Ⅱ-a型天花，特别是内额斗栱出跳较多的案例。如平武报恩寺万佛阁，其二层内额斗栱向内出3跳，最上层令栱作三福云与耍头相交，就由第二跳瓜拱支撑天花枋。以天花枋为界，内侧为井口天花并与内额斗栱一同施青绿彩画，外侧在斗栱顶部是不分格的木板，表面仅有单色线描花纹，这样在视觉上就将中央天花与四周斗栱组合在了一起（图8、图9）。由于斗栱往上占据的空间逐渐变大，顶棚覆盖范围相应内缩，留下的空间就呈覆斗形，形状类似《营造法式》中所载盝顶天花[1]。四川现有木构遗存中很少出现藻井，这样的内聚式天花就承担了藻井的功能。

更深层次的来源应该是厅堂建筑内外柱不等高这一特征。四川元明建筑天花通常位于下平槫或内柱顶，即便没有内额斗栱，也明显高于外檐。而且四川元明遗构大部分是三开间歇山厅堂，平面接近正方形，柱网呈内外两圈的"回"字形结构，明中期以前还有厦一间歇山做法，不设山面梁架，山面檐椽一直延伸至正缝。此时若内柱间存在天花，就能与四周的斜向檐椽组合成覆斗状顶棚（图4、图7）。明中后期出现了山面梁架或者不对称构架，但由于梁架仍由内外两圈构成，天花仍安装在中心较高的位置，总体感觉并未改变，也有部分天花向外延伸至檐椽根

[1]盝顶天花见《营造法式》卷八小木作制度三："唯盝顶斗𣇄斜处，其程量所宜减之。"梁思成先生注："覆斗形的屋顶，无论是外面的屋面或者内部的天花，都叫做盝顶，盝音鹿。"见文献［4］，第七卷：211-213.

图8 平武报恩寺万佛阁二层明间天花（图片来源：作者自摄）　　　图9 平武报恩寺万佛阁二层天花局部（图片来源：作者自摄）

部，通过增加外围天花维持原有效果（图5）。即使大部分内额斗栱很小，但因歇山厅堂本就内部梁架较高，用天花遮挡上部梁架后就自然形成了内聚式空间（图10-a）。

反之，若天花位于檐部，则可能采用高度一致的平天花，不容易产生内聚效果（图10-b）。此类天花在明清官式建筑中很常见，其整体边界至四周外檐斗栱，由斗栱里拽跳头支撑，比

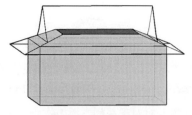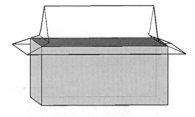

a 内柱范围内设置天花　　　　b 外柱范围内设置天花

图10 歇山屋面下两种天花的不同覆盖效果（图片来源：作者自绘）

如明代智化寺智化殿、大智殿和藏殿都是如此（图1）。而且柱头科里拽承梁，采用檐部天花不可避免会受到梁的影响。对于常见的三开间殿宇，天花可能被正缝梁架按开间分隔为三部分，明间的天花就变为左右梁前后斗栱的形式，即前文总结的Ⅱ-b型，两次间则为三面斗栱的非中心对称形式。随着开间增加，两端天花保持不变，中间均采用明间形式，不仅不存在向中心聚集，反而表现为平行划分内部空间。

虽然对于五开间以上的四川建筑，即使天花仅在内部也至少会覆盖中心三间，同样会面临梁架打断天花的问题，但四川建筑通过采用更小的天花单元，避免了整块天花被打断的情况。再举平武报恩寺大雄宝殿和万佛阁为例，二者均为面阔五间进深四进，内柱之间便形成六个区块。内柱间较低位置再另设天花梁，之上设置内额斗栱，就可以形成数个内聚式天花的组合，避免了天花与梁架直接交接（图8）。通过增加天花梁和内额斗栱还可以看出，这一时期四川建筑天花表现出内聚形式已不再局限于结构原因，而是受到审美、宗教等的文化层面因素的影响。

2. 内部分格逐渐复杂化

整体上元明两代四川建筑天花所在的位置以及所起的限定作用并未发生根本改变，但在时间上仍表现出自Ⅰ-a型向Ⅱ-c型演化的趋势，其变化首先体现在天花内部，即天花底面的分格方式：早期案例采用均匀布置、大小一致的方格，晚期案例中则出现天花分区，根据位置不同使用不同形式的格子。

采用均匀方格的天花，最典型的是Ⅰ-a型，从天花与内额斗栱的构造关系可以发现，这是该类型天花受制于大木结构必然会形成的外观。在Ⅰ-a型天花中，内额斗栱位于天花支条的交点，各栱头与其支撑的天花支条在平面投影上是重叠的，反过来可以理解为天花分格的基础是内额斗栱栱头向内延伸形成的网格。在具体案例中，天花支条与边框的交点要么在内额斗栱上方，要么在相邻斗栱正中，只有这两种情况（图11）。四川早期木构还有另外一个特点，即外檐补间铺作挑斡通常向内延伸至内圈柱网，或与内额斗栱相交，或与内额斗栱之下的蜀柱、内柱相交，因此在内外斗栱之间就形成了对应关系（图12）。而由于内外斗栱均倾向于均匀布置，必然导

图11 花林寺大殿天花边框上榫口揭示支条位置（图片来源：作者自摄）

图12 花林寺大殿补间铺作挑斡与内额斗栱相交（图片来源：作者自摄）

致天花只能采用均匀划分的形式，而且分格的数量也受到斗栱数量的限制。这类型的天花不仅在结构上属于大木作，其形式逻辑也是大木思维。

这样的天花形式显然缺乏灵活性，从之后的天花演化中可以明显看出突破分格限制的倾向。首先是切断外檐对天花的影响，如年代稍晚的蓬溪宝梵寺大殿，其天花虽然仍是 Ⅰ–a 型，但其外檐补间铺作挑斡搭在内额上，没有与内额斗栱产生结构联系，就不再具有对应关系（图13、图14）。其次是改变内额斗栱对天花的支撑方式，从根本上实现自由分格，比如 Ⅱ–a 型天花采用内额斗栱跳头支撑天花边框的办法，华栱不必再对应天花支条，或者如 Ⅰ–b 型和 Ⅱ–c 天花，直接取消部分或全部内额斗栱，改用不会限制天花分格的梁栿。

分格自由化为形成更复杂的天花提供了条件，从现存实例来看最明显的变化是天花出现了分区。以开禧寺大殿天花为例，虽然作为大木式天花在面阔方向仍受外檐斗栱影响，但其左右两侧取消了内额斗栱（图15），这样在进深方向就不必均匀布置天花支条，由此将天花分为面积不等的三部分，从前往后分别是 6×2 排列的中方格，9×5 排列的小方格，以及3个抹角大格子（图16）。小木式天花不仅能实现这样的天花分区（图17、图18），而且由于面阔方向也可自

图13 蓬溪宝梵寺大殿天花（图片来源：作者自摄）

图14 蓬溪宝梵寺大殿补间铺作挑斡位置（图片来源：作者自摄）

图15 开禧寺大殿左右由蜀柱支撑天花（图片来源：作者自摄）

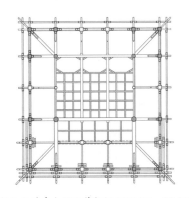

图16 开禧寺大殿天花仰视（图片来源：作者自绘）

图17 剑阁觉苑寺大殿天花（图片来源：赵芸摄）

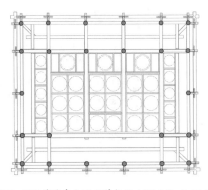

图18 剑阁觉苑寺大殿天花仰视（图片来源：作者自绘）

由划分，还能针对不同情况产生更丰富的天花形式。还是以平武报恩寺万佛阁天花为例，首先在天花四周即内额斗栱耍头上方使用长方形格子，以此保证内部未被遮挡的部分为完整方格（图9），其次虽然上下两层面积差不多，但两层天花采用了不同的分格方法。比如在明间，二层的内额斗栱数量更少，天花却排列了更多方格，一层采用了内额斗栱与天花支条对应的形式，二层却没有类似的对应关系（图6、图8）。万佛阁上下层天花的差异显然是刻意设计的结果，原因也许是二层空间更矮，所以工匠采用了尺寸更小的格子。总之，这些例子说明天花在发展过程中逐渐小木作化，其根据自身需求划分格子的自由度越来越大，主体结构对天花形象的影响越来越小。

3. 演化受装饰需求影响

取代结构因素逐渐成为影响天花外观主因的应该是装饰要求。明代四川建筑天花的形象与殿内塑像有关，除分区以外，在主尊上方经常采用特殊的天花形式与之呼应，包括尺寸明显增大的方格、抹角格子、更繁复的纹饰等（图7、图15～图19），这些都使天花形式更加丰富。

进一步考察还会发现，对应佛像的大格子通常三个一组，沿顺身方向排列在天花后端，揭示此处塑像原为三尊并置。从明代遗留的塑像来看，四川明代佛寺大殿中确实流行毗卢遮那、卢舍那和释迦牟尼的三身佛组合。如果在五间佛殿内设置三身佛，三佛可分置中间三间（图20），但在三间小殿中，三佛只能并排安放在明间（图21）。天花沿顺身方向三分显然就是与这种情况相适应，可以起到与五间大殿类似的限定效果，而大方格特别是抹角格子就对应了五间殿中间三间的天花（图22）。

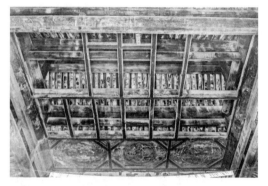

图19 资中甘露寺大殿天花（图片来源：西南交通大学张宇摄）

图20 平武报恩寺大雄宝殿三身佛分列三间（图片来源：作者自摄）

图21 盘陀寺大殿三身佛并列于明间（图片来源：作者自摄）

图22 佛图寺祖师殿迁建前佛像与天花（图片来源：文献［4］，第三卷：图107-3）

另一个值得注意的现象是大格子一般都位于天花后端，后内柱之前，这就使天花具有了方向性，而最初的Ⅰ-a型天花表现为四边相同，没有明确的方向。目前虽不明确四川早期天花与宗教的联系，但后期天花肯定对应着塑像位于明间后端，而且与之适应通常在后内柱之间设置版壁作为背光，在前内柱上也从明代开始流行盘龙（图17、图22）。以上布置就暗示了明间前进是最重要的人的活动空间，因为在这个位置正对佛像看到的景象是被着重修饰的。这也说明在这一时期，天花不仅具有灵活性，而且已经与室内其他装饰相呼应，装饰上存在整体设计的观念。

4. 演化背后的技术变化

随着外观改变，天花的支撑技术也发生了根本变化，体现出两种完全不同的营造思路。四川早期天花由天花下方的内额斗栱支撑，在最早的几个Ⅰ-a型案例中，天花支条的截面略等于一个单材，不足以满足整个明间的跨度，因此需要在天花下方正中位置使用顺身方向的内额，内额上添加额外的斗栱使天花跨度减半（图4、图23），内额造成的遮挡也从侧面说明天花底面的视觉效果并非早期天花的首要目标。现存的两例Ⅰ-b型天花采用了内额梁架，其高度与内额斗栱相当，就不再需要另设内额，而是由底层梁栿将天花隔成跨度较小的单元。虽然内额三椽栿仍较一般支条大，但取消内额弱化了支撑结构，可以认为是优化天花外观的一种尝试（图16）。类似的尝试还包括宝梵寺大殿，不在正中设内额，而是在顺身方向的天花支条中每隔一根采用大截面支条（图13）；佛图寺祖师殿，采用小截面内额直接承天花，省去了中间的内额斗栱（图24）。

以上变化可以认为是在平衡结构与装饰的矛盾，也说明在这一时期还没有成熟的解决方案，而在后期绝大多数小木式天花中看不到这样的问题，原因是在隐蔽位置增加了额外的支撑构件。透过残损的甘露寺大殿天花（图25）和道林寺大殿天花（图26），可以发现天花背后存在帽梁，帽梁通常也是沿顺身方向布置，两端搭在梁架上，下方紧贴天花支条，就可以从上方拉住天花。

图23 花林寺大殿正中内额（图片来源：作者自摄）

图24 佛图寺（广福寺）祖师殿天花下内额（图片来源：作者自摄）

图25 资中甘露寺大殿天花与帽梁（图片来源：西南交通大学张宇摄）

图26 安岳道林寺大殿天花与帽梁（图片来源：作者自摄）

帽梁的使用具有三个方面的意义。首先，支撑天花的结构从天花正面上移至天花背面，被天花遮挡后结构构件的装饰作用就被剥离了，这表明不止天花与大木梁架之间出现了分化，而且天花自身的构件也按结构功能和装饰功能进行了分化，进一步提高了装饰自由度。其次，帽梁与内额斗栱不同，它独立于大木梁架，就使天花的建造可以在主体结构完成后再进行，说明建筑营造中各工种的分工进一步细化。最后，虽然明初出现的内额梁架与天花的组合具有帽梁的雏形，但帽梁是明清官式建筑中的标准做法，这就提出了另一种可能性，即明代外来技术曾大幅推动四川建筑的发展。

四 四川建筑天花的技术来源分析

1. 大木式天花的比例特征

前文描述了元明两代四川建筑天花从大木作发展为小木作的轨迹，其中明代小木式天花的发展方向趋同于其他地区，但较早的大木式天花在四川以外并不常见。实际上，早在宋代《营造法式》中就已经将天花归入小木作，四川的大木式天花其实是具有显著地域性的特殊天花形式。

要揭示大木式天花的特点，必须结合四川早期建筑的主体梁架一起分析。通过测绘可以发现，除了分格采用均匀方格外，大木式天花还与所在建筑各开间尺寸有关。特别是在四川早期建筑中，平面柱网排列均匀，各间具有严谨比例关系，也呈现出与天花类似的特点。以元代两座大殿为例，醴峰观大殿内外柱均围合成正方形，外圈边长为内圈两倍，即明、次间比为2：1，四面明间均设补间铺作1朵，天花每边4格共16格，每格边长即为斗栱中距或者次间宽度的一半（图27）。盐亭花林寺大殿情况相似，前、后檐明、次间比为3：1，前、后檐明间补间铺作两朵，天花每边6格共36格，每格边长也是次间宽度的一半。特别的是花林寺大殿山面设中柱，山面正中加柱头铺作1朵，而每边6格既能在前檐将天花三等分又能在山面将天花二等分（图28）。

这样的平面并非四川元明木构的普遍特征，虽然大部分平面整体上接近正方形，但各间比例通常不具备显著的倍数关系，或者明间较次间斗栱间距略小。稍晚的大木式天花其所在建筑也会出现开间尺寸的变化，但仍能看到早期痕迹。如Ⅰ-b型的开禧寺大殿，通进深明显大于通

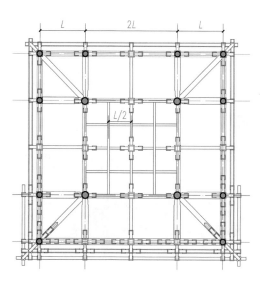

图27 南部醴峰观大殿天花仰视（图片来源：作者自绘）

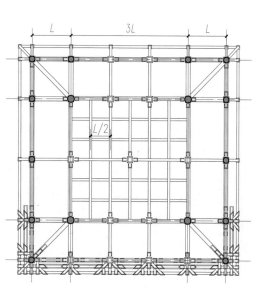

图28 盐亭花林寺大殿天花仰视（图片来源：作者自绘）

面阔，但面阔方向明、次间比仍是3∶1。而且天花格子的大小与开间有关，前端格子宽度仍为次间一半，中部格子宽度为次间三分之一，分格位置就在内额梁架中线，不会受到梁栿宽度的影响，但也导致与内额梁架相交的格子呈现出不完整的状态（图16）。

至少在技术上，Ⅰ-a天花确实束缚了建筑平面的变化，因为不整齐的建筑平面会通过内外斗栱的联系反映到天花上，而不均匀分格或者长方形的天花比不整齐的平面更加明显。此外，对于早期补间铺作不多的建筑，特别是在次间不用补间铺作时，明、次间宽度采用整数比也更有利于斗栱的均匀排列。

这其实是一种非常简便且直接的思维方式，能兼顾外檐斗栱与内部天花。如同切豆腐一般，从通长尺寸到开间尺寸再到天花格子，依次等分。而且这一过程只需计算一次，还不用考虑梁栿或槫的截面尺寸。如果采用小木式天花，则需要在主体结构完成以后再次测量由大木构件围合的空间，基于实际情况调整分格，否则预先计算会涉及天花支条宽度等琐碎数据，也会提高施工精度要求。对照小木式天花，可以认为大木式天花处于设计与建造缺乏分工的阶段，代表了整体式而非装配式的营造思想。

2. 早期案例类比

虽然同一时期几乎只有四川仍存在大木式天花，但在其他地区更早的遗存中还是能找到类似的天花形式进行对比。比如Ⅰ-a型天花就接近唐宋平闇做法，其内部支条相当于算程方。参考佛光寺东大殿，四椽明栿上设十字栱一朵承算程方，算程方也出现在平闇中部，将平闇分为前后两部分，而且平面投影也和下方的十字栱重叠。平闇与平棊的区别在于算程方以内采用什么形式，《营造法式》卷二"总释下"："于明栿背上，架算程方，以方椽施版，谓之平闇；以平板贴华，谓之平棊。"[1]如果将方椽施版换成平板贴华，佛光寺东大殿的天花就和四川Ⅰ-a型天花很接近了，只不过四川天花格子小了许多（图29）。

类似的还有北宋宁波保国寺大殿前进平闇与藻井。该藻井上承蜀柱与中平槫，并通过蜀柱固定柱头铺作挑斡来支撑下平槫（图30、图31）。张十庆老师曾将该天花的特点总结为："上部草架与下部明栿之间，并未如北方殿阁那样形成两套层叠的独立梁架形式。上部草栿结构叠压于下部铺作及三椽明栿上，在承载受力关系上，完全依赖于下部明栿结构。而天花铺作则叠压于上下梁栿之间，起承载垫托的结构作用，不同于后世小木装饰做法，这些都反映了主体厅堂构架对部分殿阁化做法的制约和影响。"[2]四川Ⅰ-a型天花与保国寺大殿藻井一样起到结构承载垫托作用，缘于二者均属厅堂构架，没有双栿分别支撑屋面和天花，区别于殿阁，也说明此时天花仍属大木结构。

a 佛光寺东大殿中进平闇与下方十字栱	b 南部永安庙大殿天花与下方十字栱

图29 佛光寺东大殿天花与四川建筑天花的结构对比（图片来源：a. 文献［8］：图22-1；b. 作者自摄）

● 文献［4］，第七卷：38.

❷ 文献［1］：130.

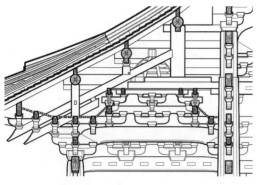

图30 宁波保国寺大殿藻井（图片来源：文献［1］：图版18）

图31 保国寺大殿天花以上梁架（图片来源：文献［1］：图4-21）

图32 唐招提寺金堂前檐平闇（图片来源：作者自摄）

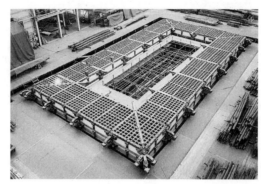

图33 唐招提寺金堂外槽平闇与开间关系（图片来源：文献［9］：50）

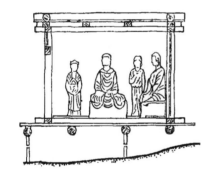

图34 炳灵寺172窟佛帐剖面图（图片来源：文献［10］：图二）

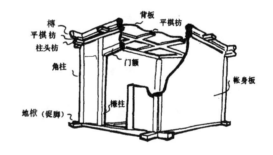

图35 炳灵寺172窟佛帐结构示意图（图片来源：文献［10］：图十三）

　　Ⅰ-a型天花的比例特征也出现在佛光寺东大殿，四椽栿上设十字栱，平闇按开间分格，中线与四椽栿重叠。四椽栿上用十字栱也类似于四川建筑内额上设斗栱承天花，二者均使天花升高，避免被梁栿或内额遮挡，保持格子完整。而且天花与梁栿之间存在空隙，使各部分天花在视觉上仍是连贯的，不同于小木式天花在各间是独立单元。因此，天花在分格上自然倾向于各间保持一致以维持整体和谐，进一步促使建筑平面采取各间相等或呈简单比例关系的形式。更典型的案例是唐招提寺金堂，其外槽平闇自斗栱正心位置平出，各间平闇就以柱轴线为界，再由算程方平分为四份，天花分格与开间的关系与四川大木式天花相同（图32、图33）。

　　还有一个较简单的案例是炳灵寺石窟172窟佛帐（图34、图35）。该佛帐为仿佛殿形式，但不作屋顶和斗栱。天花为3×3共9格，边框中线与柱轴线重合，开间与进深方向均将平面三等分，就是前文总结的Ⅰ-c型天花。虽然没有屋顶，但有承屋顶的槫，而且由于存在天花，槫正好压在天花边框上。与Ⅰ-a型天花所在的四川元代建筑对比，这个佛帐模仿的正是去掉了外檐柱和屋顶，由内柱围合的空间。

炳灵寺172窟佛帐的年代尚不明确，但其他三例均指向唐代的建筑技术传统。四川地理上接近关中地区，不排除在唐代受到直接影响，也有可能是在宋代南北分裂后从东部获得相应技术。但至少可以明确的是，正因为宋朝疆域内保留了较多早期做法，四川在宋代又是偏远地区，技术发展更加滞后，才会在元代还保留有大木式天花。

五　结语

四川建筑天花在元明两代的发展中表现出自大木式向小木式演化的特点，多个因素推动了这一进程，包括装饰需求、宗教文化因素，以及营造思维和技术的变化。天花的小木作化符合中国古代木结构建筑发展的整体趋势，不同地区天花形式的对比也指向共同的祖型，只是四川大木式天花表现为较早的发展阶段，呈现出技术变化滞后的特点。

大木式天花必须与主体结构同时设计，这反映出早期建筑营造的整体式思路，小木式天花区别于大木梁架则体现出后期的技术分工和装配式思维。整体式思路简化了设计过程，但装配式思路通过构件分化推动了天花发展。

参考文献

［1］东南大学建筑研究所 . 宁波保国寺大殿——勘测分析与基础研究［M］. 南京：东南大学出版社，2012.
［2］陈杰杰 . 兴国寺重建年代与广安守御千户所世袭武官［EB/OL］. https://www.sohu.com/a/274534374_100161561, 2018-11-11.
［3］中国地方志集成·四川府县志辑［M］. 成都：巴蜀书社，1992.
［4］梁思成 . 梁思成全集［M］. 北京：中国建筑工业出版社，2001.
［5］刘致平 . 西川的明代庙宇［J］. 文物参考资料，1953（3）：89-106.
［6］艾世远，邹挺 . 新津九莲山观音寺壁画和塑像［J］. 文物，1982（1）：92-93.
［7］杨耀坤 . 楚山绍琦禅师事迹考辨［J］. 宗教学研究，2008（1）：91-98.
［8］梁思成 . 中国建筑史［M］. 北京：百花出版社，1998.
［9］［日］唐招提寺 . 国宝唐招提寺金堂保存修理事业の记录·共结来缘［M］. 奈良：株式会社平井真美馆，2009.
［10］王泷 . 新发现的北朝木构建筑——炳灵寺石窟172窟佛帐［J］. 美术研究，1979（3）：72-78+44.

湖北禅宗寺院"崇祖"建筑研究

张奕　卢琪

（武汉理工大学土木工程与建筑学院）

摘要： 祖师崇拜是禅宗中国化的重要特征，对禅宗寺院建筑产生了深远影响。本文以湖北省禅宗寺院的祖师塔、祖师塔殿、祖师殿为研究对象，立足于田野考察和文献研究，整理分析了此三类建筑的历史沿革、规划布局和建筑形制，探讨了中国崇祖传统对湖北禅宗建筑的影响。

关键词： 禅宗寺院，祖师崇拜，祖师塔，祖师塔殿，祖师殿

Research on Architecture of Patriarch Worship of Zen Monastery in Hubei Province

ZHANG Yi, LU Qi

Abstract: As an important characteristic of Zen Sinicization, patriarch worship has a far-reaching influence on Zen temple buildings. Taking Patriarch Tower, Patriarch Tower Hall and Patriarch Hall in Hubei Province as the object of study, this paper sorts out and analyzes the historical evolution, planning layout and architectural form of the three buildings and discusses the influence of China's patriarchal tradition on Zen buildings in Hubei Province.

Key words: Zen temple; patriarchal worship; Patriarch Tower; Patriarch Tower Hall; Patriarch Hall

一　引言

西汉时期，佛教经丝绸之路从印度始传入中国。为了与中国本土文化相适应，作为"外来物种"的佛教，借鉴中国传统以血缘为基础形成家族谱系的社会结构，渐渐形成了一种以法乳为基础，注重法脉传承的中国化佛教宗派——禅宗。于是，中土以血缘为基础的祖先崇拜传统，在佛教中体现为禅宗的祖师崇拜思想，从而影响了禅宗多个方面，如戒律、禅法、文学等，而在寺院建筑方面尤为明显。

禅宗寺院"崇祖"建筑意指通过立塔或陈设祖师相关物来纪念禅宗寺院各类祖师的建筑。禅宗共六祖，其中四祖、五祖的祖庭均在湖北，可见历史上湖北地区禅门兴盛、祖师辈出，因此也留下了众多与祖师崇拜相关的建筑，笔者依据其形式，将此类建筑分为祖师塔、祖师塔殿和祖师殿三类。

二　祖师塔

塔为舶来品，起源于印度，是佛教寺院中的纪念性建筑。根据其性质，塔可分墓塔、佛塔和经幢三种，祖师塔为墓塔，内置祖师舍利或肉身。佛教对可立塔者有相应的约束，《释氏要览》卷三："盖且立塔，有三意：一表人胜；二令他（生信）；三为报恩。而有等级……若凡夫比丘有德行者，亦得立塔，即无级。"❶由此可知，持戒清净，有德行的凡僧也可立塔。自四祖别立禅院至今，在"蕲黄禅宗甲天下"的基础上，湖北地区高僧大德辈出，同时也留下了许多年代各异、造型多样的祖师塔。

❶ 文献 [1]：309.

1. 祖师塔格局及现状

独自建造的祖师塔为散塔，成群布置则为塔林。五祖寺、大洪山及灵泉寺等历朝历代高僧辈出，祖师塔则群聚形成塔林，但寺院塔林损毁严重。五祖寺三处塔林仅存四座完整的祖师塔；大洪山原有东、南、西、北四处塔林，现仅存东塔林，四座完整祖师塔；灵泉寺现存一座塔林，塔林内八座祖师塔，仅三座完好。湖北省祖师塔现状汇总见表1。

表1 湖北省祖师塔现状（表格来源：作者自制）

寺院	塔名	年代	方位	现状
四祖寺	毗卢塔	唐	西	现存
	种松和尚塔	唐、宋	东北	现存
	清皎禅师塔	宋	东北	现存
五祖寺	西塔林	明、清	西南	大多损毁，仅存两座
	东塔林	宋、元、清	东南	大多损毁，仅存两座
	李塔林	唐、明	西	损毁，仅存少数残塔石
	中素墓塔	不详	北	损毁，仅存少数残塔石
	绿雨墓塔	清	南	大部分损毁，塔基上还有少数残石，对原建筑失去断定
	五祖大满塔	民国	北	现存
大洪山	东塔林	明、清	东	现存十余座，四座完好
灵泉寺	塔林	清、民国	南	现存八座，三座完好
宝通寺	五塔	现代	西	现存
老祖寺	三塔	现代	西	现存
芦花庵	三塔	现代	西	现存

建于现代的宝通寺、老祖寺和芦花庵的祖师塔，更突显了中国人崇祖传统，塔依照中国传统宗庙制度——昭穆制进行排列，始祖居中，昭尊穆卑。宝通寺五座祖师塔，"一"字排开，形成塔墙，开山祖师慈忍禅师居中，大鑫和尚、博雅和尚居左昭位，中兴祖师道根和尚和源成性公和尚居右穆位。老祖寺三座祖师塔，等腰三角形排列，开山祖师千岁宝掌禅师居中，虚云禅师长于大鑫老和尚，因此虚云禅师居于左昭位，大鑫老和尚居于右穆位。芦花庵三座祖师塔，等腰三角形布置，虚云禅师居中，其弟子净慧禅师为芦花庵中兴祖师，居左昭位，宽敬尼和尚居右穆位。

2. 祖师塔类型

不同的葬制，衍生出不同性质的祖师塔，火葬为舍利塔，全身葬为肉身塔。佛教自印度传入中国后，佛教徒示寂，多按天竺方法火葬，后聚舍利建塔，禅宗也不例外。湖北区域，祖师舍利塔居多，肉身塔目前仅发现一座（无塔殿），即四祖毗卢塔，但四祖肉身已毁。《历代法宝记》记载，四祖道信在生前，命弟子元"与吾山侧造龙龛一所"，即今黄梅四祖寺毗卢塔，"大师时年七十有二。葬后周年。石户无故自开。大师容貌端严无改常日。弘忍等重奉神威仪不胜感慕。乃就尊容加以漆布。自此以后更不敢闭。"[1]文中讲，弘忍将其师全身葬于塔内，此毗卢塔为湖北境内现存最古老的肉身墓塔。

依据塔的建筑形式，湖北省祖师塔可分为楼阁式、亭阁式、密檐式、喇嘛式、方柱式以及无缝塔（表2），其中无缝塔是禅宗寺院较为特殊的一种祖师塔。《禅林象器笺》对其描述如下："无缝塔，形似鸟卵，故云卵塔。"❷四祖寺有一无缝塔，名种松和尚塔，传说它是五祖弘忍前世栽松道人的墓塔，为唐代遗物，宋元符二年（1099年）二月，寺僧戒耸募化山前刘子常，于塔外建石亭遮护以保护石塔，这种外亭内塔的构造关系，与下文所提及的"塔殿"形式也较为相近。

唐至明清，湖北地区祖师塔类型以楼阁式为主，而民国至今，祖师塔类型逐渐以喇嘛塔为主，其原因有待于今后进一步的深入探究。

❷ 文献［3］，卷二.

表2　祖师塔立面及类型（表格来源：除标示的图外，均为作者自绘）

寺院	四祖寺			五祖寺			
塔名	毗卢塔	种松和尚塔	清皎禅师塔	法演禅师塔	千仞岗禅师塔	孤怀禅师塔	瑞鬐禅师塔
立面	（图片来源：文献［4］）	（图片来源：文献［4］）	（图片来源：文献［4］）		（图片来源：文献［4］）	（图片来源：文献［4］）	（图片来源：文献［4］）
年代	唐	唐、宋	宋	宋	清	清	清
特征	单层重檐楼阁式塔	亭阁式塔，石亭（宋）内置卵塔（唐）	单层楼阁式塔	三层八角楼阁式塔	柱式塔	三层六角楼阁式	三层八角楼阁式塔

寺院	五祖寺	大洪山					
塔名	五祖大满塔	大洪山贤禅师塔	初若禅师塔	道庵塔	无进墓塔	满祥云公塔	无名
立面	（图片来源：文献［4］）						
年代	民国	明	明	明	明	清	清？
特征	喇嘛塔	五层六角密檐式塔	单层楼阁式塔	单层楼阁式塔	单层楼阁式塔	单层楼阁式塔	单层楼阁式塔

寺院	灵泉寺			宝通寺	老祖寺	芦花庵	不详
塔名	永谷禅师塔	目庵禅师塔	融广禅师塔	五塔	三塔	三塔	无国禅师塔
立面							
年代	清？	清？	民国	现代	现代	现代	元
特征	四层六角楼阁式塔	四层六角楼阁式塔	四层六角楼阁式塔	喇嘛塔	喇嘛塔	喇嘛塔	喇嘛塔

3. 祖师塔形制

湖北地区的祖师塔以楼阁式居多，且保存较为完整，本文以楼阁式祖师塔的形制为主要研究对象。楼阁式塔由塔基、塔身、塔顶三个部分组成。对调研的楼阁式塔测量数据（表3、表4）比对分析得出：

（1）四祖寺和大洪山以单层楼阁式塔为主，五祖寺和灵泉寺以多层楼阁式塔为主，且处于同一寺院的楼阁式祖师塔，形制相近；

（2）随着时间的推移，唐代楼阁式塔，体态粗壮稳健，气势雄浑；宋代楼阁式塔，体态纤柔，理性而不乏精致；明清楼阁式塔，体态纤长，造型多样，多层塔样式更似经幢，高耸直立。

表3　单层楼阁式塔高（表格来源：作者自绘）

寺院			四祖寺		大洪山		
塔名			毗卢塔	清皎禅师塔	初若禅师塔	道庵塔	无进墓塔
单层楼阁式塔	塔基	高（毫米）	2740	1103	232	191	36
		比例	0.25	0.35	0.13	0.11	0.02
	塔身	高（毫米）	3490	740	979	837	821
		比例	0.32	0.23	0.54	0.47	0.43
	塔顶	高（毫米）	4770	1341	599	762	1054
		比例	0.43	0.42	0.33	0.42	0.55
	总高（毫米）		11000	3184	1810	1790	1911
	示意图						

表4　多层楼阁式塔高（表格来源：作者自绘）

寺院		五祖寺			灵泉寺		
塔名		法演禅师塔	孤怀禅师塔	瑞鬈禅师塔	永谷禅师塔	目庵禅师塔	融广禅师塔
多层楼阁式塔	塔基 高（毫米）	346	623	615	414	300	204
	塔基 比例	0.11	0.15	0.20	0.07	0.09	0.08
	塔身 高（毫米）	1778	2414	1513	3451	2486	1970
	塔身 比例	0.59	0.58	0.50	0.79	0.76	0.77
	塔顶 高（毫米）	891	1118	894	501	473	386
	塔顶 比例	0.30	0.27	0.30	0.14	0.15	0.15
	总高（毫米）	3015	4155	3022	4366	3259	2560
	示意图						

三　祖师塔殿

祖师塔殿，是基于祖师塔而建的另一种"崇祖"建筑。据推测，最早的祖师塔殿应为湖北境内的五祖寺真身殿，建于唐咸亨五年（674年）。据《东方山佛教志》记载，弘化禅寺的祖师塔殿也始建于唐，且其为护塔而建❶，但根据汉传佛教历史记载，塔殿建造的原因不止于此。

汉魏时期，我国佛教初兴，模仿印度，以塔为中心建寺。但印度常年炎热少雨，而中国北方气候寒冷，南方多雨，室外绕塔、拜塔实为不便，因此中土僧侣的活动逐渐转向室内。同理，禅宗尊祖，受中国传统崇祖文化影响，对祖师的忌日尤为重视，寺院祖忌日法事繁复，如无加盖塔殿，法事活动难以进行，故塔殿不仅为护塔而建，也为祭拜活动提供了场所。

湖北境内，现有三座祖师塔殿，分别为五祖寺的真身殿、弘化禅寺的祖师塔殿及归元禅寺的三塔院。五祖寺真身殿奉祀开山祖师弘忍，弘化禅寺祖师殿奉祀开山祖师智印，归元寺三塔院康熙年间奉祀开山祖师白光德明、主峰德昆及克归智宗，如今奉祀略有不同，克归智宗改为归仁行丰。

1.　祖师塔殿布局

祖师塔殿多置于寺院中轴线。据《五祖寺志》记载，自宋代以来，五祖真身殿（祖师塔殿）一直位于中轴线，毗卢殿之后（唐代已无考）❷。据《东方山佛教志》记载，自唐以来，弘化禅寺的祖师塔殿，虽毁于兵燹后多次重建，始终置于中轴线，大雄宝殿后。归元寺的三塔院略为不同，其未建于主体寺院内，在寺外东南角建立。综上，祖师塔殿布局见表5。

2.　祖师塔殿形制

塔殿为组合型建筑，湖北境内的塔殿，塔与殿的关系呈现两种形式，一种是半包围，另一种是全覆盖（表6）。上文提及的"种松和尚塔"，外亭内塔，是否为早期全覆盖塔殿形式，尚且存疑。

五祖寺的真身殿于法雨塔前加建。法雨塔一半露天，一半藏于真身殿内。法雨塔为明万历年间所建四门塔，砖石仿木结构，三开间，三进深，一层面宽10.5米，进深6.6米；二层面宽7米，进深5米；通高9米，屋顶为重檐歇山顶。塔身当心间三间四柱三楼牌坊式样，正面与侧面辟门，一、二层枋面雕刻佛龛，额枋上承青砖叠涩出檐，二层北面设两扇尖券形窗。塔内原供五祖肉身，后

❶ "唐代初建格局……智印圆寂后，其弟子在花园建起智印的骨殖塔……尔后，为了护塔，在花园内建起了祖师塔殿"，因此祖师塔殿始建于唐代，且为护塔所建。见文献［5］。

❷ "北宋元祐二年（1087）……乃移真身殿及法雨塔至山腰（即今殿址）重建"，因此推测，真身殿从宋代至今一直位于中轴。见文献［6］。

因战乱被毁，现供五祖金像。真身殿，2004年按明清原貌重建，三开间，四进深，面宽、进深均15米，通高9米。当心间立面作二柱单间三楼牌坊式样，两侧次间前侧各设一钟亭，钟亭面阔3.8米，进深3米，重檐歇山顶，山花面为正立面。殿身圆柱上均设五踩如意斗栱，承接屋檐。真身殿前侧屋顶为歇山顶，中部又建一歇山顶衔接法雨塔，中部屋顶下设八角形藻井。

弘化禅寺祖师塔殿为全覆盖形式，多宝塔完全纳入殿内，并与前侧的大雄宝殿相连。多宝塔和塔殿均为清同治年间建造，于1977年维修。多宝塔为楼阁式塔，塔高8.05米，塔基为正八边形，边长1.1米，基座高2米。塔身为缸形，直径3.8米，高3.5米，上绘二龙戏珠图，正面顶部雕四柱三间三楼牌坊式门楼，门上正中题"与天地春"，左右分题"济人"、"利物"。塔顶为八角攒尖亭式，边长0.8米，高2.55米。祖师塔殿紧挨大雄宝殿之后，面阔五间，18.9米，进深六间，19.7米，正脊高10米，抬梁和穿斗混合式构架。塔殿屋顶硬山式，斜肩马头墙，并与南侧的大雄宝殿形成勾连搭。

归元寺的塔殿也为全覆盖式，并在殿前设院。塔院内的建筑为民国遗绪，1984年因过于破旧拆除重建。三座祖师塔形制相同，均为两层六角形楼阁式塔，高2.2米，塔基为正六边形须弥座，两层鼓形塔身，一层稍矮于二层，塔身上覆六角飞檐，宝珠式塔刹。塔殿面阔10.2米，进深7米，硬山屋顶，斜肩马头墙。

❶ 文献［7］：196.

表5 祖师塔殿布局（表格来源：除标示的图外，均为作者自绘）

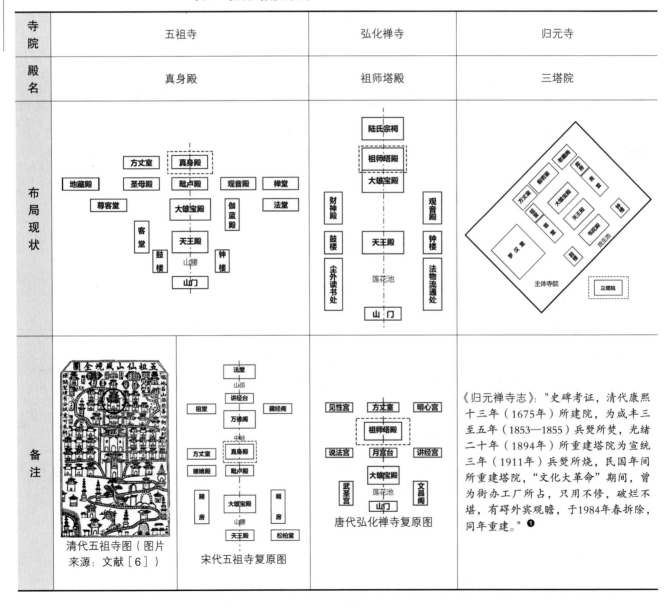

寺院	五祖寺	弘化禅寺	归元寺
殿名	真身殿	祖师塔殿	三塔院
布局现状			
备注	清代五祖寺图（图片来源：文献［6］）　宋代五祖寺复原图	唐代弘化禅寺复原图	《归元禅寺志》："史碑考证，清代康熙十三年（1675年）所建院，为咸丰三至五年（1853—1855）兵燹所焚，光绪二十年（1894年）所重建塔院为宣统三年（1911年）兵燹所烧，民国年间所重建塔院，"文化大革命"期间，曾为街办工厂所占，只用不修，破烂不堪，有碍外宾观瞻，于1984年春拆除，同年重建。"❶

表6 祖师塔殿形制（表格来源：除标示的图外，均为作者自绘、自摄）

寺院	五祖寺	弘化禅寺	归元寺
建筑	真身殿	祖师塔殿	三塔院
组合形式	半包围	全覆盖	全覆盖
平面图			
剖面			
塔立面	（图片来源：文献［4］）		
照片			

湖北禅宗寺院『崇祖』建筑研究

四　祖师殿

祖师殿：禅宗寺院内"崇祖"殿堂类建筑，内置祖师塑像、画像或牌位，为禅宗寺院僧侣日常祭拜、供奉祖师的场所。

● 文献［8］：89.

❷ "若入塔即请尊宿一人下龛……候新住持人入院有日则移入真堂"，由此推论真堂为祖师殿类建筑。见文献［9］。

祖师殿，应出现于禅宗发展至越祖分灯、五家相继确立的唐末五代时期●。据《禅院清规》记载，北宋时期禅宗寺院已明确设有祖师殿❷，而在明清时期，其他宗也纷纷效仿设立。

六祖之后，禅宗"一花开五叶"，宗派分立，各派大祖师蓬勃涌现，而塔多立于寺外，不宜进行祭祀和缅怀活动，塔殿立于寺内，有限的寺院空间以及禅宗初期反对偶像崇拜的思想都阻碍了它的发展。祖师殿可建于寺内，围合安宁的殿堂，为僧人创造了适宜祭礼众位祖师的神圣空间。

家庙为中国传统祭祖建筑，"家庙"文化是禅宗寺院祖师殿形成和流行的另一因素。"家庙"文化将墓、庙分立，将墓建于偏远之地，而将庙立于家庭生活区域。禅宗寺院模仿中国传统"家庙"模式，祖师殿、祖师塔分立，塔于寺外，殿于寺内，祖师崇拜象征物不再局限于塔，而祖师殿成为祖师崇拜象征物的新型"容器"。

湖北境内的禅宗寺院大多设有祖师殿，其中四祖寺和大洪山慈恩寺除建立纪念禅宗列祖的祖师殿，还为开山祖师另设祖师殿，四祖寺为祖爷殿，大洪山慈恩寺为佛足阁。

1. 祖师殿布局

禅宗寺院的祖师殿一般遵循"左伽蓝，右祖师"规制。这一规制形成于宋代，根据《五山十刹图》，灵隐寺和天童寺在南宋时期，均为"左伽蓝，右祖师"布局。《洪山宝通禅寺志》记载，清朝同治年间的宝通禅寺"于中佛殿西，首捐修祖师殿，请铁身像装金供奉，复于东首，捐修武圣殿"❸，其中武圣殿为伽蓝殿。由此推论，"左伽蓝，右祖师"这一布局从宋朝时期一直沿袭到清朝末年。及至现代，湖北寺院重建也依然按照这一规制进行布局，如慈恩寺、老祖寺、四祖寺和玉泉寺。还有些寺院的祖师殿，虽未与伽蓝殿相对布置，但仍位于寺院中轴的西侧，如归元寺的祖堂和紫盖寺的祖师殿。《湖北通志》载："紫盖寺，在县南六十里，唐贞元中，天皇道悟禅师建"❹，清代为玉泉寺东禅堂角庙。从《紫盖寺图》（图1）可知，清代紫盖寺的祖师殿于寺院中轴大殿藏经阁西侧。

❸ 文献［10］：7.

❹ 文献［11］：72.

另有纪念开山祖师的祖师殿，如四祖寺的祖爷殿和大洪山慈恩寺的佛足阁，均位于寺院的中轴上。通过《清代黄梅四祖寺木刻全图》（图2）可知，清代四祖寺依山而建，祖爷殿矗立于寺院最高处，为中轴线上最后一重主殿。遥想当年，僧侣、信徒们进入山门，便可见祖爷殿高高地耸立于破额山之上。近些年重建的祖爷殿，承袭古制也立于中轴线上，大雄宝殿后。大洪山慈恩寺佛足阁为近些年重建，其内供奉寺院开山祖师慈忍大师断足铜像以表纪念，佛足阁位于寺院的中轴线上，法堂后。

清代紫盖寺祖师殿位于寺院中轴以西

图1　紫盖寺图（底图来源：文献［12］）

清代四祖寺祖爷殿位于寺院中轴线之上

图2　清代黄梅四祖寺木刻全图（底图来源：文献［4］）

2. 祖师殿形制

祖师殿的形制，与其在寺院所处的位置相关（表7）。遵循"左伽蓝，右祖师"规制的祖师殿，在每个寺院一致地处于寺院中轴西侧，为配殿，因此建筑形制较低。

根据《洪山宝通禅寺志》记载，清代的宝通禅寺祖师殿为"**一重三间**"❺，配殿规制。

❺ 文献［10］：28.

四祖寺和老祖寺祖师殿建筑形制相同，现代仿木结构，面阔三间，进深四间，前出檐廊，上层同为鼓楼，屋顶整体为重檐四角攒尖顶，祖师殿与北侧殿堂相连，为大雄宝殿西配殿。

玉泉寺祖师殿，现代仿木式，面阔三间，进深四间，前出檐廊，抬梁式构架，硬山屋顶。由《紫盖寺图》可知，清代紫盖寺祖师殿，面阔三间，硬山式屋顶。归元寺祖堂，现代仿木式，面阔三间，进深四间，前出檐廊，硬山屋顶，与客堂相连，为大雄宝殿的西配殿。

位于中轴线的祖师殿，其建筑形制一般较高。

慈恩寺佛足阁，仿唐建筑，面阔三间，进深三间，四角攒尖顶，覆七重相轮刹顶，建筑全身除屋顶外为古铜制，金碧辉煌。

《清代黄梅四祖寺木刻全图》显示清代的四祖寺祖爷殿设于高台之上，面阔三间，明间辟门，前设台阶，三重屋檐，屋檐四角悬挂铜铃，四角攒尖式屋顶，上置宝顶，为四祖寺最高的建筑，四祖的法脉子孙，借建筑高耸之像，表达对四祖崇高的敬意。

现代四祖寺的祖爷殿，其建筑形制也丝毫不逊于清代，面阔五间，进深四间，副阶周匝，重檐歇山式屋顶。

表7　祖师殿形制（表格来源：作者自绘、自摄）

布局	中轴西侧				
寺院	宝通禅寺	四祖寺	慈恩寺	玉泉寺	紫盖寺
殿名	祖师殿	祖师殿	祖师殿	祖师殿	祖师殿
平面					
立面	无遗存				
备注	《洪山宝通禅寺志》："一重三间"				

布局	中轴西侧		中轴之上	
寺院	老祖寺	归元寺	四祖寺	慈恩寺
殿名	祖师殿	祖堂	祖爷殿（清）　　　祖爷殿（现代）	佛足阁

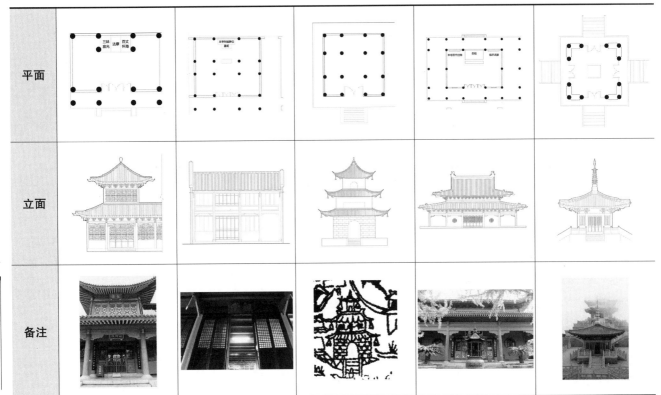

平面					
立面					
备注					

五 结语

"崇祖"建筑的演变，既是建筑的逻辑发展，又是佛教文化与中国传统崇祖文化融合的体现。

初始，湖北禅宗寺院模仿天竺，立塔祭礼祖师，且这一做法沿袭至今；后为保护祖师塔及为僧人创造适宜祭拜的空间，在塔前或塔上建殿，塔、殿并置，形成了塔殿，由此，祖师崇拜的具象寄托，从室外慢慢走向了室内；至禅门五宗分立，高僧大德辈出，位置的限制和空间的局限，分别使得塔和塔殿均无法满足僧人祭礼与感恩众位祖师的希冀，在中国传统家庙文化影响下，祖师殿出现，塔、殿分立，至此，以祖师殿作为禅宗寺院日常奉祀祖师的场所（图3）。及至现代，宝通寺、老祖寺和芦花庵等新建的祖师塔，采用传统家庙昭穆制度排列，可视为中华传统文化对佛教建筑更深刻的影响。

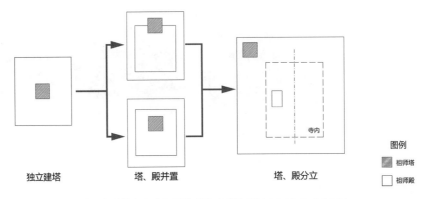

独立建塔　　　　塔、殿并置　　　　塔、殿分立

图例
祖师塔
祖师殿

图3 湖北禅宗寺院祖师崇拜类建筑演变图（图片来源：作者自绘）

参考文献

［1］（宋）释道诚. **释氏要览卷上**//高楠顺次郎等. **大正新脩大藏经. 第54册**［M］. 台北：佛陀教育基金会出版部，1990.

［2］（唐）佚名. **历代法宝记**//高楠顺次郎等. **大正新脩大藏经. 第54册**［M］. 台北：佛陀教育基金会出版部，1990.

［3］（日）无著道忠. **禅林象器笺**［R］. 北京：中华全国图书馆文献缩微复制中心，1996.

［4］李德喜，谢辉编. **湖北古塔**［M］. 北京：中国建筑工业出版社，2011.

［5］马哲金. **东方山佛教志**［R］. 湖北省佛教协会（内刊），2005.

［6］黄梅五祖寺志编纂委员会编. **五祖寺志**［M］. 武汉：湖北科学技术出版社，1992.

［7］归元禅寺志编撰委员会编. **归元禅寺志（上册）**［M］. 武汉：湖北人民出版社，2003.

［8］张十庆. **中国江南禅宗寺院建筑**［M］. 武汉：湖北教育出版社，2002.

［9］（宋）宗赜撰，苏军点校. **禅苑清规**［M］. 郑州：中州古籍出版社，2001.

［10］白化文，张智主编. **大洪山宝通禅寺志**［M］. 中国佛寺志丛刊. 15册. 扬州：广陵书社，2006.

［11］湖北省地方志编纂委员会编. **湖北通志（民国10年版影印本）·卷十八**［M］. 武汉：湖北人民出版社，2010.

［12］（清）沅恩光，王柏心等纂修. **同治当阳县志·卷首**［M］. 民国24年重印本.

湖北禅宗寺院『崇祖』建筑研究

佛阿拉城萨满堂子考辨[❶]

王思淇　王飒

（沈阳建筑大学建筑与规划学院）

❶本文为辽宁省自然科学基金项目"基于时空数据计量分析的奴儿干都司卫所聚落成长模式研究（20170540749）"和国家自然科学基金项目"明代辽东都司与建州女真聚落互动演进研究（51378317）"资助的相关成果。

摘要： 佛阿拉城作为努尔哈赤修筑的第一座大型聚落，其萨满堂子的遗址位置至今无人考证。本文基于对纪实笔记、官修实录、官修会典和地方志等史料文献进行分析，结合实地踏查与测绘，在对清前至清各都城堂子空间溯源的基础上，从单体建筑比例和空间格局特征、地理环境条件和祭天方位特征、时年建造技术和房址遗存状态三方面考证了该堂子遗址的位置。

关键词： 堂子，佛阿拉城，清前，祭天，萨满教

A Study of the Dangse of Feala City

WANG Siqi, WANG Sa

Abstract: Feala city was the first large settlement built by Nurhachi, but no one has yet studied the site of the Dangse in this city. This study is based on the analysis of historical documents such as documentary records, the official history books and historical local records with on field survey and mapping, research on the space of Dangse in capital cities from pre-Qing era to Qing dynasty. The paper tested and verified the location of Dangse from three aspects including individual building ratio and spatial pattern characteristics, geographical environmental conditions, location characteristics of heaven worship, construction techniques and ruins status.

Key words: Dangse; Feala city; the time before Qing dynasty; heaven worship; shamanism

一　引言

　　女真人信奉萨满教有着悠长的历史，起初祭祀方式均为野祭，祭祀地点随着游猎活动而变化，并出现火祭、树祭、天祭、水祭、海祭、星祭等诸习俗，后来部落逐渐定居才设堂祭总祀诸神。明代末期女真各部基本都已进入了定居阶段，祭祀活动的地点也开始固定，并出现了专门用来进行部族内萨满教祭祀的建筑——堂子。如满族民间长篇说部《两世汗王传》中记载："时万罕母董尔吉妈妈八十寿，扈伦四部首领及建州左卫与右卫众首领率众先拜哈达部'侠倡唐舍'，为万罕母祈寿"；"建州右卫首领王杲，曾借兵于东海窝集，其部首引王杲先谒'堂涩'，后将女许于杲。"[25]这里的"唐舍"和"堂涩"指的就是堂子。《清史稿·志六〇·礼四》中对堂子释义为："清初起自辽沈，有设杆祭天礼。又于静室总祀社稷诸神祇，名曰堂子。"[❷]

❷文献［9］，卷八十五·志六十.

　　佛阿拉城是努尔哈赤修筑的第一座大型山城聚落。从1587年建城到1603年迁都至赫图阿拉城，努尔哈赤在此居住了16年。佛阿拉城在清前聚落发展过程中占有重要地位，但以往对佛阿拉城的研究大多只关注其城郭结构与宫室空间，并没有对该城的宗教建筑与宗教空间进行过探讨。本文基于史料文献分析和田野调查，并结合对清前至清各都城萨满堂子空间格局与选址方位特征的归纳，试图解释以下问题：佛阿拉城中是否有堂子？该堂子的具体位置在哪？如今是否留有遗存？

二 历史文献中的佛阿拉城堂子

笔者首先对和佛阿拉堂子有关的历史文献进行梳理。从文献的记录内容来看可以分为两类：一是对城内祭祀活动与祭祀建筑的记录，但未说明是否是堂子；二是直接有堂子的文字记录。

1. 对城内祭祀活动与祭祀建筑的直接记录

此类记录均来自于《建州纪程图记》[3]（以下简称《图记》）。

《图记》中有两处和祭祀有关的记录：一是申忠一所绘的佛阿拉城图上，在城南山脉相交处以方形框标识出的"天祭祠堂"（图1）；二是对努尔哈赤宅院（《图记》中以"奴酋宅"称呼）中的客厅，标注有"每日日中烹鹅二首祭天于此厅必焚香设行"[19]（图2）。但此两处记载并不见堂子字眼，记述内容也稍显简略，故尚不清楚是否是堂子。

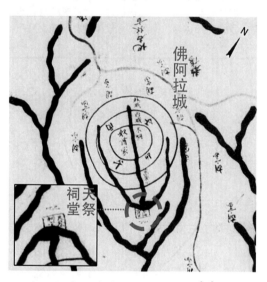

图1 《图记》中所绘"天祭祠堂"[19]

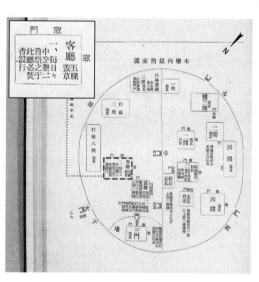

图2 奴酋宅中用于祭祀的客厅[19]

2. 直接有堂子的文字记录

对佛阿拉城的记述中直接见有堂子文字记录的史料均为清代文献。笔者现将这些记录整理如下（表1）。

表1 有关佛阿拉城堂子与堂子祭的史料文献[4][5]

文献类型	成书时间	文献	原文或内容
清代方志[6]	1684年	康熙年间三十二卷本《盛京通志》	老城。城南八里，周围十一里六十步。南、东二门。西南、东北二门。城内西有小城，周围二里一百二十步，东、南二门。城内东有堂子，周围一里零九十八步，西一门。城外有套城，自城北起至城西南止，计九里九十步，西、西南、北西、北四门。建置之年无考
	1736年	乾隆元年四十八卷本《盛京通志》	老城。城南八里，周围十一里零六十步。南与东各一门，西南东北共二门。城内西有小城，周围二里一百二十步，东与南各一门。城内东有堂子，周围一里零九十八步，西一门。城外有套城，自城北起至城西南止，计九里零九十步，正西、西南、正北、西北、各一门

❸ 《建州纪程图记》是李氏朝鲜时期的汉文文献，作者为朝鲜官员申忠一。万历二十三年（1595年）建州女真与朝鲜因越境采参而产生冲突之后，朝鲜方派申忠一出使佛阿拉城面见努尔哈赤以和谈，其归国后，将一路所见各地和佛阿拉城中诸见闻绘制成长卷，是为《图记》。

❹ 表1依据文献[1]，卷之第十·城池卷；文献[2]，卷之十五·城池；文献[3]，卷二十九·城池一；文献[4]，卷一·古迹；文献[11]：79。

❺ 《满文老档》因记录起始时间（1607年）晚于佛阿拉城作为中心聚落的时间（1587—1603年），故没有对佛阿拉城祭祀及堂子的记录。

❻ 对多版本清代方志的选择理由如下：经前人考证前后共有四个版本系统：一为"康熙志"，康熙二十三年（1684年）刻本，共三十二卷，后于康熙五十年增刻，内容上增刻版略有增加；二为"雍正志"，纂修于雍正后期刊刻于乾隆元年（1736年），共四十八卷本，咸丰二年增修、补刻；三为"乾隆志"，乾隆十二年（1747年）武英殿刻本，共三十二卷；四为"钦定志"，乾隆四十九年（1784年）武英殿刻本、活字本等，共一百三十卷，后抄入《四库全书》。（文献[17]：44-61）其中"乾隆志"因见世极少，笔者并没找到原文献，但是该版本同"雍正志"在内容上的主要区别在于"谕旨"和"清朝人物事迹"上（文献[18]），并不涉及和堂子有关的内容，故笔者选取另外三个版本的《盛京通志》以做对比，下同。清末改制有兴京地方乡土志创修，故佛阿拉城收录于《兴京乡土志》中。

文献类型	成书时间	文献	原文或内容
清代方志	1784 年	乾隆四十九年一百三十卷本《钦定盛京通志》（武英殿刻本）	老城。城南八里，周围十一里六十步，门四。城内西有小城，周围二里一百二十步，门二。城内东有堂子，周围一里九十八步。城外有郭。自城北至城西南，计九里九十步，亦有四门。我太祖高皇帝丁亥年筑此城。癸卯年，自此城迁都兴京
	1906 年	《兴京乡土志》	老城。基在城南八里，周围十一里零六十步，南与东各一门。内有小城，周围二里零一百二十步，东与西各一门。城内东有堂子，周围一里零九十八步，西一门。城外有套城，自城北起至城西南止，计九百零九十步，正西、西南、正北、西北各一门。半就山坡，旧址可辨。民间呼旧老城
官修体实录	1781 年	《满洲实录》	天明饭毕，率诸贝勒大臣叩拜堂子，先跪一次，起后复跪，祷曰："上天下地三光万灵神祇，我（努尔哈赤）素与叶赫无仇，叶赫不悦无辜安分守常之人，发兵欲来杀我，惟天鉴之。"祷毕叩头，起，三跪而祷曰："愿天佑我，令敌首下垂，我首高昂，吾士兵所执之鞭不落，所骑之马不绊倒。"

官修体实录以编年记述帝王的事迹，在《满洲实录》的记录中，虽见有努尔哈赤于1592年九部联军来袭建州女真战前率众人进行堂子祭，但文中并没有记录此堂子的地点信息，故只能猜测其可能是佛阿拉城的堂子。且《满洲实录》成书于清高宗时期[15]，成书时间晚于太祖定居佛阿拉城近200年，故此后代文献在记录前代事件的细节上是否准确仍值得商榷。谨慎起见，此记录仅作旁证。

方志的编写是为达到"不越户庭而周知海内者"❶的目的，在各版本方志的记录中，堂子是作为对佛阿拉描述的一部分加以记述的，因此方志中对堂子的记录更为可信。表1中各版方志的记录只是在行文措辞上有细微区别，内容上差异不大，可见各是承袭前版，故在对文献的分析上可以康熙年间《盛京通志》中对佛阿拉城的首次记录为准。其中明确描述了佛阿拉城堂子在城内东边，周边围合长度一里零九十八步，西侧有一门。但由于此版《盛京通志》的成书时间1684年距离努尔哈赤主政佛阿拉城已过去80余年，此记录是否可靠则需稍作分析。

笔者在《历史文献中的佛阿拉城城郭结构》一文中的分析认为，康熙二十三年（1684年）修纂刊刻的《盛京通志》将佛阿拉列入了"卷之第十·城池志"，卷首所载文字"兵民相保聚居，大抵皆边防守卫之资也，当万国车书之日绸缪风雨，又安可不详欤作城池志"❷说明"城池卷"本身具有记录防卫资源的作用，而被作为防卫资源则又说明当时佛阿拉城的墙垣尚在，并非仅有遗址[21]。从《满文老档》的记录看："天命五年正月至三月间，努尔哈赤调甲兵分驻费阿拉、纽尔门、新栋鄂、呼兰、界藩等地"❸；"天命七年正月，包衣纳彦率奉集堡屯人前往费阿拉"❹；"天命九年正月，谕令费阿拉调整驻兵。"❺这些记录说明努尔哈赤在迁都赫图阿拉之后，并没有将佛阿拉废弃，而仍派兵驻守，这一驻防状态很可能一直延续到清代。综上可以判断，康熙年间《盛京通志》的成书年代是可以对佛阿拉的城郭结构与城市功能进行较为准确的描述的。因此笔者认为：《通志》对佛阿拉的记录内容可信，佛阿拉城内建有堂子，并且该堂子应符合"城内东有堂子，周围一里零九十八步，西一门"的文献描述。

三　史料记录的问题与释疑

初步认定《盛京通志》中对佛阿拉堂子的记述可信之后，则出现了两个问题：一是康熙年

❶ 文献［1］，序.

❷ 文献［1］，卷之第十·城池志.

❸ 文献［10］，第十四册天命五年正月至三月，第三函太祖皇帝天命五年正月至天命六年五月.

❹ 文献［10］，第三十二册天命七年正月，第五函太祖皇帝天命七年正月至六月.

❺ 文献［10］，第六十册天命九年正月，第八函太祖皇帝天命九年正月至天命十年十一月.

间《盛京通志》记载的堂子是否建于明末努尔哈赤定居于佛阿拉的时期，该堂子会不会是在努尔哈赤迁都之后由其他人所建；二是上节提到的《建州纪程图记》中记录的两个祭祀地点是否是堂子。

1.《盛京通志》中佛阿拉城"堂子"的建造时间辨析

努尔哈赤1603年由佛阿拉城迁都至赫图阿拉城，此后佛阿拉城虽未被废弃并一直沿用至清，但也不免让人产生疑点：康熙年间《盛京通志》的编纂时间远晚于努尔哈赤定居于佛阿拉时期，则《通志》中记载的佛阿拉堂子会不会在努尔哈赤迁都之后是由其他城内居住者所修筑？

在清朝入关之前，曾多次对萨满教进行改革，其中皇太极即位后对萨满教的改革内容之一就是垄断堂子祭祀权，并于崇德元年下令："凡官员庶民等，设立堂子制祭者，永行停止。"❻ ❻ 文献［6］，卷九十二.
皇太极禁止官员平民私设堂子，从而垄断设立堂子祭祀的权力，将爱新觉罗氏的堂子抬高到国祀的位置以在传统萨满教领域进一步确立本家的领袖地位，自此终清之世满族萨满教中就只有爱新觉罗一姓的堂子[27]。而康熙年间纂修的《盛京通志》，对佛阿拉城的描述中仍记录有堂子，则说明此堂子并没有在皇太极的宗教改革中被废弃，也就是说该堂子应属于爱新觉罗本家，因此极有可能就是由曾经定都在佛阿拉的努尔哈赤本人所修建。笔者认为，康熙年《盛京通志》所记佛阿拉之堂子应修建于努尔哈赤定居于佛阿拉时期。

2.《建州纪程图记》中两处祭祀地点的空间性质辨析

《建州纪程图记》的作者申忠一作为佛阿拉亲历者在城中停留多日，但为何没有对堂子进行记录呢？其记载的"天祭祠堂"和"奴酋宅客厅"这两个和祭祀活动有关的地点是否是《通志》中的堂子呢？

（1）以空间性质分析是否是堂子

日本学者稻叶岩吉于1939年基于在朝鲜发现的《建州纪程图记》原稿而对佛阿拉城进行了实地考察与发掘工作，并在之后出版了名为《兴京二道河子旧老城》的考察报告。该报告的内容包括对《图记》的影印重排与解读、现场调查记录、佛阿拉测绘图和现场照片等，集史料整理、分析研究、踏查测绘于一体[20]。稻叶岩吉在该报告中实地考察了"天祭祠堂"，并将其以"祭天祠址"为名标注在"二道河子旧老城踏查图"中（图3），以"祭天坛"为名标注在"汗王殿址内部の台地全景"中（图5）。稻叶岩吉在文字报告中对"天祭祠堂"进行实地调查后的分析原文为："「圖錄」は、その地點に祭天祠所在を明記してゐるが、今見られるところの石湫は、當年の遺存であらう。(後節圖錄参照)「祭天祠」は、天壇に相當し、それは、女眞人の家々に持つところの堂子ではないのである。"❼其意思是："［图录］中明确标记出这里就是'祭天 ❼ 文献［19］: 29.
祠'的所在地，现在看到的石湫，就是当年遗留下来的，祭天祠相当于天坛，不是女真人家家户户都有的堂子。"其中"石湫"的"湫"是水池或者低洼的意思。从稻叶岩吉的现场调查来看，此处"祭天祠址"在构筑方式上更像是"坛"这种露天的祭祀建筑，而不是堂子这种由单体建筑和院落组成的建筑群。

笔者也曾多次对该点进行实地考察。该遗址位于城南的山脊交汇处，遗址表面目前长满了乔灌木，加之土层经年堆积较厚，已经不能从地表信息中发现相关的物质遗存。但由该点面向城内方向有类似人工平整过的层次台地（图4），这在空间上确实像是借助地形修筑而成的"坛"。除此之外，"祭天祠址"的所在地势较高、坡度较大、平地面积少，受地理环境所限也不足以营建出"周围一里零九十八步，西一门"的空间大小。由此可以判断，申忠一所记录的"天祭祠堂"并不是佛阿拉城的堂子，而是一个结合地形进行祭天活动的"天坛"。其时努尔哈赤领导的建州女

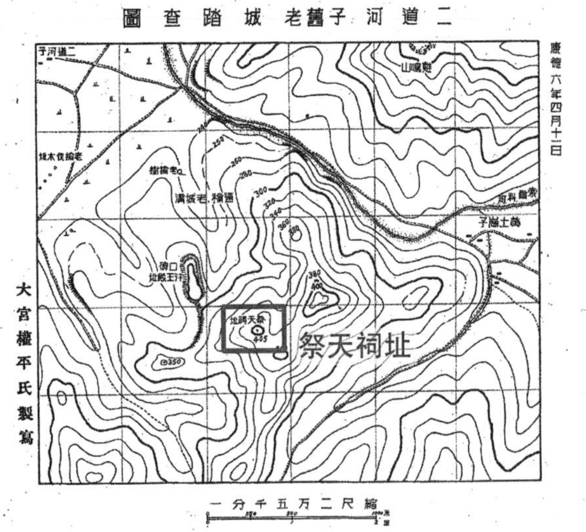

图3 二道河子旧老城踏查图中的“祭天祠址”[19]

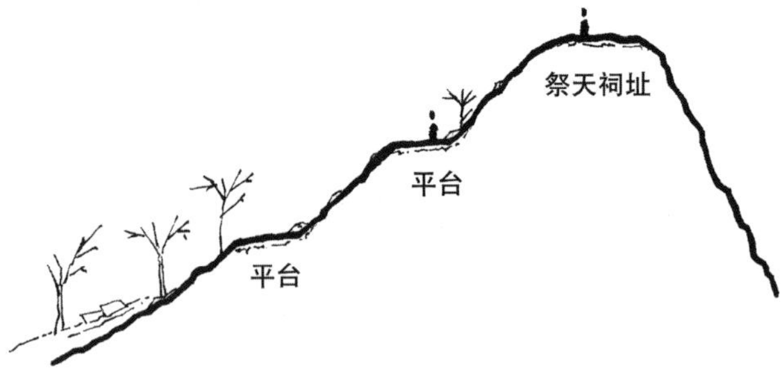

图4 祭天祠址与其前坡地平台示意图（图片来源：作者自绘）

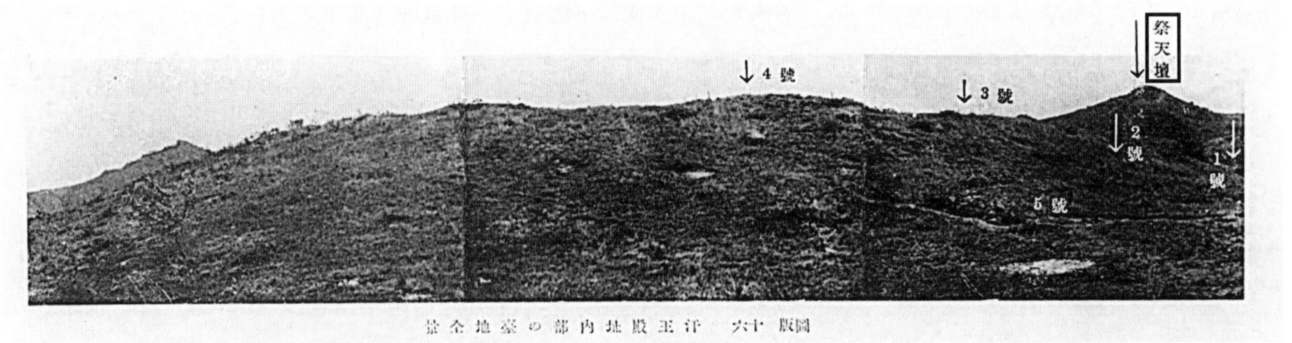

图5 汗王殿址内部的台地全景照片中标注的“祭天坛”[19]

真，是否已有以坛祭天的活动，尚待深入考证。

除了天祭祠堂之外，《图记》中记录的另外一处祭祀地点是奴酋宅中的“客厅”。申忠一对“客厅”的标注为：“每日日中烹鹅二首祭之于此厅必焚香设行。”❶稻叶岩吉在《旧老城》中对客厅的解读原文为：“每日烹鵝二首。祭天于此廳。必焚香設行。とあり、長方形の建物がそれである。ただ「圖錄」の祭天は、祭神の誤聞ではなかつたか。城東山上に、旣に「祭天祠」あり、客廳内に設けられたるものは、「堂子」に相當する。滿洲古俗には「祭神」「祭天」の両儀式あり、家々に「堂子」を設けて、神々を祭り、祭天亦た王者の專設ではなく、竝び行はれたらしい。大清會典など祭神儀注には、烹鵝以外、雞雉の類をも充用する。「圖錄」が、これら行事の日祭を述べてわるのは、至極正確である。”❷其意思为：“每日烹鹅二首，祭天于此厅，必焚香设行。也就是说，这个长方形的建筑就是进行这个祭祀活动的场所。图录中记载的祭天，这不是祭神的误读吗？在城东的山上即有祭天祠存在，客厅内的设置则是与堂子相当。满族的旧俗包含‘祭天’与‘祭神’两种仪式，家家都设有堂子，来祭祀众神。祭天也并非君王的特权，族人似乎都可以进行。《大清会典》对祭神仪式的记载，除了烹鹅之外也会拿家鸡、野鸡之类的充用。图录中对这一仪式的记载十分正确。”在稻叶岩吉看来，申忠一对“客厅”是用来祭天的判断是不准确的，祭天活动应是在前文提到的天祭祠堂进行，而“客厅”应是举行类似“堂子祭神”仪式的地点，故“客厅”在稻叶岩吉的观点下就是“堂子”。

但把其他有关清前至清宫室格局和清宫萨满教祭祀的研究结果进行整理后会发现，稻叶岩吉对“客厅”性质的判断有误。

❶文献［19］：89.

❷文献［19］：34–35.

从室内空间格局角度看，佛阿拉"客厅"的室内空间格局与沈阳清宁宫西大殿类似，清宁宫直接继承了佛阿拉的室内空间模式，是寝宫加客厅的格局[22]。而满族在入关后，又将北京皇宫中的坤宁宫依清宁宫的室内格局加以改建[24]。将"佛阿拉客厅""沈阳清宁宫""北京坤宁宫"的平面格局进行对比（图6～图8），可发现空间格局虽然随着功能的增多逐渐复杂，但行使祭祀功能的主空间无太大变化。

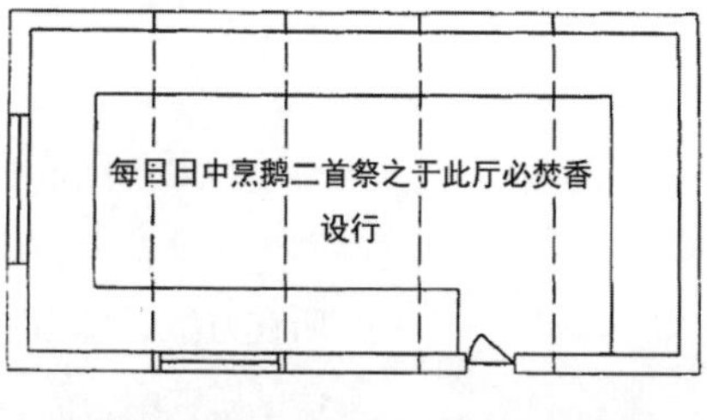

从祭祀性质角度看，富育光先生通过对清宫萨满教进行研究后认为，北京坤宁宫和沈阳清宁宫是帝王本家进行萨满家祭之所，家祭有别于堂子祭，堂子祭带有公祭与国祭性质，皇帝可率重臣致祭土谷天地诸神，而家祭非殊恩臣下是被绝禁的[25]。结合上文对三宫空间格局的对比结果可以发现，佛阿拉客厅的祭祀空间格局因与清宁宫、坤宁宫一样，则进行的祭祀活动也应一样，祭祀性质也应相同——均是皇帝本家的家祭，而非堂子祭。祭祀性质的不同决定了家祭和堂子祭是分在不同的两处进行，如在《满文老档》中就曾记载，努尔哈赤居定都于东京城时，逢元旦是先去堂子祭祀再回家祭拜神主，"甲子年元旦卯时，汗往祭堂子，遂还家叩拜神主"❸。佛阿拉城的堂子另在别处。且客厅周围的院门的数量和院门方位也不符合"西一门"的描述（图2）。故笔者认为，稻叶岩吉对佛阿拉客厅性质的判断是错误的，客厅并非堂子，而是努尔哈赤本家的家祭场所。

综上，申忠一记录的两处祭祀地点均不是堂子。

（2）以出使背景分析为何不记录堂子

既然堂子并非《图记》中记录的两处祭祀地点中的任何一个，那么申忠一又因何不对其进行记录呢？

从出使背景来看，朝鲜派遣申忠一送文书给努尔哈赤以修好是因为其惧怕努尔哈赤借口时年的边境冲突而对朝鲜用兵。《李朝实录》中就记录了当时朝鲜备边司上书朝廷时所表达的担忧："咨内报复之言，必非虚传。若于合冰之后，举众来犯，则以我国兵力决无抵挡之势，极为可虑。"❹在此背景下，申忠一的出使除了和谈之外，还有着打探敌情的目的，故《图记》中记录的重点是对军事行动和外交有用的信息，如沿途女真聚落的位置与规模、烟台和弓家等军事防御设施的位置、佛阿拉的城郭结构与城墙的修筑方式、城内的人物活动和人物关系等。而和宗教祭祀有关的内容由于对刺探军情并无帮助，不是他关注和记录的重点。

再者，堂子作为女真人恭放阖族谱牒及本氏族众神祇神位、神谕、神器、祖神影像之所，应不准外族随意进入，《养吉斋丛录》中记载："其祭为国朝循用旧制，历代祀典所无。又康熙年间，定祭堂子汉官不随往，故汉官无所知者。询之满洲官，亦不能言其详，……并无神异之说。"❺在康熙年间，堂子只能为本族人祭祀所使用，在堂子进行的萨满祭祀活动对参与者身份应有严格的要求，申忠一作为外族并且是敌对势力派来的使臣，身份所限因此不太可能被允许接触到堂子。

综上，鉴于申忠一的出使目的和身份，他可能并不知道佛阿拉堂子的存在，故在《图记》中无从加以记录。

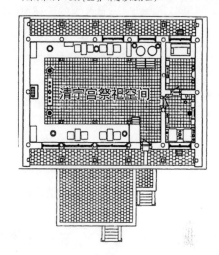

图6 佛阿拉奴首宅客厅的平面格局示意图
（图片来源：文献[22]，作者修改标注）

图7 清宁宫与其祭祀空间（图片来源：文献[22]，作者标注）

图8 坤宁宫与其祭祀空间（图片来源：文献[23]，作者标注）

❸ 文献[10]，第六十册天命九年正月，第八函太祖皇帝天命九年正月至天命十年十一月。

❹ 文献[12]：己未（二十八年1595）十月丙午。

❺ 转引自文献[25]。

图中文字：每日日中烹鹅二首祭之于此厅必焚香设行

清宁宫祭祀空间

坤宁宫祭祀空间

四 各都城堂子空间特征的归纳

对史料记录中的问题进行释疑之后，就可以根据《通志》中"城内东有堂子，周围一里零九十八步，西一门"的记录在佛阿拉城中寻找堂子的具体位置。但该描述过于简略，只给出了所在方位、周围围合长度与门的方位，而缺少和内部空间格局有关的信息。因此在进行遗址对位的研究中，需要寻找和空间格局有关的佐证。

通过上文中对"佛阿拉客厅——沈阳清宁宫——北京坤宁宫"这一清宫萨满教家祭空间格局发展的论述可以发现，满族统治阶级在营造宗教空间时，应具有一种基于本民族文化的独特认知，而这种认知就使清前至清的家祭空间发展具有可溯性。堂子作为满族萨满教中家祭之外公祭的活动地点，其空间也应该和家祭空间一样具有可溯性。因此，通过对佛阿拉城之后各都城堂子的空间格局和选址方位进行归纳分析，或许可以找到作为清前至清都城堂子空间演化原型的佛阿拉堂子应具有的空间特征。

1. 历史文献中佛阿拉城之后各都城的堂子

首先需要基于历史文献以确定佛阿拉城之后的各都城中都建有堂子。笔者现将各城堂子祭活动的相关记录梳理成表2，各城堂子的相关记录整理成表3。

表2 有关佛阿拉城之后各都城堂子祭的史料文献❶

城市	文献	原文或内容概括
兴京城 （赫图阿拉）	《满文老档》	（天命三年八月）十一日，……时台卒见明兵出边，击云板告警，东方悬云版处见之后，亦击板相传。日将出山而未高起之前，即传至汗城。汗往祭堂子后，闻击云板，遂携大贝勒及其诸弟率城中所有马兵，立刻起行
东京城	《满文老档》	（天命七年正月）壬戌年正月初一日。汗率八旗诸贝勒大臣等，出城叩谒堂庙。然后，回衙门升座，八旗诸贝勒率群臣，叩祝汗长寿
		（天命九年正月）甲子年元旦卯时，汗往祭堂子，遂还家叩拜神主
努尔哈赤时期的 盛京城 （沈阳城）	《满文老档》	（天命十年八月）初八日，驻守耀州之诸大臣，击败明军，解所获之马六百七十匹及甲胄等诸物前来。汗迎之，祭堂子后，于十里外杀牛祭纛
皇太极时期的 盛京城 （沈阳城）	《满文老档》	（天聪元年正月）初一日。诸贝勒大臣及文武官员等，五更未集于大殿，各按旗序排列。黎明，天聪汗率众贝勒大臣，诣堂子拜天，即行三跪九叩头礼。 （崇德元年六月）十八日，奉圣汗谕旨，定祭堂子、神位典礼。汗谕曰："前以国小，未谙典礼，祭堂子，神位，并不斋戒，不限次数，率行往祭。……除此外其妄率行祭祀之举，永行禁止。著礼部传谕周知。" （崇德元年十二月）初二日，圣汗南征朝鲜国，……列队毕，巳刻，圣汗出抚近门，设仪仗，吹磁海螺，喇嘛号并喇叭、唢呐，诣堂行三跪九叩头礼。复于堂子外树八纛，仍吹磁海螺，喇嘛号并喇叭、唢呐，拜天，行三跪九叩头礼毕，遂起行，列队诸将士俱跪候圣汗经过
北京城	《大清五朝会典》	不同年间所修的《大清会典》均在不同卷中对北京堂子有关的祭祀内容与仪式规范进行了记录，限于各版本《会典》中相关记录的篇幅之大，则本文暂不将其原文列出

表3 有关佛阿拉城之后各都城堂子的史料文献❷

城市	成书时间	文献	原文或内容概括
兴京城 （赫图阿拉）	1620年	《建州闻见录》	奴酋之所居五里许，立一堂宇，缭以垣墙为礼天之所，凡于战斗往来，奴酋诸将胡必往礼之

城市	成书时间	文献	原文或内容概括
东京城			暂无
盛京城（沈阳城）	1684 年	康熙年间三十二卷本《盛京通志》	（卷之第二十·祠祀志）堂子，在城东抚近门外，国初敕建
	1736 年	乾隆元年四十八卷本《盛京通志》	（卷之二十六·祠祀）堂子，在抚近门外，国初敕建后移祀京师。志前《盛京城图》中绘有堂子在城中的位置
	1781 年❸	《钦定满洲祭神祭天典礼》	自昔敬天与佛与神。出于至诚，故创基盛京即恭敬堂子以祀天，又于寝宫正殿恭设神位以祀佛、菩萨、神及诸祀位。嗣虽建立坛、庙分祀天、佛暨神。而旧俗未敢或改，与祭祀之礼并行，至我列圣定鼎中原，迁都京师。祭祀仍遵昔日之制，由来久已
	1784 年	乾隆四十九年一百三十卷本《钦定盛京通志》（武英殿刻本）	（卷十九·坛庙）堂子，在城东内治门外。国初祀天神之所。国祭最重祭神、祭天。旧有朝祭、夕祭、背灯祭诸仪注。……四十三年，奉旨重修堂子殿宇。……志前《盛京城图》中绘有堂子在城中的位置。志前《堂子图》绘有堂子的平面格局图
	1927 年	《清史稿》	城东内治外，建八角亭式殿拜天
北京城	1672 年❹	《清世祖实录》	（顺治元年九月）己亥，上驻跸丰润县。知县王家春率文武官及士民等出城迎驾，上赐食仍谕如前。建堂子于玉河桥东。享殿三间有围廊，阔五丈三尺五寸，深三丈三尺，檐柱高一丈二尺六寸。八角亭一座，围二丈六尺五寸，檐柱高一丈七寸。收贮旧缯神房二间，阔一丈七尺，深一丈五尺五寸，檐柱高一丈。殿门一间，阔一丈三尺五寸，深一丈五尺，檐柱高一丈一尺二寸。祭神八角亭一座，围二丈二尺，檐柱高九尺四寸。大门三间，阔四丈，深二丈，檐柱高一丈八寸。围墙外神厨三间，阔三丈五尺，深二丈，檐柱高一丈
	1750 年	《乾隆京城全图》	全图按比例尺绘制，图中绘有堂子及其内部建筑
	1781 年	《钦定满洲祭神祭天典礼》	《典礼》全书分为六卷：前五卷以文字记录了包括堂子内各项祭祀的仪注、祝辞和供献器用数目；第六卷是"供献陈设器皿形式图"，其中包括北京堂子平面格局图、堂子内各殿图及各殿的室内陈设图
	1818 年	《钦定大清会典事例》（嘉庆朝）	（卷八百九十二·内务府·祀典）建堂子于长安左门外。街门北向。内门西向。建祭神殿于正中。南向。前为拜天圜殿。殿南正中。设大内致祭立杆石座。……东南建上神殿三间。南向。顺治元年。建长安左门外玉河桥东。……
	1927 年	《清史稿》	沿国俗，度地长安门外，仍建堂子

❶ 表2根据文献［10］，第七册天命三年五月至十二月，第二函太祖皇帝天命元年正月至天命四年十二月/第三十二册天命七年正月，第五函太祖皇帝天命七年正月至六月/第六十册天命九年正月，第八函太祖皇帝天命九年正月至天命十年十一月/第一函太宗皇帝天聪元年正月至二月，第一函太宗皇帝天聪元年正月至十二月/第十八册崇德元年六月，第十三函太宗皇帝崇德元年五月至六月/第三十八册崇德元年十二月，第十六函太宗皇帝崇德元年十一月至十二月。

❷ 表3根据文献［14］：122；文献［1］，卷之第二十·祠祀志；文献［2］，卷之第二十六·祠祀；文献［8］，卷一；文献［3］，卷十九·坛庙；文献［9］，卷八百八十五·礼四；文献［5］，卷八；文献［8］；文献［7］，卷八百九十二·内务府·祀典；文献［9］，卷八十五·志六十。

❸ 成书时间依据文献［8］《目录》中载："钦定满洲祭神祭天典礼六卷，乾隆十二年特招编辑……初纂专以国书国语成文，乾隆四十二年复诏依文译义亦，悉禀睿裁而后成书，与大清通礼相辅，而行弥昭美备矣，乾隆四十六年七月恭校上。"故以乾隆四十六年（1781年）为成书时间。

❹ 成书时间依据文献［16］。

表2与表3分别从祭祀活动和建筑本身两方面来说明佛阿拉城之后的各都城均建有堂子，且都有在堂子举行的祭祀活动。其中东京城虽于文献当中不见和堂子有关的建设记录，但根据满文老档所载努尔哈赤在该城居住期间的堂子祭活动可以推断此城建有堂子。

表2中各类文献对堂子的空间格局和选址方位有较为详细的描述，则可以根据该表的记录内容对佛阿拉城后各都城堂子的空间格局和选址方位特征进行归纳分析。

2. 都城堂子的空间格局特征

表2中，对堂子内部空间格局有明确记录的是沈阳城堂子和北京城堂子。

沈阳城堂子的空间格局依《钦定盛京通志》乾隆四十九年武英殿刻本中的"堂子图"（图9）可见：东西两院并列，西院较小，东院较大；主入口在西院北侧，面北开，为一栅门；西院东南侧墙外有一小院；西院与东院之间以院门相连；东院院北一殿标注为"大殿"，内院中为一亭式殿，院东北角有一小殿；东院内东南角又有一二层院墙围合的院落，一层院墙开门在东北处，第二层院墙开门在南，院内有一亭式殿标注为"八方亭"。

北京城堂子的空间格局依《钦定满洲祭神祭天典礼》中的"堂子图"（图10）可见，其基本格局和方位朝向同沈阳城堂子完全一致，只不过在标注和绘制上更为详细：在由栅门进入的西院内，栅门旁是用来驻兵的"推拨房"，房边有井一口，院西南角是"以财务献神祭祀室"，院东南角有一小门通"净室"；西院与东院之间以门相连；东院院北为"飨殿"，院中为"亭式殿"，此两殿之间有"安线索架"，亭式殿南是"神杆"群，南院墙边是"立神杆架"，院东北角有"状贮所挂神幡纸钱室"；东院内东南角为一二层院落，一层院开门在东北，二层院在南墙正南与东墙北端各开一门，院内为"尚锡神亭"。北京城堂子内各建筑的尺寸在《清世祖实录》中有记载，按比例尺绘制的堂子图则可见于《乾隆京城全图》（图11）。

根据《努尔哈赤时期萨满堂子文化研究》一文作者对赫图阿拉城堂子遗址和《钦定盛京通志》中的"堂子图"进行对照后认为，赫图阿拉城的堂子和沈阳城的堂子在平面布

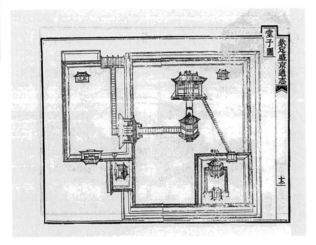

图9 盛京城堂子图[3]

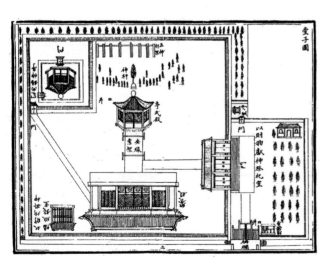

图10 北京城堂子图（以上南下北绘制）[7]

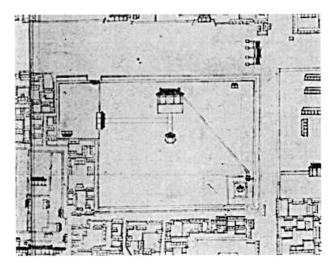

图11 《乾隆京城全图》中的堂子（按比例尺绘制）（图片来源：http://dsr.nii.ac.jp/toyobunko/II-11-D-802/）

局和建筑体量上无甚差异[26]。辽阳城与东京城因缺乏有关堂子建筑本身的史料和相关的发掘报告而无法确定其空间格局,但依清前都城的发展顺序——佛阿拉城、赫图阿拉城、辽阳城、东京城、沈阳城、北京城,因辽阳城与东京城处于从赫图阿拉城到沈阳城的发展中间,则堂子的空间格局不可能在此过程中发生较大的变化,可推测此二城堂子的空间格局应和上述三城一致。

沈阳城堂子和北京城堂子在清朝都各自行使着祭祀功能。堂子内各殿及神杆群在不同时间举行不同的祭祀活动。沈阳城堂子相关的祭祀仪注可参见《钦定盛京通志》乾隆四十九年武英殿刻本中"卷十九·坛庙",北京城堂子相关祭祀仪注可参见《钦定满洲祭神祭天典礼》。因沈阳城堂子的祭祀方式同北京城类似,故现以北京城堂子为例对各殿举行堂子祭的种类稍作简述:飨殿在元旦和四月初八浴佛日举行祭祀,殿内不设神位,祭祀时需从坤宁宫请神;飨殿南是平面呈"八角形"的亭式殿,是举行月祭、春秋立杆大祭次日马神祭和浴佛日祭祀的地点,殿内虽不设神位,但按祭祀所用神辞中记载,殿内祭祀的是"纽欢台吉"和"武笃本贝子",分别为萨满教中的"天神"与"祖先神";东南角的二层小院内是尚锡神亭,平面也成八角形,每月进行月祭,殿内无神位,按神辞供奉的是为田苗而祀的"尚锡神";亭式殿南是用来停放神杆的石座群,春秋二季大祭时会立杆祭天,所祀为"天神";除固定时节外,皇帝出征、命将出征、凯旋等还要临时祭拜堂子❶。可见堂子内各部分在祭祀活动中是各司其职。空间模式的形成应和祭祀活动的方式相关,故清代堂子的祭祀方式若以空间模式的上溯作为参照则现可追溯到赫图阿拉时期。

综上,现可以归纳出佛阿拉城之后各都城堂子的空间格局模式:东西两院并列;西院较小,东院较大;西院为前院,做过渡空间,内有一些附属建筑,开门向北;东院为主院,是主祭祀空间,院内大殿、亭式殿与神杆群共同形成南北向的空间轴线;东院东南有二层围合的小院,院内亭式殿同为祭祀建筑;各部分在不同时间各做不同的祭祀活动。笔者现将此空间模式作归纳(图12)。

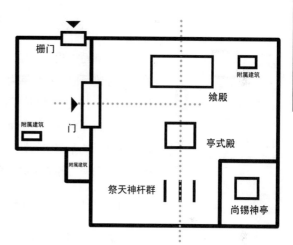

图12 堂子空间模式图(图片来源:作者自绘)

文献[28]: 52–59.

3. 都城堂子的选址方位特征

完成对空间格局特征的归纳之后,现基于表2再对都城堂子的选址方位特征作总结。

赫图阿拉城堂子的选址方位在表2的《建州闻见录》中未有提及,但根据本地学者对赫图阿拉城的实地调查和考古发掘,该城堂子遗址在城东南外城外[26]。

沈阳城堂子在乾隆元年刻本的《盛京通志》与乾隆四十九年武英殿刻本的《钦定盛京通志》的志前《盛京城图》中均有标注出来,从图13中可以看到,堂子位于内城抚近门外,位处城中宫室东偏南方向。但《钦定盛京通志》的坛庙卷在描述堂子的位置时却描述为"**城东内治门外**",以笔者看来此为误记,原因有二:对比不同版本的《盛京通志》,康熙二十三年版与乾隆元年版对堂子的描述均为"抚近门外";两版《盛京城图》对堂子的描绘标注也在抚近门外。故沈阳城堂子并非选址于内治门外。

北京城堂子的选址方位从《乾隆京城全图》(图14)中也可看到,其选址地处北京皇宫的东南。

以上三城的堂子选址均处于城市中心宫室的东偏南方向。则据此可归纳出堂子的选址特征(图15)。

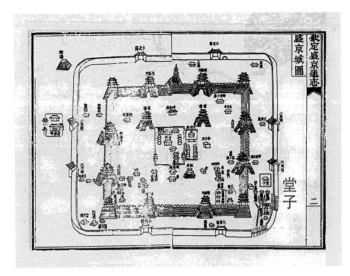

图13 盛京城图中堂子的位置（图片来源：文献［3］，作者标注）

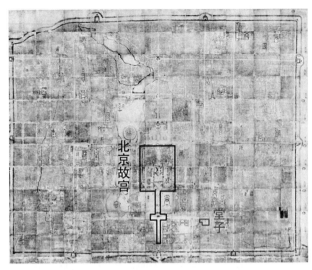

图14《乾隆京城全图》中堂子和皇宫的方位关系（图片来源：http://dsr.nii.ac.jp/toyobunko/II-11-D-802/，作者标注）

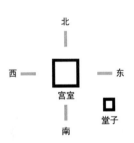

图15 堂子选址方位特征简图（图片来源：作者自绘）

五 佛阿拉城堂子遗址位置考证

对和佛阿拉城堂子有关史料的辨析确定了"城内东有堂子，周围一里零九十八步，西一门"的文献描述可信，对和佛阿拉城之后各都城堂子有关史料的辨析归纳出了堂子共有的空间特征。从对建筑空间进行溯源的角度来看，堂子从赫图阿拉城开始到沈阳城和北京城均保持着类似的选址方位特征和空间格局特征，那么佛阿拉城作为赫图阿拉城之前由努尔哈赤兴建的中心聚落，则该城堂子的某些空间特征也应会在之后兴建的堂子中有所体现。故笔者认为，可以基于文献描述和已归纳的各都城堂子空间特征对佛阿拉城堂子遗址的具体位置进行考证。

1. 疑似堂子遗址现状

笔者通过多次对佛阿拉城的田野调查后认为，佛阿拉城内东边的一处高地上有一大一小两座房址和围合其周边的城墙共同组成的空间可以满足《盛京通志》中文献描述和上文归纳的空间特征。这两处房址在城中的具体位置如图16所示。房址及其周边环境的现存状态则如图17、图18所示，其中房址1面阔约20米，进深约12米；房址2面阔约13米，进深约10米；两房址相距约16米；两个址面均面朝东南，且角度均为东偏南30°。

下文将从单体建筑比例和空间格局特征、地理环境条件和祭天方位特征、时年建造技术和房址遗存状态三方面论证该遗址是堂子。

2. 单体建筑比例和空间格局特征

该遗址中，房址1的单体建筑比例接近于堂子中位于院北的"飨殿"：北京堂子飨殿面阔五丈三尺五寸，约为17.12米，进深三丈三尺，约为10.26米，长宽比约为1.62，房址1的长宽比约为1.67，两个建筑的长宽比很接近。房址2的长宽比接近1：1，在比例上更接近于平面呈八角形的"亭式殿"（房址2为何不是八角形的具体原因将在下文讨论）。

从图16中可见，两个房址的正西就是的门址，这符合"西一门"的文献描述。如果以房址组成的主轴线为参照，则该门址与房址形成的空间关系近似于堂子空间格局模式图中的主入口与东院内主要建筑的关系，其空间对比如图19所示。山城营造与平地城营造相比限制条件多，因此仅就空间格局上的相似性进行讨论。

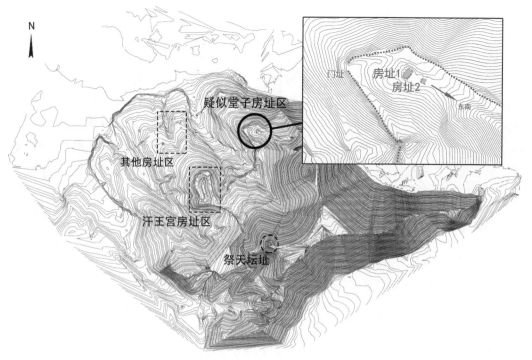

图16 佛阿拉城的整体测绘图与疑似堂子所在高地的测绘图 （图片来源：由作者所在团队测绘，作者标注）

图17 房址航拍图 （图片来源：作者拍摄）

图18 房址及其周边环境的三维模型 （图片来源：作者基于航拍照片建模）

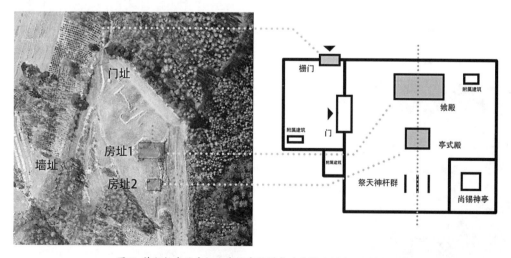

图19 佛阿拉堂子空间和堂子空间模式对比图 （图片来源：作者拍摄及绘制）

3. 地理环境条件和祭天方位特征

　　该遗址在整个城市空间范围看，正处于山城的东边，符合"城内东有堂子"的文献描述。以努尔哈赤所居的汗王宫作为中央宫室区域的话，该点则位于宫室的东北方，这与上文总结的都城堂子以相对宫室东南为选址方位的特征不符。笔者现以佛阿拉城所在的地理环境条件和祭天方位特征两方面来对此现象加以说明。

　　佛阿拉城是借助山势修筑的半山城。从图16可见城市主朝向面西北方，地形上呈现出由西北至东南坡度逐渐变大的趋势，汗王宫的选址已经趋于东南高坡度山地的边缘。从图20中可见，汗王宫东南方向的区域范围内已经都是大坡度的山地，地理条件所限已经不能够用来建造堂子。佛阿拉城之后的赫图阿拉城虽也处于丘陵地带，但是周边地势相对平缓，辽阳城、东京城、沈阳城和北京城都是平地城，这些城市在堂子选址和建造上不会受到地形的太多限制。

　　虽汗王宫东南方的地理条件不适合建堂子，但佛阿拉城之后各都城堂子以东南作为共同的选址方位则一定有其作为萨满教宗教建筑的特定方位需求，而这种独特的方位需求在佛阿拉城中也一定有其体现。从图16中可以看到，汗王宫的东南方虽无法修建堂子，但有可进行祭天活动的祭天坛存在。祭天坛相对于汗王宫正好在其正东南方。那么笔者基于此发现则提出疑问：都城堂子东南向的选址是不是和祭天活动有关系？佛阿拉城的堂子会不会因地理条件所限而将堂子内的祭祀活动分开布置？

110

建
筑
史
第
46
辑

❶ 文献 [10]，第三函太祖皇帝天命五年正月至天命六年五月，二十一册天命六年四月至五月.

　　现有以下三点现象可说明清前至清满族萨满教的"祭天活动"与"东南向"的关系：一是满族家祭活动中用来祭天的索伦杆的设置方位，沈阳清宁宫与北京坤宁宫室外的索伦杆就是立于建筑的东南（图21）。二是《满文老档》中记载，努尔哈赤在刚攻下辽阳城后，举行祭天活动的地点选取的是辽阳城的东南门，*"五月初三日，汗率诸贝勒大臣登城巡阅。汗乘轿登城东南门上下轿。城上铺白毡，两侧执黄盖。汗率诸贝勒大臣拜天。拜毕，谓诸贝勒大臣曰：天若不赐我辽东城，我安得登此城耶？言毕乘轿，自城南门绕至城西边墙垣，察视晨日攻城之处。视毕，仍由东南门下城进衙门，大宴"*❶。三是从都城堂子的空间格局特征来看，春秋二季大祭时的室外立杆祭天活动是在亭式殿南的神杆群举行，而神杆群正位于整个以东西并列两院为空间形态的堂子空间的东南。基于以上现象可以观察到，满族萨满教在进行祭天活动时，是选东南方作为祭祀地点，这可能与满族萨满教独特的空间方位观念有关。以萨满教为主要宗教信仰的佛阿拉时期，祭天坛作为祭天场地，在选址上就符合这种方位观念。

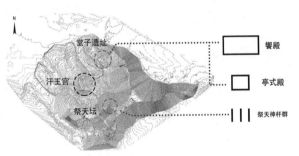

图20 汗王宫东南向的高坡山地与对堂子空间演变方式的推测（图片来源：作者所在团队测绘，作者标注）

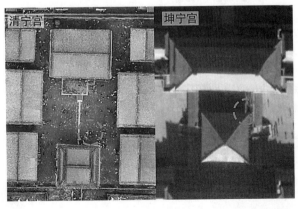

图21 清宁宫与坤宁宫外索伦杆的设置方位（图片来源：清宁宫作者航拍，坤宁宫图底来自谷歌地图）

　　笔者推测，在佛阿拉时期，限于地理条件等原因，城内的公共祭祀空间（相对于家祭）是由堂子和祭天坛分座两处共同组成。其中现在堂子疑似区域内的两座房址各自行使之后都城堂子中"飨殿"与"亭式殿"的祭祀功能，祭天坛作为室外祭天场地行使着之后神杆群空间的祭祀功能。努尔哈赤在迁都至地势相对平缓一些的赫图阿拉城后，又将两处合为一处，形成了之后都城堂子的空间格局原型。此分析如图20所示。

4. 时年建造技术和房址遗存状态

佛阿拉城时年的建造技术直接决定了房址在今天可能体现出的遗存状态。

据《建州纪程图记》中记载的和佛阿拉城内建筑有关的信息，当时佛阿拉城中普通民居建筑的基本建造方式为："胡家于房上及四面，并以粘泥厚涂，故虽有火灾，只烧盖草而已。"[13] 而努尔哈赤所住宅院内的建筑多为"瓦盖丹青"，建筑等级较高。则在佛阿拉时期，作为部族首领居所建筑的建造技术高于普通民居，那么建筑基址的遗存状态相应的也会更好。笔者基于历次对佛阿拉城的田野调查与测绘经历，现发现佛阿拉城有三处房址遗存区域，其分布见图16。三处区域目前均被耕地所覆盖，则房址本身因经年的耕地活动普遍损坏严重，遗存状况不佳。但就在此破坏条件下，汗王宫范围内的房址在地表观察上依然清晰，房屋墙基遗存明显。而其他房址区内各房址的遗存状态不佳，不加以仔细区分则容易被忽视。以上两区域内房址遗存状态的对比应可说明佛阿拉城内较高等级建筑的房址在遗存状态上也表现得更好。而上述疑似堂子所在区域内的两房址的遗存状态就和汗王宫内努尔哈赤居址的遗存状态类似。根据遗存状态可补充说明此二房址在当时佛阿拉城内应是具有重要地位的建筑，堂子作为中央核心区域内重要的祭祀建筑就满足这种对高建筑技术的需求。

除遗存状态之外，在整个遗址被墙址围合的空间内，房址1与房址2在地形上也是居于整个场地中心的最高处，这可从图16测绘图中的等高线和图18的三维模型中体现出来，对于中心最高处地形的利用使得两个房址在空间上具有向心性。在现场的实地调查中，以人的尺度观察，对这种空间向心性的感受更加强烈，这种对地形的利用方式可加强作为宗教建筑的神圣性（图22）。

如果房址2可作为八角亭式殿的空间前身，那么为何此时期并不修筑成八角形呢？在此从时年建造技术的角度稍加讨论。梁振晶在《赫图阿拉城"尊号台"遗址建筑格局及相关问题讨论》一文中专门对赫图阿拉时期有无八角形建筑进行了研究，认为"八角殿"是后金政权迁都辽阳后吸收蒙古族喇嘛教的建筑特点，参考叶赫女真八角明楼的形制，继承金代宫殿的特点建造而成，赫图阿拉时期的建筑则多为硬山式建筑。[29] 在史料文献中，对八角建筑形态的最早记录则出现在努尔哈赤定居于东京城时期，"二十九日，以额勒齐布、萨比干合为备御职达岱、方喀拉合为备御，达吉哈、阿纳布合为备御，于诸贝勒集八角殿之日，乞请在案"❷。从上文图2中也可见，申忠一记录的佛阿拉城内建筑也均为方形，而不见八角形。笔者认为在佛阿拉时期并无八角形建筑。而房址2接近于1:1长宽比的空间，则和后来八角神亭所形成的室内空间相似——空间的向心性都更强，因此房址2和八角神亭在举行的祭祀活动的性质上和祭拜对象上很可能一脉相传。

❷ 文献［10］，第五十册天命八年四月至五月，第六函太祖皇帝天命八年正月至五月.

图22 房址与其周边地势环境（图片来源：作者拍摄）

5. 待证疑点

基于以上三方面分析，笔者认为该疑似位置就是佛阿拉城的堂子，但尚有疑点无法解释。

在"城内东有堂子，周围一里零九十八步，西一门"的文献描述中，"城内东有堂子"和"西一门"已在上文的论述过程中被加以证明。而对于"周围一里零九十八步"的围合长度描述，笔者在田野调查中却并没有发现明显的墙址闭合关系。在目前可观察到的遗址现象中，房址周围仅三面有墙址，房址的东南面因常年耕种和植树而无法判断是否有墙址存在。故"周围一里零九十八步"的文献描述限于目前对该点尚无考古发掘，则还无法对其进行解释。

六 结语

通过以上工作，笔者现可基本确定佛阿拉城内有堂子并考证了其遗址的具体位置。且笔者认为，佛阿拉城的宗教空间，可以看作后来清前至清各都城堂子的空间原型。萨满教在整个清前至清时期对满族生活文化，尤其是皇家的祭祀活动都有着重要的影响，因此针对佛阿拉城萨满堂子的研究有助于从空间发展的起点上对整个清朝的萨满教建筑与其空间展开思考。

以往学界对佛阿拉城的研究，都是针对城郭结构与宫室空间，而没有将视野置于该城的宗教建筑与宗教空间上。本文也希望通过对该城宗教建筑遗址的考察与分析，来填补以往研究中的不足。而在此研究过程中笔者也发现，佛阿拉城不仅是清前女真中心聚落发展的顶峰，也是清都城营造的民族特征的起点，其在建筑史学研究上具有巨大潜力。

参考文献

[1]（清）尹把汗等纂. **盛京通志**［**M**］. 康熙年三十二卷本.

[2]（清）吕耀曾等纂. **盛京通志**［**M**］. 乾隆元年四十八卷本.

[3]（清）阿桂等纂. **钦定盛京通志**［**M**］. 乾隆四十九年一百三十卷本武英殿刻本.

[4]（清）孙长清等纂. **兴京乡土志**［**M**］. 光绪三十二年抄本.

[5]（清）班布尔善等纂. **清世祖实录**［**M**］.

[6]（清）允禄等纂. **大清会典**［**M**］. 雍正朝.

[7]（清）托津等纂. **钦定大清会典事例**［**M**］. 嘉庆朝.

[8]（清）允禄等纂. 阿桂，于敏中等汉译. **钦定满洲祭神祭天典礼**［**M**］.

[9]（民国）赵尔巽等撰. **清史稿**［**M**］.

[10] 中国第一历史档案馆，中国社会科学历史研究所. **满文老档全2册**［**M**］. 北京：中华书局，1990.

[11] 祁美琴，强光美编译. **满文《满洲实录》译编**［**M**］. 北京：中国人民大学出版社，2015.

[12] 王钟翰辑录. **朝鲜《李朝实录》中的女真史料选编**［**R**］. 沈阳：辽宁大学历史系，1979.

[13] 徐恒晋校释. **建州纪程图记校注**［**R**］. 沈阳：辽宁大学历史系，1978.

[14] 闻家祯. **《建州纪程图记》《建州闻见录》校释与研究**［**D**］. 长春：东北师范大学，2018.

[15] 杨勇军. **《满洲实录》成书考**［**J**］. 清史研究，2012（2）：99–111.

[16] 乔治忠，侯德仁. **《清世祖实录》的纂修及康熙初期的政治斗争**［**J**］. 清史研究，2000（4）：114–119.

[17] 陈加等编. **辽宁地方志略论**［**R**］. 沈阳：辽宁地方志编纂委员会，1986.

[18] 张一弛，刘凤云. **清代"大一统"政治文化的构建——以《盛京通志》的纂修与传播为例**［**J**］. 中国人民大学学报，2018（6）：159–169.

[19]（伪满）建国大学研究院. **兴京二道河子旧老城**［**R**］. 1939.

[20] 王飒，刘莉，王冰. **《兴京二道河子旧老城》考评**//贾珺主编. **建筑史（第40辑）**［**M**］. 北京：中国建筑工业出版社，2017：126–140.

[21] 王飒，王伟. **历史文献中的佛阿拉城城郭结构**//吕舟主编. **2016年中国建筑史学会年会论文集**［**C**］. 武汉：武汉理工大学，2016：100–108.

［22］刘畅．清代前期宫室格局及室内格局讨论［J］．古建园林技术，2003（1）：36-40+43．

［23］赵雯雯，刘畅．从努尔哈赤的老宅到坤宁宫［J］．紫禁城，2009（1）：38-43．

［24］李军．析清代紫禁城坤宁宫仿沈阳清宁宫室内格局及陈设的意义［J］．文物世界，2013（6）：32-35．

［25］富育光．清宫堂子祭祀辨考［J］．社会科学战线，1988（4）：204-210+20．

［26］李国俊．努尔哈赤时期萨满堂子文化研究［J］．满族研究，2002（4）：60-65．

［27］姜小莉．清朝入关前的萨满教改革研析［J］．通化师范学院院报，2008（1）：67-69+84．

［28］姜小莉．清代满族萨满教研究［D］．长春：东北师范大学，2008．

［29］梁振晶．赫图阿拉城"尊号台"遗址建筑格局及相关问题讨论［J］．故宫博物院院刊，2002（5）：54-60．

清初八旗制度对北京城市宫苑格局的影响

刘洋　张凤梧

（天津大学建筑学院）

摘要： 八旗制度是一项极具满族特色的社会制度，在清朝建立后对都城北京造成了深远影响，具体表现为两方面：旗民分城而居和八旗驻防。本文结合文本与图像两种历史文献，深入分析了清初北京旗民分居政策的实施以及八旗驻防体系的建立，并以西苑为例探讨此项制度对北京城市宫苑格局的影响。

关键词： 清代，北京，八旗制度，旗民分居，宫苑格局

A Study on the Influence of the Eight-banner System on the Pattern of Beijing City and Palace Garden in the Early Qing Dynasty

LIU Yang, ZHANG Fengwu

Abstract: The Eight-banner System possesses a particular Manchu characteristic of the social system, after the establishment of the Qing dynasty has caused a profound impact on the capital city of Beijing, the concrete performance of two aspects: the ethnic separation and the Eight-banner stationed in defense. Combining the text and image of two historical documents, this paper analyzes in depth the implementation process of the banner-people separation policy in the early Qing dynasty and the establishment of the Beijing Eight-banner garrison system, and discusses the influence of Xiyuan on the pattern of Beijing.

Key words: Qing dynasty; Beijing; the Eight-banner System; ethnic separation; pattern of the palace

一　八旗制度概述

　　八旗制度是清代的一项重要制度，本质上是一种典章和社会组织形式，在清代的社会生活和政治生活中起到重要作用，对清王朝的建立、发展和消亡也产生了巨大影响。八旗制度发源于满族先人集体狩猎的组织形式——牛录制，清太祖努尔哈赤在统一女真族各部的战争中随着势力的扩大，人口的增加，军事力量也得到迅猛发展，遂于万历二十九年（1601年）在牛录制基础上设立了黄白红蓝四旗，旗皆纯色。万历四十三年（1615年），随着统一女真各部事业的顺利进行，努尔哈赤为适应满族社会发展，设定八旗之制，以初设四旗为正黄、正白、正红、正蓝，在此基础上增编镶黄、镶白、镶红、镶蓝四旗，合为八旗，终清不改[❶]。

　　八旗制度虽作为满族的军事制度产生，但日后不断发展完备。皇太极征服察哈尔蒙古与喀喇沁蒙古后于天聪九年（1635年）设八旗蒙古，崇德七年（1642年）设八旗汉军，同时各旗都统"掌满洲、蒙古、汉军八旗之政令，稽其户口，经其教养，序其官爵，简其军赋，以赞上理旗务"[❷]，可见八旗制度不仅是军事组织，更具有行政机构、组织生产等多项社会职能。另外八旗有序次之分，顺治七年（1650年）摄政王多尔衮去世，所统辖的正白旗归于世祖福临，至此镶黄、正黄、正白三旗由皇帝直接控制，称为上三旗（内务府三旗），正红、镶红、正蓝、镶蓝、镶白五旗由诸王、贝勒统辖，称为下五旗。上三旗较下五旗为崇，作为皇帝亲兵禁卫皇宫，下五旗军队护卫京师及驻守各地。

　　顺治元年（1644年）五月，多尔衮率八旗大军抵达北京，进入皇城后令官吏军民以帝礼为

❶ "太祖高皇帝初设四旗，先是癸未年以显祖宣皇帝遗甲十三副起事，征尼堪外兰败之，又得兵百人甲三十副，后以次削平，诸部归附日众。初出兵校猎，不论人数多寡，各随族长屯寨行，每人取矢一，每十人设一牛录额真领之。至辛丑年设黄白红蓝四旗，旗皆纯色，每旗三百人为一牛录，以牛录额真一辖之。甲寅年始定八旗之制，以初设四旗为正黄正白正红正蓝，增设镶黄镶白镶红镶蓝四旗，合为八旗，黄白蓝均镶以红，红镶以白。"见文献[3]，卷32，兵制志·八旗兵制。"牛录"，满语，意为大箭。"额真"，满语，意为主子。

❷（光绪）《大清会典》卷84。

明帝发丧，六月迁明太祖神主于历代帝王庙，十月世祖福临亲诣南郊告祭天地，御皇极门登基，开启了清代近三百年的统治。对北京而言，以八旗制度为代表的满族文化、制度深刻地影响了其城市生活空间。

二 八旗制度对北京城市空间的影响

1. 旗民分居政策

由于八旗制度的存在，清代社会主要由旗人社会与民人社会两部分组成，满族统治者把避免"沾染汉俗"、保持满族固有的传统习俗作为"巩固根本"最重要的措施之一，因而在清初迁都北京后即下令实施旗民分居政策，命旗人与当地居民分城而居，互不混同，后续几朝严格执行，最终成为清代北京城市布局的最大特色^❸（图1）。

顺治元年（1644年）六月辛亥，摄政和硕睿亲王多尔衮谕兵部曰：

"我国建都燕京，天下军民之罹难者如在水火之中，可即傅檄救之。其各府州县，但驰文招抚文到之日即行归顺者，城内官员各升一级，军民各仍其业，永无迁徙之劳……"^❹

虽设想"军民各仍其业，永无迁徙之劳"，但实际情况却复杂得多。顺治元年（1644年）十月一日，世祖福临颁布的"定鼎建号诏"中提到：

"……京都兵民分城居住，原取两便，实不得已，其东、中、西三城官民已经迁徙者，所有田地、应纳租赋，不拘坐落何处，概准蠲免三年，以顺治三年十二月终为止。其南、北二城虽未迁徙，而房屋被人分居者所有田地、应纳租赋，不拘坐落何处，准免一年，以顺治元年十二月终为止……"^❺

诏书内容确切表明在顺治元年十月清廷正式迁都北京前，使"京都兵民分城居住"的居民迁移已大规模开展。顺治三年（1646年）二月世祖福临谕兵部以更为严格的"旗民分居令"，内容为：

"近闻京城内盗贼窃发，皆因汉人杂处旗下，五城御史、巡捕营官难于巡察之故。嗣后投充满洲者，听随本主居住，未经投充不得留民旗下。如违，并其主家治罪。工部疏于稽察，亦著议处汉人居住地方著巡捕营查缉。满洲居住地方著满洲守夜官兵查缉。其迁移民居，工部仍限期速竣，勿得违怠。尔部速行传谕。"^❻

上述诏书内容主要是命令民人与旗人分开居住，对于二者所生活的区域空间在城中如何规划并未明确，但相关问题可在后续的两个诏书中找到答案。顺治五年（1648年）八月辛亥颁"内外分城诏"，谕兵部等衙门：

"京城汉官汉民原与满洲共处，近闻争端日起劫杀抢夺而满汉人等彼此推诿，竟无已时，似此何日清宁，此实参居杂处之所致也。朕反复思维，迁移虽劳一时，然满汉各安、不相扰害，实为永便。除八旗投充汉人不令迁移外，凡汉官及商民人等尽徙南城居住，其原房或拆去另盖或贸卖取价各从其便。朕重念迁徙累民，着户工二部详察房屋间数，每间给银四两此银不可发与该管官员人等给散，令各亲身赴户部衙门当堂领取。务使迁徙之人，得蒙实惠。六部、都察院、翰林院、顺天府及大小各衙门、书办吏役人等，若系看守仓库原住衙门内者，勿动，另住者尽行搬移。寺庙中居住僧道，勿动，寺庙外居住者尽行搬移。若俗人焚香往来，日间不禁，不许留宿过夜。如有违犯，其该寺庙僧道，量事轻重问罪，着礼部详细稽察。凡应迁徙之人，先给赏银，听其择便。"^❼

顺治五年（1648年）十一月辛未所颁的"南郊配享诏"中提到：

"……北城及中东西三城，居住官民商贾，迁移南城，虽原房听其折价，按房给银，然舍其

❸ 此举并非只用于京师，后续八旗驻防各直省重镇皆修筑"满城"，采取旗民分居政策。

❹ 文献［7］：59.

❺ 文献［7］：95.

❻ 文献［7］：204.

❼ 文献［7］：319.

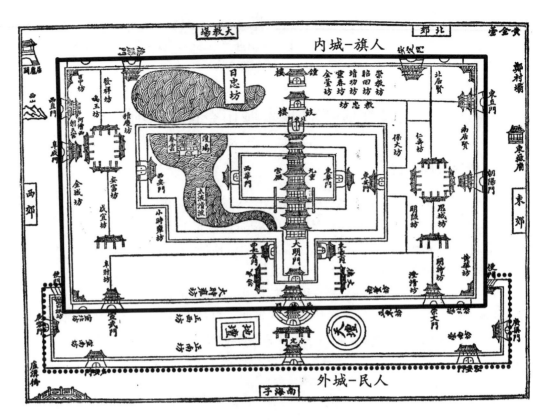

图1 清初北京旗民分居示意图（底图来源：文献［1］京师五城之图）

❶ 文献［7］：327.

❷ "……中城，在正阳门里，皇城两边……东城，在崇文门里，街东往北，至城墙并东关外……西城，在宣武门里，街西往北，至城墙并西关外……南城，在正阳、崇文、宣武三门外，新城内外……北城，在北安门至安定、德胜门里并北关外……"见文献［1］。

故居别寻栖止，情属可念，有土地者，准免赋税一半，无土地者，准免丁银一半……" ❶

根据上述两则诏书，可以确定清初旗民分居政策旨在将京师五城❷中的北、中、东、西四城的汉官、汉民迁往南城，把城市空间规划为内、外城两部分，内城予旗人生活居住，外城予民人生活居住。

清朝以少数民族身份入主中原建立大统，将八旗驻防人丁聚居一处的做法除构建驻防的军事需要外，一方面避免了八旗人丁与汉族人民发生直接冲突，缓和了紧张的民族情绪。另一方面也便于驻防将领对八旗人丁的控制和管理。

2. 八旗驻京制度

清朝定都北京后，面对着国内纷乱复杂的新局面，如何利用八旗有限兵力巩固并维持统治是一个生死攸关的大问题，为此满族统治者构建了精准、高效的八旗驻防体系，以畿辅为核心覆盖全国。

京师是全国政治中心，清朝将其视为根本命脉之所在。迁都北京后，伴随着满族兵丁及辽东人口的大量内徙，盛京的整套驻防规制也被照搬到北京。与各省驻防八旗不同，守卫京师的八旗军队被称为驻京八旗，按左右翼各四旗的方位依次安置在京城内。乾隆朝《钦定八旗通志》记载了努尔哈赤所定的八旗拱卫京师制度：

"太祖高皇帝创设八旗分为两翼，左翼则镶黄、正白、镶白、正蓝，右翼则正黄、正红、镶红、镶蓝。其次序皆自北而南，以五行相胜为用，两黄旗位正北取土胜水，两白旗位正东取金胜木，两红旗位正西取火胜金，两蓝旗位正南取水胜火，开国之规制良有以也。谨恭录旧制冠诸京师八旗方位之首见……" ❸

❸ 文献［3］，卷30.

北京城驻防之制始自顺治朝，《钦定八旗通志·兵制志》载：

"顺治元年世祖章皇帝定鼎燕京，分置满洲、蒙古、汉军八旗于京城内，镶黄、正黄居北方，正白、镶白居东方，正红、镶红居西方，正蓝、镶蓝居南方，镶黄、正白、镶白、正蓝为左翼，正黄、正红、镶红、镶蓝为右翼。左翼自北而东而南，镶黄在地安门内，正白在东直门内，镶白在朝阳门内，正蓝在崇文门内。右翼自北而西而南，正黄在德胜门内，正红在西直门内，镶红在阜城门内，镶蓝在宣武门内……"❹

❹ 文献［3］，卷32.

结合《兵制志》与《八旗方位图说》中的内容，可明确各旗在北京内城驻防的区域、边界及值门情况（表1、图2）。

表1　北京内城八旗驻防表（表格来源：整理自文献［3］卷30，卷32）

旗别	方位	区域与边界	值门	成分
镶黄旗	北	镶黄旗居安定门内，西至鼓楼大街，南至东直门大街，东北至城根	安定门及外城东便门	八旗满洲、八旗蒙古、八旗汉军
正黄旗	北	正黄旗居德胜门内，东至鼓楼大街，南至西直门大街，西北至城根	德胜门及外城西便门	八旗满洲、八旗蒙古、八旗汉军
正白旗	东	正白旗居东直门内，北至东直门大街，南至朝阳门大街，西至皇城根，东至城根	东直门及外城广渠门	八旗满洲、八旗蒙古、八旗汉军
镶白旗	东	镶白旗居朝阳门，北至朝阳门大街，南至单牌楼，西至皇城根，西至城根	朝阳门及外城左安门	八旗满洲、八旗蒙古、八旗汉军
正蓝旗	南	正蓝旗居崇文门内，北至单牌楼，西至东长安门，南至城根	崇文门及外城永定门	八旗满洲、八旗蒙古、八旗汉军
镶蓝旗	南	镶蓝旗居宣武门内，北至单牌楼，东至西长安门，南至城根	宣武门及外城左安门	八旗满洲、八旗蒙古、八旗汉军
镶红旗	西	镶红旗居阜成门内，北至阜成门大街，南至单牌楼，东至皇城根，西至城根	阜成门及外城右安门	八旗满洲、八旗蒙古、八旗汉军
正红旗	西	正红旗居西直门内，北至西直门大街，南至阜成门大街，东至皇城根，西至城根	西直门及外城广宁门	八旗满洲、八旗蒙古、八旗汉军

注：正阳门以八旗满洲、八旗蒙古轮值。

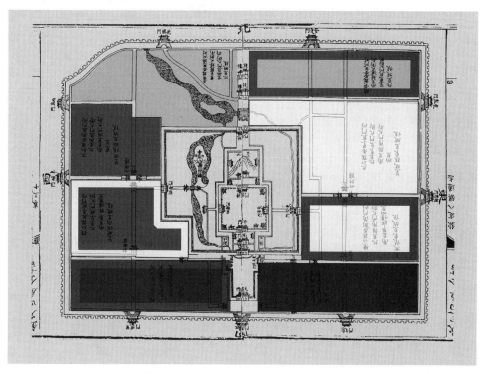

图2　清初北京内城八旗驻防图（底图来源：文献［3］八旗方位总图·雍正六年定，原图方向为上南下北）

❶ 据（乾隆）《钦定大清会典》记载："凡守备，皇城内专隶八旗满洲，分汛九十，列栅一百十有六。皇城外八旗满洲、蒙古、汉军分汛六百二十有五，列栅千一百九十有九，均令步军尉督率步军按所辖地界防守稽察，夜则击柝传筹巡更，黎明乃止。"

北京内城及皇城的守备制度称为汛守制，皆由八旗步军营负责，内城各汛分隶八旗满洲、蒙古、汉军，皇城各汛专隶八旗满洲❶。紫禁城的守备制度称为宿卫制，由上三旗侍卫负责。驻京八旗又被称作禁卫（表2），可分为兵卫与侍卫两种。侍卫是皇帝随侍警卫的亲军，隶领侍卫府，选镶黄、正黄、正白上三旗中材武出众之满洲子弟可任者为之，宿卫紫禁城内各门殿，行幸驻跸咸从。兵卫是北京的卫戍部队，如八旗步军营、八旗前锋营、八旗护军营、八旗骁骑营等，各执其事。

表2　京城八旗禁卫情况表（表格来源：作者整理自文献［3］卷32）

禁卫种类	旗别	职责
侍卫	镶黄、正黄、正白	守备宫城各门殿，行幸驻跸随侍，仪驾卤簿
步军营	八旗满洲、八旗蒙古、八旗汉军	内城及皇城汛守，外禁门启闭
前锋营	八旗满洲、八旗蒙古、八旗汉军	宫禁传筹，内禁门启闭
护军营	八旗满洲、八旗蒙古	宿卫，传筹，亲祀扈从
骁骑营	八旗满洲、八旗蒙古、八旗汉军	巡宿

关于满洲八旗步军营在北京皇城内汛守的区域与边界，《钦定八旗通志·兵制志》有明确记载（表3）。

表3　北京皇城八旗汛守表（表格来源：作者整理自文献［3］卷32）

旗别	方位	区域与边界	人员配置	成分
镶黄旗	北	镶黄旗满洲界在紫禁城北，东自地安门箭亭城墙起，西至地安门甬路分中接正黄旗界，北自火药局城墙起，南至三眼井接正白旗界	中设步军尉二人，分汛十，栅栏十八，于景山后设步军尉一人，步军百二十人	八旗满洲
正白旗	东北	正白旗满洲界在紫禁城东北，东自内府库东口东墙起，西至景山东墙止，北自三眼井起，南至银闸风神庙接镶白旗界	分汛十一，栅栏十，于景山东门设步军尉、步军如前	八旗满洲
镶白旗	东	镶白旗满洲界在紫禁城东，东自骑河楼东墙起，西至北池子止，北自宣仁庙起，南至北池子南口并望恩桥北接正蓝旗界	分汛十，栅栏十三，于北池子街设步军尉、步军如前	八旗满洲
正蓝旗	东南	正蓝旗满洲界在紫禁城东南，东自东安门东城墙起，西至南池子街止，北自北池子街并望恩桥起，南至菖蒲河城墙止	分汛十一，栅栏九，于南池子口设步军尉、步军如前	八旗满洲
正黄旗	北	正黄旗满洲界在紫禁城北，东自地安门甬路分中起，西至西什库止，北自侍卫教场城墙起，南至宏仁寺分中接正红旗界	分汛十二，栅栏十六，于地安门设步军尉、步军如前	八旗满洲
正红旗	西北	正红旗满洲界在紫禁城西北，东自景山西门起，西至西安门城墙止，北自宏仁寺分中起，南至西安门甬路接镶红旗界	分汛十二，栅栏十七，于景山西门设步军尉、步军如前	八旗满洲
镶红旗	西	镶红旗满洲界在紫禁城西，东自大高殿门分中起，西至西安门城墙止，北自西安门甬路分中起，南至大石槽城墙止	分汛十二，栅栏二十四，于光明殿后设步军尉、步军如前	八旗满洲
镶蓝旗	西南	镶蓝旗满洲界在紫禁城西南，东自西华门起，西至西苑门止，北自慎刑司起，南至南府城墙止	分汛十二，栅栏九，于西华门外设步军尉、步军如前	八旗满洲

注：每汛设步军十二人，每座栅栏设步军三人。

皇城驻防仍将八旗分为左右两翼，各旗方位、次序与内城相同。将上述历史信息绘图如下（图3）。

皇城的汛守制将城市空间划分成百余汛地，分派八旗满洲步军驻守，每汛十二人，各旗于固定地点置步军尉，与各汛地保持紧密联系，同时执行严格的宵禁制度，在街巷、胡同设"栅栏"与"堆房"，各旗步军佐领管辖汛地内街道"栅栏"启闭和"堆房"守卫❷（图4）。

八旗制度作为满族的特色社会组织形式，在清初被运用到了京师，并以一种"帝国式"自上而下的方式迅速蔓延到全国各省，使得北京城市中的百万原住人口在短时间内被置换成八旗行伍及其眷属，作为国家意志深刻改变了城市空间的规划和面貌，具体表现在两个方面：（1）将内城、外城居住空间严格分离，分别安置旗人与民人，避免两者对立、同化，也直接导致了内城商业和娱乐活动受限，外城和城门关厢地区成为商业中心和娱乐活动聚集地。（2）分置八旗驻防，将内城与皇城的城市功能实际划分为军事驻防区，城内旗人军民的房屋建设活动就此展开，规模之大甚至波及皇家御苑。

图3 清初北京皇城八旗汛守图（底图来源：康熙十八年《皇城宫殿衙署图》，台北故宫博物院藏）

❷文献［3］，卷34.

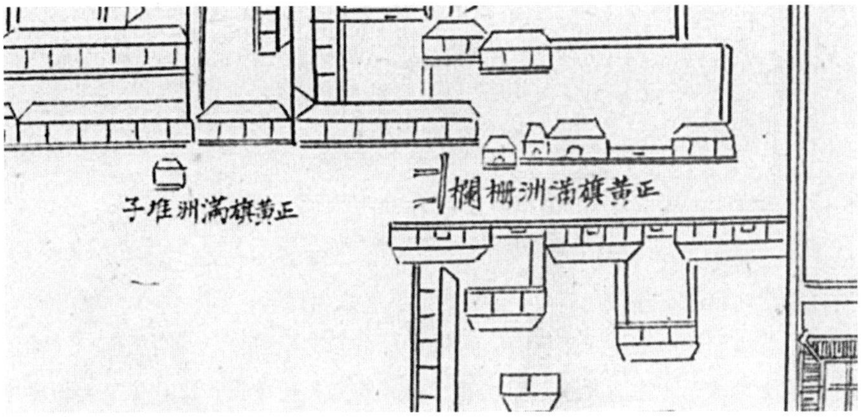

图4 乾隆十五年《京城全图》大西天西侧的栅栏与堆房（图片来源：中国第一历史档案馆藏）

三 八旗制度对西苑北海格局的影响

明代西苑建设始于永乐，初兴于宣德，增华于天顺、正德，极盛于嘉靖，衰败于万历、天启。至崇祯朝，皇帝游幸渐稀，西苑也随之荒废，受疏于修葺和战争破坏等因素影响，大部分建筑都已倾圮荒废，明末清初西苑北海仅存承光殿、大西天经厂、五龙亭及亭北斋馆等建筑［9］（图5）。

长久以来，对于西苑的建筑史学研究主要集中在基于文献的明代西苑格局探讨和基于图像、档案的清代西苑建置沿革梳理，后者的目光主要放在乾隆朝和同光朝，忽视了占据清代统治时间三分之一的顺、康、雍三朝。诚然，清西苑的面貌奠定于乾隆朝，但清初的八旗制度对于其格局的形成同样具有重大意义，甚至影响了乾隆朝对西苑的建设思路。

与明代西苑相比，清代西苑的格局有两个明显变化：（1）西安门以内的大片区域由官房、民房占据，一改明时建筑组群规模宏大、布局疏朗的面貌。（2）西苑规模大幅减少，由原来的完全占据皇城西侧收缩到太液池周围。这两个变化在清初已然发生，存在因果关系，且都是受到八旗制度的影响。旗人"出则为兵，入则为民"，定都北京后，八旗满洲汛守制将皇城空间划分为八块旗地，百余汛地，各旗行伍及眷属聚集于此，负责该地驻防。

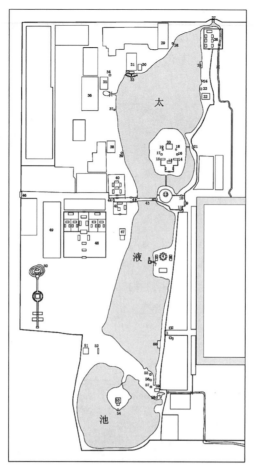

1—西苑门；2—左临海亭；
3—右临海亭；4—五雷殿；
5—集瑞馆；6—迎祥馆；
7—临漪亭；8—水云榭；
9—乾明门；10—桑园门；
11—椒园门；12—乾光殿；
13—仁智殿；14—介福殿；
15—延和殿；16—方壶
亭；17—瀛洲亭；18—玉
虹亭；19—金露亭；20—
广寒殿（遗址）；21—陟
山门；22—元熙殿；23—
拥翠亭；24—飞香亭；
25—船坞；26—宏济神祠；
27—汇玉渚；28—腾波亭；
29—嘉豫殿；30—神应轩；
31—太素殿；32—零ವ್；
33—五龙亭；34—飞霭
亭；35—天鹅房；36—清
馥殿；37—香津亭；38—
承華殿（遗址）；39—芙
蓉亭；40—玉熙宫；41—
金鳌牌坊；42—玉蝀牌
坊；43—金海桥；44—棂
星门；45—蚕坛；46—西
安门；47—紫光阁；48—
万寿宫；49—大光明殿；
50—兔儿山；51—帝社坛；
52—帝社坊；53—昭和殿；
54—澄渊亭；55—省耕亭；
56—恒裕仓；57—省敛亭；
58—豳风亭；59—无逸殿；
60—船坞

图5 明代后期西苑图（万历二十三年）[9]

❶文献［3］，卷34，兵制
志三.

根据《钦定八旗通志·兵制志》所记载的北京皇城八旗汛守划界（如表3、图3所示），皇城西北部正黄、正红旗满洲之地正是原属于明代西苑的大片区域（西安门大街以北）❶（图6）："……正黄旗满洲界在紫禁城北，东自地安门甬路分中起，西至西什库止，北自侍卫教场城墙起，南至宏仁寺分中接正红旗界……正红旗满洲界在紫禁城西北，东自景山西门起，西至西安门城墙止，北自宏仁寺分中起，南至西安门甬路接镶红旗界……"

雍正十三年（1735年）六月八旗都统、护军统领、前锋统领等同奏定的"八旗会集之处"有同样表述："……同将拟定八旗形胜地方分析开列进呈御览，镶黄、正黄二旗之前锋参领、侍卫、前锋校、前锋等以地安门为会集之处……正红、镶红二旗之前锋参领、侍卫、前锋校、前锋等以西安门为会集之处……正黄旗满洲五参领、蒙古二参领之护军参领、护军校、护军等，各按参领自地安门向西至皇城西北角为会集之处。正红旗满洲五参领、蒙古二参领之护军参领、

❷文献［4］，卷3，上谕旗
务覆议.

护军校、护军等，各按参领自皇城西北角向南循皇城墙至西安门为会集之处……"❷

从康熙十八年（1679年）《皇城宫殿衙署图》（图7）可以得知，上述地区除寺观衙署等大体量建筑外，大部分建筑为官房与民房。皇家御苑内进行如此大规模的官房、民房建设在明代是不可想象的，明代西苑文献史料中也从未出现相关记载。实际上此次建设活动发生在清初，面对大量关外人口涌入北京，统治者多次下令解决旗人军民的住房问题。除照例按职分给房屋外，顺治十一年（1654年）世祖福临议准旗人可在本旗空地盖房："八旗官员兵丁俱照分定地方居住，若遇调旗更地仍准住原处，有情愿买房搬移者听从其便，都统副都统不许强令迁移，如欲自盖房者听都统副都统查明本旗空地令其自盖，至外来归附人员应住房屋工部照所拨旗分买房安排，

❸文献［5］，卷127.

若无房屋工部于本旗空地盖给。"❸康熙七年（1669年）题准："盛京后来兵丁未得房屋者该旗咨

❹文献［5］，卷127.

部照每人给屋一间例折给价银三十两令其自行建造。"❹康熙三十七年（1698年）五月谕大学士

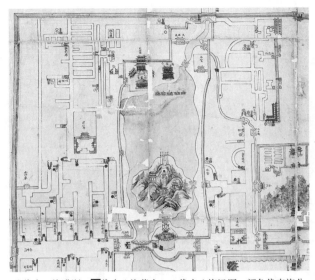

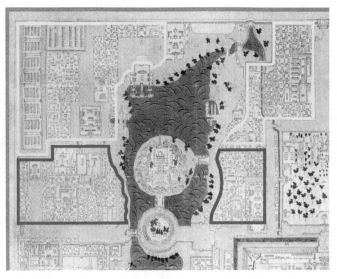

●代表八旗满洲，■代表八旗蒙古，▲代表八旗汉军，颜色代表旗分

图6 乾隆中期《精绘北京图》皇城西北部分（绘于18世纪70年代）
（图片来源：大英博物馆藏）

图7 康熙十八年《皇城宫殿衙署图》皇城西北部分（底图来源：台北故宫博物院藏）

图8 《康熙万寿盛典图》太液池西岸部分[2]

伊桑阿、阿兰泰："城垣之下而外各旗空隙之地有可营建房屋者察看奏闻，八旗都统可速看本旗之地，再会同验看。其令工部遍传八旗悉此。"❺乾隆十六年（1751年）奏准："京城空隙地基给价置买交与工部估建官房赏给贫乏旗人居住。"❻

    成书于康熙五十六年（1717年）的《万寿盛典初集》（图8）以图像的形式记录了当时太液池西岸的面貌，并配以文字曰："……<u>进西安门路左西十库口内有上三旗三十家包衣人</u>因天王殿旧址建寺，讽经庆祝万寿……<u>路左有包衣妇女千百人于此接驾</u>……又前为金鳌玉蝀桥，过桥由团殿后折而北登堆云积翠桥望，隔河西北有寺曰栴檀，有上三旗内大臣延喇嘛千众建庆祝经坛于内……过桥有寺曰白塔，有上三旗包衣佐领等建庆祝经坛于内……"❼忠实记录了当时西安门内旗人居民的存在。

    综上所述，皇城西北虽为前明御苑旧地，但因疏于修葺、连年战争破坏，原玉熙宫、承华殿、清馥殿、天鹅房、虎城等建筑群俱已无存，满清入关后被划为正黄、正红满洲二旗的会集之处、汛守之地，除若干寺观衙署外，所余空地由二旗营建房屋供本旗军民居住（图9）。从文字史料上看，此次建设活动从顺治朝一直持续到乾隆朝，直至乾隆朝中期才以"京师为万方辐辏之地，街衢庐舍理应整齐周密，以肃观瞻"为由逐渐停止。此时北京内城、皇城旗民住房已有相当规模，太液池西岸、北岸的大片区域已被划分得支离破碎，部分官房、民房甚至延伸到西苑内，导致西苑范围进一步缩小、边界参差不齐，直接影响了乾隆朝对西苑的建设。

❺ 文献［5］，卷127.

❻ 文献［5］，卷127.

❼ 文献［5］，卷44.

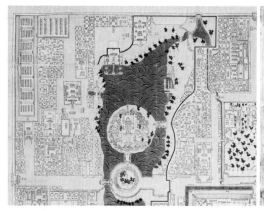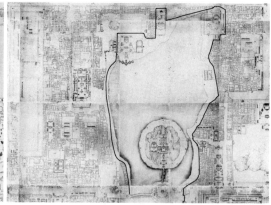

注：白线为明代西苑边界，黑线为清代西苑边界

图9 皇城西北旗人房屋建筑密度对比图（底图来源：（左）康熙十八年《皇城宫殿衙署图》，台北故宫博物院藏；（右）乾隆十五年《京城全图》，中国第一历史档案馆藏）

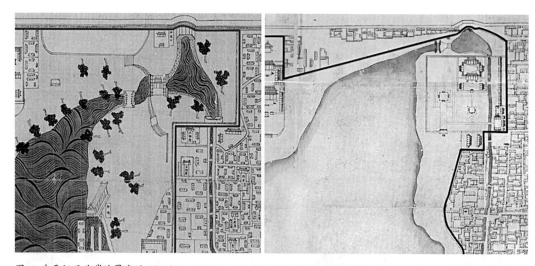

图10 先蚕坛及北岸边界变迁（底图来源：（左）康熙十八年《皇城宫殿衙署图》，台北故宫博物院藏；（右）乾隆十五年《京城全图》，中国第一历史档案馆藏）

"天子亲耕以供粢盛，后亲蚕以供祭服"，乾隆七年（1742年）建造先蚕坛，以祀亲蚕大典。先蚕坛的修建也对西苑北海的范围、边界产生了重要影响，除建筑、祭坛外，此次工程拆修了东北部的大墙，东部设立围墙将浴蚕河一段纳入蚕坛，北部从大西天东侧至北闸口东侧增修大墙一道，把大西天东侧的旗民房分隔出御苑范围，同时将大西天北墙南移，使得大墙与皇城北墙间形成夹道，连通地安门内区域与皇城西北角（图10）。

其作用有三：一、将大西天东侧旗民房隔出御苑，整治西苑面貌。二、形成了地安门西夹道❶的雏形，曾被御苑分割为东西两部分的正黄旗汛地可作为整块进行防守，增强了两部分之间的联系，提高驻军巡守、传箭效率，使得皇城西北角的各栅栏、堆子可以与地安门处的步军统领署、步军尉❷保持紧密沟通，信息传递更加方便高效。三、五龙亭北教场为正黄旗侍卫专属，夹道的设置使得禁内侍卫每月六次例行习射不必横穿西苑即可达到教场❸。

地安门西夹道形成后，隙地内陆续又有大量正黄旗满洲民房、堆子房添盖。斜墙的添砌虽将旗民房隔出西苑，但也使得御苑北部边界参差不齐。这个问题在乾隆十八年（1753年）至乾隆二十九年（1764年）的大西天、镜清斋工程中才得到解决。

综上所述，受清初确立的八旗驻京制度影响，北海西岸、北岸被划入正黄旗满洲的汛守区域，导致原属于明代御苑的大量空间被旗民房占据。从乾隆十五年《京城全图》（图11）和工程档案中可以看出当时北岸情况相当复杂，错综排布着诸多旗民房和汛守用房，甚至在乾隆七年（1742年）先蚕坛工程中局部一度被划至西苑外，致使御苑北部边界参差不齐，也形成

❶ "地安门西夹道 迤西有响闸，在西天梵境后，详苑囿。其外有西步粮桥，详内城中城。"见文献［6］，卷上。

❷ "……步军统领署在地安门外……"见乾隆《钦定大清会典》，卷72。"正黄旗满洲……于地安门设步军尉、步军。"见文献［3］，卷34。

❸ "（顺治十八年设）……正黄旗侍卫教场在西安门内五龙亭北……"见文献［3］，卷114。"凡领侍卫府三旗教阅之制……正黄旗每月于初三、十七日习骑射二次，初七、十二、二十二、二十七日习步射四次……"见《皇朝文献通考》，卷192。

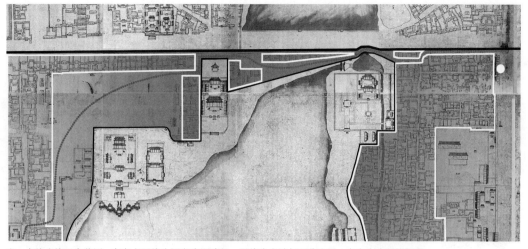

注：白线为旗民房范围，灰色点画线为汛守步军路径，黑线为皇城与西苑边界，白点为步军统领署

图11 乾隆十五年北海北岸格局（底图来源：乾隆十五年《京城全图》，中国第一历史档案馆藏）

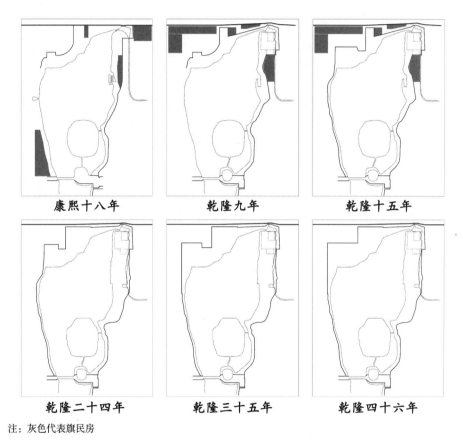

康熙十八年　　　　乾隆九年　　　　乾隆十五年

乾隆二十四年　　　　乾隆三十五年　　　　乾隆四十六年

注：灰色代表旗民房

图12 康熙十八年至乾隆四十六年北海边界范围变化（图片来源：作者自绘）

了沟通地安门内地区与皇城西北部的夹道。乾隆中期的营建直面了这些历史遗留问题，拆买旗民房，保留了地安门西夹道，重砌北大墙并使之取直，从中可以看到乾隆皇帝的营建思路：在塑造北海皇家园林格局的同时，规整、明确西苑的边界范围，解决之前御苑受旗民房侵扰的问题。同期营建的画舫斋组群亦以此种思路规整了北海东岸的边界，乾隆三十二年（1767年）在北海北岸西北隅经营的极乐世界和万佛楼组群是乾隆朝在北海的最后一次大规模营建工程，同样规整了北海西北部的边界，至此御苑北海范围明确整齐，边界延续了逾二百五十年，至今未有明显变化，这种建设思路深刻地体现了西苑作为前朝遗留的宫苑设施在清代皇家园林体系中的独特性（图12）。

四 总结

八旗是清朝独有的一种制度，是清朝统治的基础与支柱。满清入关后，北京作为都城首先受到了它的影响，具体表现在城市功能分区、人口流动、宫苑变迁等多个方面，对清代北京的建设、发展起到了重要作用。八旗制度影响了清代政治、军事、社会、民族关系和经济生活的方方面面，清史学科已有诸多探讨，然以建筑历史作为学科背景的探讨研究，迄今尚未多见。本文以解读文献为基础，结合清代西苑的营建历史对相关内容进行了一些初步分析，反映出其格局变化过程中受八旗制度的影响而产生的某些特征，然而相关问题仍具有较大的研究空间，有待日后深入探讨。

参考文献

[1]（明）张爵. **京师五城坊巷胡同集** [**M**]. 明嘉靖刊本.

[2]（清）王原祁等修. **万寿盛典初集** [**M**]. 清康熙武英殿本.

[3]（清）福隆安等纂. **钦定八旗通志** [**M**]. 清文渊阁四库本.

[4]（清）裴谦等修. **世宗宪皇帝上谕八旗** [**M**]. 清文渊阁四库本.

[5]（清）佚名. **钦定大清会典则例** [**M**]. 清文渊阁四库本.

[6]（清）朱一新. **京师坊巷志稿** [**M**]. 清光绪刊本.

[7] 清实录 第三册 世祖章皇帝实录 [**M**]. 北京：中华书局，1985.

[8] 王其亨. 中国古建筑测绘大系·园林建筑·北海 [**M**]. 北京：中国建筑工业出版社，2015.

[9] 李峥. **平地起蓬瀛，城市而林壑——北京西苑历史变迁研究** [**D**]. 天津：天津大学，2007.

[10] 赵寰熹. **清代北京旗民分城而居政策的实施及其影响** [**J**]. 中国历史地理论丛，2013，28（1）：134–143+157.

[11] 定宜庄. **清代八旗驻防研究** [**M**]. 沈阳：辽宁民族出版社，2003.

[12] 陈佳华. **八旗制度概述** [**J**]. 北方文物，1993（2）：64–69.

[13] 陈力. **八旗制度在清朝历史中作用研究综述** [**J**]. 兰台世界，2013（9）：16–17.

[14] 王其亨，徐丹，张凤梧. **清代样式雷北海图档整理述略** [**J**]. 天津大学学报（社会科学版），2016，18（6）：481–486.

历史早期印度恒河流域城镇空间形态探析[1]

王锡惠　董卫

（东南大学建筑学院）

摘要： 公元元年前后的几个世纪里，印度恒河流域出现了早期国家的第一次城镇建设高潮，产生了最早一批规划理论与技术专著，是其传统城镇规划理念的初步形成时期，对后世规划实践影响深远。结合印度古代文献与聚落考古学数据，揭示了历史早期恒河流域城镇聚落体系的空间结构和都城作为"理想城"的空间形态特征；通过分析城镇建设中的主要影响因素，认为其规划建设理论与技术的发挥主要受到了自然地理和社会历史条件的制约，从而导致了实际建成形态与理想形态的差异。

关键字： 印度城镇规划，恒河流域，城镇聚落，规划理论，规划历史

Morphology of Early Historic Towns of Indian Ganges Valley

WANG Xihui, DONG Wei

Abstract: During the several centuries before and after the Christian era, in the Ganges Valley of India, the first urban construction climax in the early countries emerged with the production of the first monographs on town planning theories and techniques. This was the period in which the traditional town planning concept was initially formed and had profound influence on planning practices in later centuries. Based on Indian literature record and archaeological data, it reveals the spatial structure of early urban settlements and the spatial morphology of the capitals as "ideal cities". By analyzing the main influencing factors in urban construction, it is indicated that the implement of planning theory and construction techniques is mainly restricted by physical geographical and socio-historical conditions, as resulted in the disparity between the actual built form and the ideal form.

Key words: Indian town planning; the Ganges Valley; urban settlement; planning theory; planning history

引言

公元前3000年左右，印度河流域曾出现过以哈拉帕（Harappa）与摩亨佐达罗（Mohenjo-daro）为代表的辉煌的城市文明，但并没有足够证据证明国家和文字体系的存在，因此，尽管雅利安人在向东进入印度之前就已经发展出高级的吠陀文明，但学界普遍认同的印度历史早期（约公元前600—约公元300年）是从雅利安人创立恒河流域的早期国家，建设城市文明开始的[2]。在印度河流域的城市文明消亡的一千多年后，从公元前500年左右各寡头部落国的都城建设开始，到第一个统一了印度大部分领土的孔雀王朝统治期间，城镇建设再次达到了一个高潮，并一直持续到公元300年左右。这次恒河流域的城镇化现象也被称为古印度的"第二次城市化"（the second urbanization）[3]。这个时期出现了多部关于城镇规划的理论与技术专著，揭示了古印度传统城镇规划理念和空间形态特征；恒河流域聚落考古学的进展则验证了城镇群的空间结构与各城镇的实际形态特征。

[1] 本文受以下基金资助：（1）国家自然科学基金面上项目经费，项目名称："一带一路"背景下南亚－东南亚重要历史城市研究，项目批准号：51978145，2020—2023；（2）中央高校基本科研业务费专项资金"江苏省普通高校研究生科研创新计划资助项目"，项目编号：KYLX16_0231；（3）国家留学基金委"国家建设高水平大学公派研究生项目"，资助编号：201706090024。

[2] 南亚的"历史早期"是一个考古学上的时间概念，关于其起始时间，各学者因考察角度不同定义略有出入。厄尔多西（Gorge Erdosy）在 *Urbanization in Early Historic India*（1988）中根据标志性器物的文化断代，将其定义为公元前1000年至公元300年；阿尔琴（Frank Raymond Allchin）在 *City and State Formation in Early Historic South Asia*（1989）中基于早期国家与城市的出现将其定义为公元前600年至公元250年；查克拉巴提（Dilip K. Chakrabarti）在 *India: An Archaeological History*（1999）中采取与阿尔琴类似的标准，将其定义为公元前600年至公元200/300年，也是如今学界普遍接受的分期。

[3] 文献 [1]：10.

一 历史早期恒河流域的城镇聚落与城镇原型

1. 历史早期恒河流域城镇聚落体系的发展

与印度河流域哈拉帕文明遗址较早也持续取得考古研究的重大进展相比，由于恒河流域地理范围广大，考古工作缺乏基础资料和资金投入，也因为很多古城遗址被当代城市占据，恒河流域考古工作的进展相对滞后。尽管从19世纪末20世纪初开始，以英国殖民时期印度考古协会（Archaeological Survey of India）的早期领导人康宁汉姆（Alexander Cunningham）和马歇尔（J. H. Marshall）为代表的考古学家陆续在恒河流域寻找和发掘了一些与佛陀生平有关的遗址，但其时的考古学研究始终以传统考古学分析建筑和器物层面的研究为主❶。直到20世纪50年代后，起源于西方的新史学和新考古学的浪潮推动了考古学理论范式的转型，带来了方法与技术的突破。其中包括20世纪60年代从北美兴起，后被普遍接受的新考古学流派，以宾福德（Lewis Binford）及其学生为代表，主张从其他学科中引进新的理论和方法，包括系统理论，人类学、地理学的理论和方法等[2]。在20世纪80年代兴起的新史学浪潮中，以《新剑桥印度史》为代表的新印度史学将传统的东方专制主义历史观解构和抛弃，提倡研究南亚历史研究最适当的方法是将其置于一种更广阔、变动和开放的历史地理的背景下[3]。至此，恒河流域历史早期的聚落考古和城镇化现象的研究才真正受到学界的广泛关注。其中，以查克拉巴提（Dilip K. Chakrabarti）和阿尔琴（Frank Raymond Allchin）在恒河流域上、中、下游的聚落调查，以及拉尔（M. Lal）在坎普尔地区，厄尔多西（George Erdosy）在阿拉哈巴德（Allahabad）地区的聚落研究成果最为突出[4-8]。

在《北印度聚落模式研究》中，拉塔·辛（Pushp Lata Singh）基于印度北部不同地区的文化特征和聚落模式进行聚落发展分期，代表了当前学界普遍接受的分期方式：（1）第一阶段，大约公元前600—前300年，大致相当于古印度十六国时期（也称战国时期）；（2）第二阶段，约公元前300—前50年，大致相当于统一古印度的孔雀王朝时期（公元前324—前185年）和巽加王朝时期（Sunga Dynasty，公元前185—前73年）；（3）第三阶段，约公元前50—300年，大致相当于贵霜帝国时期（Kushan Empire，公元55—425年）❷。厄尔多西在《城市化与历史悠久的恒河流域复杂社会的演变》中辩证地吸取了20世纪50年代以来关于早期文明形成理论的成果，建立了社会分层与早期国家行政管理体系复杂化的过程模型（图1）❸，并结合文献与考古数据解释了与行政管理体系对应的恒河流域历史早期聚落网络的形成过程。以上三个历史阶段中，在早期国家最初形成时期，社会上层阶级常通过利用宗教来合法化其统治地位，由王权与神论结合在一起，宗教仪式都在都城举行，此时并不需要建设更多的城镇，对应以上聚落发展的第一阶段。早期国家建立了贡品和劳役制度，剩余产品转化为奢侈品的生产和积累，作为体现权力地位的基础。接着，为确保可靠的奢侈品供应，对外的长距离贸易网络建立起来，对内的顺应贸易网管理需要的各级行政结构和多级聚落结构也建立起来，到孔雀王朝时期，世俗王权的管理机构已趋于完善，逐步代替了神权，对应以上第二阶段。到了第三阶段，恒河流域的聚落结构已经历了从三级到五级的发展，其中，一级城市聚落规模显著扩大。❹高赫尔（B. G. Gokhale）对巴利文写作的早期佛教文献进行统计分析，总共确定了1009个地名，其中有842个是指

126

建筑史

第
46
辑

❶早期考古发掘成果参考历年印度考古学会年报 Annual Report of the Archaeological Survey of India，来源：《南亚研究档案》（South Asian Archive），http://www.southasiaarchive.com。

❷文献［9］: viii.

❸文献［7］: 267.

❹文献［7］: 147–153.

图1 社会分层对行政管理体系复杂化作用过程的理论图示
（图片来源：文献［7］: 267）

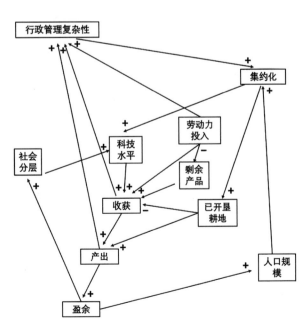

北部的五个大城市，而其余的则覆盖了76个不同类型与层级的次级聚落点，如城镇（nagara）、集镇（nigama）和村庄（gama）[10]。

历史早期城镇聚落发展与南亚次大陆海内外贸易路线的拓展以及佛教的传播密不可分。奈约特（Lahiri Nayanjot）在《印度贸易路线考古：截至公元前200年》中考证了北印度跨区域贸易路线（Uttarapatha）及沿途节点城镇的分布❺。孔雀王朝时期，该路线西北端通过塔克西拉（Taxila）连接着喀布尔（Kabul）通往中亚；中部串联着秣菟罗（Mathura）、憍赏弥（Kausambi）、舍卫城（Sravasti）、婆罗疤斯（Varanasi）、华氏城（Patliputra）和瞻波（Campa）等恒河流域的交通节点城市。从憍赏弥向北经过沙枳多城（Saketa）通往尼泊尔境内的迦毗罗卫城（Kaplivastu），从憍赏弥向南则通过塞缚悉底跋（Suktimati）到达毗底沙（Vidisa）后，一条分支通过邬阇衍那（Ujjayini）去往西海岸主要港口跋禄羯咕婆（Bharukaccha），另一分支经过帕坦（Paithan）去往南印度；该线路东端通往恒河下游的耽摩栗底港（Tamralipta），该港口沿海岸向南连接着奥里萨的港口西素帕勒格勒赫（Sisupalgarh）及睹舍离（Tosali）；向北经过班加尔（Bangarh）通向布拉马普特河流域的奔那伐弹那国（Pundra）和迦摩缕波国（Pragjyotisa）并与经缅北到达印度的"蜀身毒道"的西端相接。尼勒斯（Jason Neelis）在《早期佛教传播与贸易网络》中论证了历史早期次大陆贸易网络的扩展是与佛教形成与传播同时发生的过程，经济和文化交流的路径即佛教传播的路径❻。明确的贸易路线的出现将次大陆的遥远地区联系在一起，并催生了强大的新兴商人阶级。早期国家的君主制就是建立在新型军队和战争力量以及新兴商人阶级的明确需求之上的。佛教的教义因契合了君主和商人反对婆罗门专制的价值观和精神诉求，得到了他们的大力支持而迅速传播，到了公元2世纪，佛教已经遍及印度北部的大部分地区❼。商人与僧侣、佛寺与城市建立了互惠互利的关系，因此僧侣常与商人结伴同行，大型佛寺通常在城市中或者聚集在城市周边。随着经济发展与社会分层，也出现了更多城镇类型，如商业城镇（舍卫城）、行政中心城镇（王舍城）、部落酋头所在的统治中心城镇（迦毗罗卫城）、交通路线上的节点城镇（邬阇衍那）❽。其中，一些王权所在的一级城市兼具政治与商业功能，具有压倒性规模，对以下几个等级的聚落具有绝对控制权。

2. 历史早期的两种城镇原型

尽管历史早期的城镇类型已经非常丰富，杜特（B. B. Dutt）在《古印度城镇规划》中总结了多部古印度城镇规划文献，追根溯源归纳出了以下两种最具有印度本土空间特色的城镇原型❾。

（1）从城堡发展而来的城镇

Katakak，Nagarkot等印度城镇名字的后缀"katak"或"kot"含义为城堡，名称即表明了起源。在古代印度，出于安全防卫需要，每个族群的村庄几乎都建造了自己的围墙，每一个村庄都是一个自治政治单位，形成一种细胞式的单元。经历了相互武力征服后，几个村庄会联合成一个大联邦。国王是世袭的或是选举的，他将统治其他所有村庄联邦，定期收取它们的朝贡，派军队保卫它们的安全。为节约财政开支，国王一般会选择联邦中的一个核心村庄建皇宫，由此该村庄成为宫城，而其他村庄则成为都城的社区，城镇就是这样的细胞单元集合体。在该城镇发展扩张过程中，新城区相当于为旧城区增添社区细胞的"单元增殖"。根据麦加斯梯尼（Megasthenēs）描述的孔雀王朝都城华氏城就是这样一个聚集了多个村庄的组团❿。

（2）从寺庙发展而来城镇

梵语"Mandira"一词，相当于神社或寺庙，还有另外两种意义：房屋、城镇，印度文化中

❺ 文献［11］：241.

❻ 文献［12］：311-319.

❼ 文献［13］：65.

❽ 文献［14］：139-155.

❾ 文献［15］：18-43.

❿ 文献［16］：66-67.

寺庙和城镇本质上的关联可见一斑。以寺庙为核心发展起来的城镇，最初往往是因为有某个圣人常驻或集中了一些宗教圣迹而吸引前往学习或朝圣的人群前来定居形成的。出于信仰和仪式对洁净环境的要求，寺庙一般都会在靠近水源的地方选址，若非沿海或临河，则必须有大型天然湖泊或人工蓄水池，地理环境优越，适宜居住。随着人口的增加，以寺庙为核心的场所被层层包围，逐渐发展壮大成为村庄或城镇，新城区与旧城区形成"同心城圈"的空间模式。类似的城镇如玄奘曾游学过的著名佛教"大学城"那烂陀（Nalanda），又如公元1—5世纪作为佛教与耆那教教育中心的康吉普兰（Kanchipuram）。这样自发的城镇发展史至今依然在南亚一些宗教传统浓厚的地区重演。

若将杜特归纳的这两种城镇原型放在历史早期聚落发展历程中分析，可发现在第一阶段，在各种早期聚落中首先发展为城镇的多为城堡原型，是早期国家的政治经济的综合型城镇中心；在第二阶段，随着宗教的传播和商贸的发展，寺庙原型的城镇数量开始增多；第三阶段，城堡原型城镇成为占绝对优势的一级城市，也是历史早期城镇规划理念、制度与技术实践的集中载体，而大多数以寺庙为中心的城镇发展为聚落结构中的二三级城镇，两种原型也都分化出了更多种功能类型。这两种城镇原型理论也呼应了梅耶（Jeffrey F. Meyer）的"两种圣城"理论，他在《天安门的龙：北京圣城》中曾基于多个亚洲古代圣城的案例，对"宇宙圣城（cosmocized sacred city）"的形态特征进行了详尽的分析，推论出两种亚洲古代城镇形态的基本模式，即有规划的宇宙模式（planned cosmic）和无规划的本土模式（unplanned-local）❶。以下将对前者，即相当于从城堡发展起来的有规划的城镇进行详述。

二　历史早期"理想城"的空间形态

历史早期恒河流域城镇空间形态的形成，一方面受到规划理论的指导和制度的影响，另一方面也受到自然地理环境、社会历史背景和技术水平等因素的影响。

1. 历史早期的城镇规划理论与制度

印度城镇规划科学起源于雅利安人的吠陀祭祀系统，起初其理论夹杂在《吠陀经》及其衍生经典如《奥义书》《往事书》《罗摩衍那》《摩诃婆罗多》《摩奴法典》❷的宇宙论、古代哲学、战争、帝王和神明故事的描写中，后来也在考底利亚（Kautilya）的治国理论名篇《政事论》❸中得到了阐述。孔雀王朝之后的两三个世纪内，总结前人经验的科学技术专著《工艺科学》（Shilpa Shastra）成书于南印度，Shilpa是多种工艺的总称，Shastra意为设计科学。这些文献中流传至今的多达百部，包含由权威人士提出的或民间约定俗成的各种设计理论、原则和标准，其中《玛雅玛塔建筑科学》（Mayamata Vastu Shastra）和《玛纳萨拉建筑科学》（Manasara Vastu Vidya）是最完整的关于城镇规划和建筑设计的著作，前者偏重实践，后者发展了科学理论❹。除此以外，早期佛教经文中也有大量关于城市面貌与生活的描写。以上这些文本主要以梵文和泰米尔语撰写，阿查亚兹（P. K. Acharyaz）于1934年将《玛纳萨拉建筑科学》英译后，该文献得到广泛传播❺。之后多位学者如萨劳（K. T. S. Sarao）、杜特、贝基（P. V. Begde）等也对不同文献中与城镇规划相关的内容作了较为详尽的考证与对比研究[15][19-20]。但是，需要注意的是，首先，所有这些古文献都并非纯粹技术性论著，而是糅杂了宗教文化、社会规范与政治理念的综合体。根据《工艺科学》，在古印度，负责城镇规划实践的是出身婆罗门阶级的建筑大师（Sthapati）及其下属组成的规划管理机构❻。建筑大师同时也是国王的统治意志的执行者和重大宗教祭祀仪式的主持者，他必须在规划中贯彻神圣宇宙观，以利于国家治理。其次，大部分文献是由少数社会精英阶层主导的，传播的是一种上层阶级理想的生活方式和社会秩序❼。就连相

❶ 文献［17］：147.

❷《吠陀经》成书于公元前1200年左右，用比梵语更古老的语言吠梵语写成。主要包括四部吠陀经典：梨俱吠陀（赞颂明论，Rgveda）、娑摩吠陀（歌咏明论，Sāmaveda）、耶柔吠陀（祭祀明论，Yajurveda）、阿闼婆吠陀（禳灾明论，Atharvaveda），并产生了海量的衍生经典，包括108部《奥义书》和18部《往世书》。大多数学者认为，现存的往世书大多写成于公元前不久，最晚出的甚至可能在7—12世纪才定型。文中提到的《鱼往事书》（Matsya Purana）为《往事书》最早的18部中的一部，其现存版本成书于公元350—750年之间。《火神往事书》（Agni Purana）现存版本写于公元750—1000年之间。《罗摩衍那》和《摩诃婆罗多》的原型在公元前数世纪就已产生，到公元3—4世纪才全部形成。《摩奴法典》是在公元前200年到公元300年间形成的。参考：牛津在线词典（Oxford Dictionaries Online），https://www.lexico.com/definition/mahabharata；维基百科，https://en.wikipedia.org/wiki/Manusmriti。

❸《政事论》是作者考底利亚为孔雀王朝的阿育王所写的治国论著。但经学者乔特曼（Thomas R. Trautmann）和马贝特（I. W. Mabbett）考证其成书年代在公元2—4世纪之间。

对可靠的文献《政事论》也是从国家管理者的角度编写，也是描述理想情境而非实际情况的作品。因此，本文将这个时期历史文献中反映的城镇规划理念称为"理想城"的规划理念，并将考古学与实地勘察所得的实际情况与之进行了对比检验。

2. "理想城"的空间形态

（1）宗教信仰与政治理念的平面化

在吠陀哲学中，城镇和村庄被视为一个小规模的宇宙，重视方位和形状，赋予它们以不同的含义，是古印度城镇规划理念的重要特征。根据《工艺科学》第七章，都城应在王国的中心选址，最理想的城镇规划布局通常基于一种被称为帕达文雅萨（Padavinyasa）的规划方式。它包括了32种抽象的曼陀罗平面，对应32种场地划分模式，每一种曼陀罗都被分为多个小地块，即基本模数单位帕达（pada），每个帕达对应一个神明的排位；帕达的数量对应于平面类型序列号的平方，比如常用于都城的第8种曼陀罗曼杜卡（Manduka）和第9种帕拉马萨伊卡（Paramasayika），分别被分为64个和81个帕达（图2、图3）。一个或几个帕达对应一类种姓或职业的一个社区，享有自治权[8]。据《玛雅玛塔建筑科学》，一般来说，方形或矩形城镇的四个主城门位于四边的中间。东门是绕行仪式的起点，献给太阳神、宇宙创造者梵天（Brahma）；南门象征着中午的太阳，是献给白天统治穹苍的帝释天（Indra）；西门献给夕阳，或者是阎罗王（Yama）的；北门则献给战神（Kartikeya）[9]，因此大多数印度城镇和寺庙把东门作为主入口。除此之外，在城墙的四角一般还有四个角门，分别对应另外四方神灵。

在都城的功能布局方面，不同规划技术典籍所记载的具体方法有所不同。一种是以《玛雅玛塔建筑学》和《火神往世书》等带有宗教色彩的民间技术典籍为代表的，将城镇由核心到外围以街道划分为三到四个环区，功能排布等级从中心向外围递减，城镇最内圈围绕主神庙分布宫殿建筑，中城圈布置行政官署，外城圈布置市民住区和市场。布野修司在《亚洲城市建筑史》中将这种空间布局称为以"中央神域"为核心的"同心城圈"理念形态，在这种空间布局中，王权从属于教权[10]。另一种是以《政事论》和《苏卡拉尼蒂萨拉》（Sukranitisara）等带有政治色彩的涉及城镇规划的政论类文献为代表，在"同心城圈"基础上规划棋盘式街道，按方位优劣和街道等级排布各功能区域，皇宫位于中心偏北，形成与中心神庙并列的布局，王权与神权并

❹根据麦吉尔大学图书馆《玛纳萨拉建筑理论》（The Architectural Theory of the Mānasāra），印度本土学者主流观点认为建筑科学在公元1世纪之前就已作为一个专门的科学领域存在了，但是该专著成书在公元6—7世纪。参考：智慧图书馆（Wisdom Library），https://www.wisdomlib.org/definition/manasara。

❺文献［18］，卷1.

❻文献［20］：8.

❼文献［7］：5.

❽文献［15］：142–148.

❾文献［20］：10–11.

❿文献［21］：199.

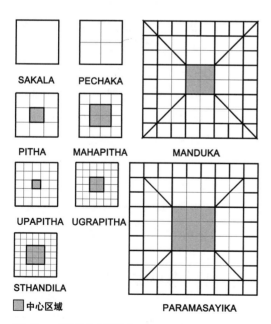

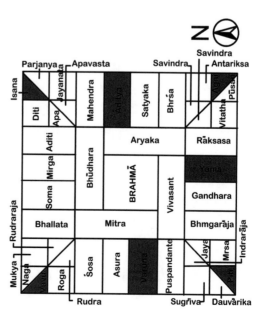

图2 第1～9种帕达文雅萨平面（图片来源：作者根据文献［15］绘制）

图3 曼杜卡曼陀罗，阴影处为八大守护神的领域
（图片来源：文献［23］：197）

图4 根据《政事论》绘制的王城复原图（图片来源：文献［21］：199）

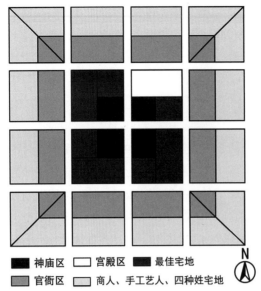

神庙区 ■

官衙区 ▨

宫殿区 □

商人、手工艺人、四种姓宅地 ▨

最佳宅地 ■

N ↓

❶ 根据吠陀传说，《苏卡拉尼蒂萨拉》是由苏克拉查亚（Sukracharyya）所著的古印度国家与社会治理类典籍（nitisastra）的一部分，用梵语写成，推测其成书年代可能在13世纪，现存版本是19世纪的作者所写。参考：印度百科（Hindupedia），http://www.hindupedia.com。

❷ 文献［15］：121-122.

❸ 文献［15］：338-339.

❹ 文献［24］：198-199.

❺ 在《玛雅玛塔建筑科学》的第4章和《鱼往世书》的第227章都提到了一种挖深坑再将土回填的方法来判断土地的品质并进行分级。根据《工艺科学》，北方是象征光明的方位，而南方是死神所在的方位。地面坡度应向东和向北倾斜，同时禁止在山脉的西部建设城镇。

置的布局（图4）。前一类文献起源于公元前的吠陀经典，后一类则起源于统一国家时期，体现了都城空间形态随着王权加强而发生的改变❶。除了这两种主流规划思想的布局之外，也存在其他特殊理念，比如《鱼往世书》中就有建议皇宫、市政厅、法院和主神庙分别安置在四条交通干道的尽端，以实现权力空间的分散与制衡的布局方案。可以理解为早期国家探索政治治理模式的尝试在都城空间规划上的反映。

（2）社会等级制度的立体化

以种姓制度为基础的社会等级制度也体现在城镇街道和建筑的规模上。《工艺科学》将城镇街道根据通行主体的社会地位分为多个宽度等级。高种姓居住于主干道旁，低种姓则被安排到次要道路沿线❷。建筑高度上，皇宫可以建11层高，婆罗门的建筑物为9层，藩国首领的建筑高7层，大臣的建筑高5层，刹帝利和士兵阶级的建筑高4层，而首陀罗的房屋高1～3层。房屋的基本组织形式是院落，相邻房屋的防火墙之间以一条狭窄的小巷相隔。《工艺科学》规定婆罗门的房屋应该建成四合院（chatursala），刹帝利的房屋是三合院（trisala）；吠舍的房屋是双排房（房屋位于地块两侧），而首陀罗的房屋应该是单间房屋（ekasala）。因此，整个城镇在建筑高度上呈现出由中心城圈向外围降低的金字塔形态势，建筑肌理则呈现出由中心规整大体块向边缘细碎小体块过渡的形态，又因各阶级圈层内部建筑的高度和体量可有一定自由变化的空间，使得城镇建筑的三维方向在统一中呈现出多样化。这种空间等级现象在比塔（Bhita）、吠舍离（Vaisali）、王舍城（Rajagrha）、钱德拉瓦利（Chandravalli）和西素帕勒格勒赫等多个古城的考古发掘中都得到了证实❸。

（3）集体生活的空间结点化

皇宫和庙宇无疑是城镇中最重要的中心节点，多为与大型蓄水池结合的院落建筑组群。与皇宫禁地不同，寺庙对所有人开放。对于古印度人，寺庙作为城市公共空间的重要性不必赘言，宗教信仰不仅能够从规划理念层面影响城镇空间布局，其具体的仪式活动也赋予了许多的城镇公共空间以特殊的个性，比如贝纳勒斯（Baranasi或Kashi，今称varanasi）沿着恒河西岸的众多大阶梯浴场，正是由朝圣人群的仪式活动塑造而成的景观［22］。除寺庙以外，文献中描述较多的公共空间还包括：公共议事大厅、集会柱亭、树下议事处、剧院和市场等。水源所在地也是重要的公共空间，包括蓄水池、水井、水棚等。此外，城内还有各种公园。这些公共空间多布置在道路交叉口和街头巷尾，以空间节点的方式打开了等级森严的城镇总体结构。比如，考古发现古城比塔有一座孔雀王朝时期的商人行会建筑；而建于公元2—3世纪的毘加雅布里（Vijayapuri）则拥有一座集会柱厅和两个大浴场。❹尽管种姓制度导致了阶级隔离，但公共空间加强了集体生活的纽带，又在一定程度上遏制了社会分裂，使得古印度社会达到一种微妙的平衡与稳定。

三 历史早期恒河流域城镇空间形态的影响因素

以上多部古印度文献都记载了在城镇规划前开展场地考察、土壤检测和确定方位的技术方法❺。选择了宜居的场地之后，规划师还要主持一系列仪式，并借助日晷和星象来确定方位，以此来决定城内各功能区域最为吉祥的位置。但实际上，恒河流域经过考古发掘的早期历史城镇在平面布局上几乎没有找到与文献描述的"理想城"完全一致的案例，只有西素帕勒格勒赫城是正方形的轮廓，也只有古城比塔具备比较符合《政事论》的棋盘式街道。造成理论和实践差距的原因可能有两个，一是古印度文献资料经常出现标准化、夸张、粗略的描述，二是后世作者根据自己生活的时代想象出来的早期城市生活。结合考古数据，归纳出影响城镇实际空间形态的因素主要有以下几点。

1. 自然地理因素

尽管恒河流域地形多样，包括了上游的山区和下游的入海口的冲积扇，但最适宜生产和居住的区域还是以平原为主的中部流域❻。根据拉塔·辛对北印度聚落模式的研究，从大约公元前600年到公元300年左右的恒河流域，灌溉的一般模式是相同的——即使用陶环井、蓄水池和运河。在印度北部，陶环井在公元前300年之前还不是很普遍，但是在历史早期成为印度北部聚落的一个共同特征。考古发现最早的运河建于公元前2世纪左右（阿育王时期），而大多数蓄水池是在公元后两个世纪（贵霜帝国时期）建造的。这个时期人口的增加并没有显著改变农业社会的灌溉系统，因此可以推断出历史早期恒河流域的古代自然环境较为稳定，为其城镇发展提供了良好的基础。❼在气候上，历史早期恒河中部平原分别在西部相对干燥的上恒河平原和东部潮湿的下恒河平原之间形成比较温和的过渡区域，自然环境的优势使得这个区域成为恒河流域城镇的发源地和繁荣地。与水源关系密切是该地区城镇的重要特征，一方面是出于宗教信仰对水的重视，另一方面也是受自然环境影响。根据《女神薄伽梵往世书》："水堡和山堡最适合保卫人口稠密的城市。"而在重视灌溉的恒河平原，山脉较少，沿海、沿河、靠近湖泊的位置成为城镇选址的首选，又因印度教理念以东方为尊，恒河平原的大多数古城都位于河的右岸。关于城墙的轮廓形态，杜特在《古印度城镇规划》中总结了各类古文献的观点，发现大多数文献认同正方形和位于河湾的半月形，对长方形、圆形和椭圆形城镇存在争议，而三角形、八角形和扇形则几乎一致被认为是应该避免的。但在实践中，受地形制约，各种形状都有采用，顺应河流与山脉形状的轮廓很常见（图5）。

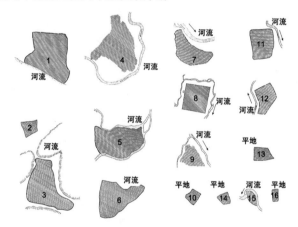

1. 憍赏弥　2. 王舍城新城　3. 王舍城老城　4. 牟禄勒那　5. 毗底沙　6. 阿蓝车多罗　7. 舍卫城　8. 西素帕勒格勒赫　9. 曲女城　10. 比塔　11. 奔那伐弹那　12. 邬阇衍那　13. 巴利拉加尔　14. 南丹格尔　15. 艾里基耶　16. 呋舍离

图5 恒河流域历史早期部分城镇遗址轮廓图
（图片来源：文献［23］：52-53）

2. 社会历史因素

公元前600—300年的恒河平原经历了"战国时期"早期寡头部落国之间的频繁征伐吞并、孔雀王朝的建立及其后外族入侵建立贵霜帝国的政治动荡，长期紧张的军事局势决定了历史早期恒河平原城镇的突出特征是其强大的防御工事，包括夯土高台，护城河，城墙与城门等。城墙建设非常普遍，在战乱较多的印度西北，即使是一座寺庙也有自己的围墙。但城墙并不是区分村庄与城镇的标准，而是否拥有城堡才是。考底利亚在《政事论》中论述了城堡的建设原则，"800个村庄的中心应该设置一个'sthaniya'（城堡名），四百个村庄的中心应设置一个'dronamukha'，两百个村庄的中心应设置一个'kharvati'，十个村庄的中心应设置一个'sangrahana'。"由于城乡规划使用同一套体系，历史早期城乡的概念是流动的、可逆的，一旦从乡村发展起来的城镇因战争陷落，则很有可能再次衰退为乡村。这些不断在城乡间转换的早期城镇，其本质与大型村庄差别不大，并不能与后来中世纪的宏伟城镇相提并论。对于城镇规模，不同文献给出的分类分级方法不同，《玛纳萨拉建筑科学》将城镇规模在0.5～16.73平方公里之间分为多个等级。核对考古数据，除了25.5平方公里的孔雀王朝都城华氏城之外，大多数历史早期城镇遗址属于《玛纳萨拉建筑科学》规定的范围。这与同时期中国早期城址动辄二三十平方公里的规模相差甚远（表1）[1]。根据历史早期的社会历史背景，推测都城规模较小的原因有二：（1）因战争频繁，出于规避被反攻暗算的可能，胜利者通常会另建新都，而小规模城镇更容易建设。一些长期作为都城的区域内常有多个城址并置和迁都的现象，如恒叉始罗（Taxila）遗址区域内三个城址的并置，后来甚至有德里的七个城址并置。（2）与佛教不同，婆罗门教视城市为混乱堕落之地，认为乡村生活才是高尚纯洁的，并不提倡高种姓的婆罗门居住在城市。《工艺科学》中也体现了古印度社会严格的种姓制度，规定了城内一般以居住统治阶级及其服务人员为主，农民们居住在城镇最外围，农田在城外，每天出城耕作。因此真正居住在城镇里的人是少数，城镇规模不大。

● 文献［23］: 49.

表1　恒河流域部分早期历史城镇规模（表格来源：作者根据文献［23］: 49整理）

城镇古代名称（梵语名）	城镇现代名称（当代名）	规模（单位：平方公里）
华氏城（Patliputra）	巴特那（Patna）	25.2
憍赏弥（Kausambi）	憍赏弥（Kosam）	2.29
牢禄勒那（Srughna）	苏赫（Sugh）	1.97
王舍城老城（Rajagrha）	王舍城老城（Rajgir）	1.87
毗底沙（Vidisa）	贝斯那噶（Besnagar）	1.72
阿蓝车多罗（Ahicchatra）	拉姆讷格尔（Ramnagar）	1.52
拘萨罗国都城，舍卫城（Sravasti）	马赫特（Maheth）	1.45
奔那伐弹那（Pundravardhana）	莫霍斯坦戈尔（Mahasthangarh）	1.37
羯陵伽国都城（Kalinganagara）	西素帕勒格勒赫（Sisupalgarh）	1.36
邬阇衍那（Ujjayini）	乌贾因（Ujjain）	0.875
曲女城（Kanyakubja）	卡瑙季（Kanauj）	0.69
？	巴利拉加尔（Balirajgarh）	0.45
维车（Vichi）	比塔（Bhita）	0.26
王舍城新城（Rajagrha）	王舍城新城（Rajgir）	0.25
？	南丹格尔（Nandangarh）	0.20
艾里基那（Airikina）	鄂兰（Eran）	0.18
吠舍离（Vaisali）	巴萨尔（Basarh）	0.14

注：
（1）古地名译文参照：玄奘，辩机著. 季羡林校注. 大唐西域记校注［M］. 北京：中华书局，1985.
（2）当代地名译文为常用音译。

3. 技术因素

历史早期恒河流域城镇规划建设的技术水平突出体现在其防御工事和给水排水系统的设计和建造上。在恒河流域，烧砖用于城镇建设的时间远早于古代中国。在公元前600年左右的恒河流域，木骨泥墙的建筑结构逐渐开始消失，晒干土坯砖在公元前600—前300年左右已大量使用，随后铁工具广泛引入农业生产，技术领域的重大进步直接导致了大型纪念性建筑的首次出现，到公元前300—前50年左右，烧砖已普遍用于城墙的砌筑。憍赏弥、邬阇衍那、占城（Campa）、阿蓝车多罗和王舍城的烧砖城墙都建于这个时期。根据《政事论》，砖砌城墙上有兵道和马面，还会配备塔楼、炮台，建造瓮城，公元前300年左右访问印度的希腊人麦加斯梯尼记载华氏城的城墙配备了570个塔楼和64个大门。城门城墙等防御工事的建设技术在西素帕勒格勒赫城址的考古发掘中得到了证实（图6、图7）。有些城镇还将烧砖用于砌筑护城河及排水沟，比如哈斯丁纳普尔（Hastinapur）和憍赏弥。护城河的防御性一般和城市的整体规模相称，从一条到多条不等，华氏城就建造了三重护城河，而憍赏弥的单条护城河宽达145米。护城河还常与排水沟以及河流相连组成城镇给水排水系统，配有隐藏的机械水闸来调节水流和水深。为防御外敌，在紧急情况下可以打开闸门放水淹没整个城镇和周围的土地。❸

❷ 文献［24］: 187, 194.

❸ 文献［23］: 18.

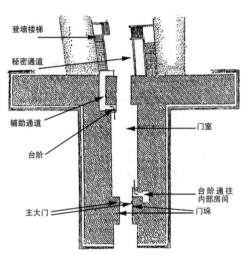

图6 西素帕勒格勒赫西城门平面图（图片来源: 文献［23］: 1–5）

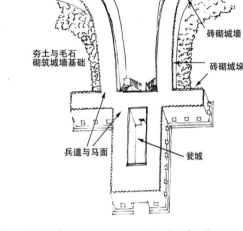

图7 西素帕勒格勒赫西城基于《政事论》描述的复原想象模型（图片来源: 文献［23］: 1–5）

四 结语

历史早期印度恒河流域已广泛参与了东西方的国际贸易，发展出了较为复杂的城镇网络体系，出现了具备多种功能的城镇类型。这个时期城镇规划理论、技术与方法已初步形成，其本质是一套权力结构、种姓制度和宗教信仰的空间表达体系，有着清晰的逻辑和结构。其中主流的理论结合了古印度宇宙观和科学技术形成了一套城乡通用的规划思想和原则，体现了严格的社会等级制度，也体现出集体生活的理念，对早期历史时期城镇空间形态的形成起到了非常重要的指导意义。经过对比文献与考古数据，可以发现印度历史早期的城镇规划与筑城技术水平已达到一定高度，因此推测其城镇规模较小的原因并非技术落后，而是受到社会历史进程中政治军事形势的影响；其实际城镇形态大多与"理想城"不符也并非因为当时的政府和规划师不具备规划建设高水平城镇的能力，而是在其宗教理念和自然观影响下，城镇规划建设的主动或被动顺应了自身所处的自然地理环境。印度的传统父权社会制度和种姓行业协会保证了这些城市规划与建筑技术的代代相传。至今南印度的建筑工匠们依然保存着相关技术手稿，并且非常熟悉其中使用的原则和术语，因此直到工业革命的影响波及之前，传统的规划理念还是贯穿在城镇的改扩建中，在如今印度恒河平原的一些老城区依然能够辨别传统城镇的空间布局，留给了后人一批承载印度传统文化的历史城镇和丰厚的建筑遗产。

参考文献

[1] SHARMA R S. **Urbanism in Early Historic India**//Indu Banga. **The City in Indian History** [M]. New Delhi: Manohar Publishers&Distributors, 2005.

[2] 弗雷德·T·普洛格著，陈虹译. **考古学研究中的系统论** [J]. 南方文物，2006（4）：84-92.

[3] 王立新. **从历史文明到历史空间：新印度史学的历史地理学转向** [J]. 世界历史，2017（4）：123-140+160.

[4] CHAKRABARTI D K. **Archaeological Geography of the Ganga Plain: The Lower and the Middle Ganga** [M]. Orient Blackswan, 2001.

[5] CHAKRABARTI D K. **India: An Archaeological History** [M]. Delhi: Oxford University Press, 1999.

[6] LAL M. **Settlement History and the Rise of Civilization in the Ganga-Yamuna Doab From 1500 BC to 300 AD** [M]. Delhi: 1984

[7] ERDOSY G. **Urbanisation and the Evolution of Complex Societies in the Early Historic Ganges Valley** [D]. University of Cambridge, 1985.

[8] ALLCHIN F R, ERDOSY G. **The Archaeology of Early Historic South Asia: the Emergence of Cities and States** [M]. Cambridge University Press, 1995.

[9] SINGH P L. **Settlement Pattern in Northern India (Circa 600 B.C.–Circa A.D.300)** [M]. Delhi: Agam Kala Prakashan, 2005.

[10] GOKHALE B G. **Early Buddhism and the Urban Revolution** [J]. Journal of the International Association of Buddhist Studies, 1982: 7-22.

[11] NAYANJOT L. **The Archaeology of Indian Trade Routes (up to c. 200 BC): Resource Use** [J]. Resource Access and Lines of Communication (Delhi, 1992), 1999: 109.

[12] NEELIS J. **Early Buddhist Transmission and Trade Networks** [M]. Leiden & Boston: Brill, 2011.

[13] RAY H P. **Archaeology and Buddhism in South Asia** [M]. London&New York: Routledge, 2018.

[14] 王锡惠. **印度早期城市发展初探** [D]. 南京：南京工业大学，2015.

[15] DUTT B B. **Town Planning in Ancient India** [M]. Gyan Publishing House, 2009.

[16] MCCRINDLE J W. **Ancient India as Described by Megasthenes and Arrian** [M]. Calcutta: Thacker, Spink, 1877.

[17] MEYER J F. **The Dragons of Tiananmen: Beijing as a Sacred City** [M]. SC: University of South Carolina Press, 1991.

[18] ACHARYA P K. **Manasara Series (Vol. I–V)** [M]. London: Oxford University Press, 1934.

[19] SARAO K T S. **Urban Centres and Urbanisation as Reflected in the Pali Vinaya and Sutta Pitakas** [D]. University of Cambridge, 1989.

[20] BEGDE P V. **Ancient and Mediaeval Town-planning in India** [M]. New Delhi: Sagar Publications, 1978.

[21] （日）布野修司主编，胡惠琴，沈瑶译. **亚洲城市建筑史** [M]. 北京：中国建筑工业出版社，2006.

[22] SINGH R P B. **Water Symbolism and Sacred Landscape in Hinduism: A Study of Benares (Vārāṇasī)** [J]. Erdkunde, 1994(48): 210-227.

[23] SCHLINGLOFF D. **Fortified Cities of Ancient India: A Comparative Study** [M]. London&New York: Anthem Press, 2014.

[24] CHAKRABARTI D K. **The Archaeology of Ancient Indian Cities** [M]. Delhi: Oxford University Press, 1995.

杭州西湖虎跑名胜景观形成史考

（唐—清中叶）[1]

叶丹　张敏霞　陈汪丹　鲍沁星

（叶丹，张敏霞，鲍沁星，浙江农林大学；陈汪丹，北京林业大学）

摘要：杭州虎跑是西湖文化景观遗产重要组成部分，以泉闻名，其泉有"天下第三泉"的美誉，与龙井茶并称"杭州二绝"。然与其重要性相比，对虎跑名胜景观形成的历史机制缺乏清晰认识。故本文以古籍库计算机检索平台为基础，结合披露的新史料，探讨虎跑名胜景观形成的历史脉络。研究认为，虎跑名胜从"自然林泉"发展为"人居园林"，文脉流传、禅林经营、泉茶清趣、帝王品第四个因素依次在景观演进的不同历史时期起到了关键作用。本文剖析虎跑名胜景观在"自然人化"过程中的复杂成因，以期为进一步认识我国江南近郊名胜生成、发展、演变的机制提供个案支撑。

关键词：风景园林，虎跑，杭州西湖，名胜

❶基金项目：国家自然科学基金"杭州西湖山林文化景观遗产综合研究——以灵隐飞来峰为例"（编号31770754）；教育部人文社会科学研究青年基金项目（项目批准号：17YJC760117）。

Historical Evolution of Landscape of Hupao Scenic Spot by the West Lake (From Tang Dynasty to the Middle of the Qing Dynasty)

YE Dan, ZHANG Minxia, CHEN Wangdan, BAO Qinxing

Abstract: Hangzhou Hupao scenic spot is part of West Lake cultural landscape heritage. It is famous for the spring which has the reputation of "The Third Spring of the World", and the combo of Hupao Spring and Longjing Tea are called "Hangzhou Double Treasure". However, compared with its importance, research on the historical landscape evolution of Hupao scenic spot is limited. Therefore, the author discussed this based on the Chinese Local Records and Chinese Classics and other online databases, combining with new ancient documents. The article showed that there are four main factors which successively played key roles in Hupao landscape evolution, from "nature" to "living environment": cultural continuity, temple construction, pleasure on tea and spring, and emperors' visits. Through an analysis of the historical landscape evolution of the Hupao Scenic Spot, the research purpose aims to discuss relative factors in its landscape development of "nature" to "living nature", which could provide a case study about the understanding of the development and evolution mechanism of Chinese traditional scenic spots.

Key words: landscape architecture; Hupao Park; the West Lake; scenic spot

一　引言

　　我国城市近郊名胜经历悠久而复杂的形成过程，其中包含了丰富的传统园林营造智慧，在造园史上研究价值较高。自潘谷西先生在《江南理景艺术》之"邑郊理景"篇章开创关于江南近郊名胜的研究之后，不少学者认为名胜与当代风景园林具有相似的公共属性，对其全面深刻的认识有助于传统园林研究边界的拓宽以及传统园林艺术的传承，然而当下名胜的研究仍在起步阶段，尤其在近郊名胜这一类型上相当不足[1]。基于此，本文选定杭州虎跑名胜（下文简称"虎跑"）为研究对象，补充探讨此话题。

　　虎跑位于杭州西湖风景名胜区西南处，是西湖文化景观遗产重要组成部分。其依存于西湖

❶ 文献［2］: 285.

❷（明）陈珂. 重修大慈山虎跑定慧禅寺记//文献［3］: 109.

❸ 文献［4］: 216.

❹（明）史鉴. 游虎跑泉记//文献［3］: 110.

❺ 虎跑寺又称定慧寺、祖塔院、虎跑（禅）寺等，为方便阅读，本文统称为"定慧寺"，其命名沿革详见文献［8］。

❻ 文献［3］: 105.

❼（明）史鉴. 西村十记//文献［7］: 479.

❽ 文献［3］: 71.

❾ 释常仁纂辑增补的《杭州大慈山虎跑泉定慧寺志》收录于文献［3］。

❿ 经过梳理，虎跑相关志书共有五本。除上文已提及的三本外，另有民国9年（1920年）由释安仁主持编纂的《湖隐禅院纪事》和民国27年（1938年）由上海集云轩编辑的《济师塔院志》，但由于此二志内容主要针对虎跑清中叶后至民国期间虎跑的兴建内容，因此本文并不过多涉及。另有清康熙三十一年（1692年）由释法深本然辑撰的《虎跑定慧寺志》四卷（又称《旧志》），然虽有著录，刊本未见，相传毁于清咸丰之乱。

⓫ 文献［13］: 47.

⓬ 文献［14］: 75.

⓭ 文献［3］: 69.

⓮（明）释大壑. 净慈寺志//文献［5］: 72.

⓯ 文献［3］: 97.

⓰ 文献［16］: 1364.

⓱（明）田汝成辑撰. 西湖游览志//文献［17］: 57.

又相对独立，如果把西湖看作一个大园林，虎跑则是其中山林区域具有点睛之效的园中园。两者相得益彰，西湖给予虎跑幽深林泉和人文氛围，虎跑丰富了西湖名胜的景观多样性和文化内涵，使之既有江湖舟楫之乐，又兼林泉游观之趣。具体而言，虎跑名胜由山林、泉溪和寺观组成：周围山势三面环拥❶，西湖与钱塘江如其外抱之两腋❷，虎跑藏于西湖大慈山山脉中，地势被两晋风水家郭璞赞为"地宅之奇"❸，林壑幽深、古木交天❹；虎跑泉水受到山势条件、地质构造和地下断层等要素影响而天然形成[5, 6]，源源不断、口感甘甜，其名源自唐"寰中卓锡、二虎跑泉"的传说，百年来才人逸士竞相题咏，明时与龙井茶并称"杭州二绝"，清时受乾隆品评，定为"天下第三泉"；虎跑寺❺始建于唐元和年间，香火延续至今，数度成为西湖名刹，"可与灵隐三竺甲乙"❻，民间亦有"虎跑清气、灵隐秀气、净慈市气"的说法❼。

然而，较之虎跑独特的山水区位、丰富的林泉资源和深厚的文化积淀，当代对虎跑名胜的认知存在碎片化问题，其景观形成的发展脉络尚不清晰。目前仅有虎跑寺庙的历史沿革梳理[8]和虎跑单体建筑观音殿重建考证[9, 10]的研究，缺乏其景观历史沿革的专门探讨。原因之一是虎跑林泉景观历史实物遗存较少，古籍史料散佚情况严重。民国虎跑志书中曾有评论，"元明以上，规制无传。辛酉乱后，所闻于前辈者，今已十遗四五"❽，可见研究难度较大。过往研究多以清光绪二十六年（1900年）由丁丙搜访残本、释圣光品照续修的《虎跑定慧寺志》（现仅存三卷）[11]和民国10年（1921年）由虎跑佛祖藏殿纂志处编纂的《虎跑佛祖藏殿志》[12]为主要材料，本文在此基础上披露新史料，其中以民国7年（1918年）释常仁纂辑增补的《杭州大慈山虎跑泉定慧寺志》❾最为重要❿，并借助古籍库计算机检索平台，试图深入分析虎跑名胜的历史发展脉络，以期挖掘其景观形成过程中生成、发展、演变的机制，进一步补充对江南近郊名胜的学术探讨。

二　唐至北宋：文脉流传

唐宋是虎跑文脉发源的关键阶段，唐元和年间寰中建寺⓫，宋熙宁年间东坡游历⓬、寺僧立经幢⓭，南宋嘉定年间济公归葬⓮……这些典故经后世不断咏诵、流传，成为虎跑人文底蕴的坚实基础。"南岳童子留胚胎，东坡先生贻琼瑰"⓯，文脉在虎跑名胜景观"自然人化"的演变过程中起到了先导作用。

1. 虎跑传说，世代相传

"寰中卓锡、二虎跑泉"的传说开创了虎跑名胜的文脉之源。记载最早可见南宋《咸淳临安志》，"旧传性空禅师尝居大慈山无水，忽有神人告之曰，明日当有水矣。是夜，二虎跑地作穴，泉涌出，因名"⓰，大意为虎跑泉是由二虎跑地而得，用以支援寰中建寺。此传说流传广泛，后世认为这是虎跑泉的由来，虎跑也因此得名⓱。

传说具有强烈的佛教色彩，历代寺僧多因感慕寰中建寺大德而来此拜谒，并结茅于虎跑、薪火相传、兴盛寺庙⓲。这一典故的流传，也承载了古人对佛缘灵迹现世的期待与赞美，自宋苏轼"故知此老如此泉"⓳至清乾隆"南岳童子遣二虎"⓴，文人墨客以引典入诗为乐，同样推进了虎跑名胜的发展。

2. 林泉安心，苏诗传唱

至宋，苏轼诗文成为虎跑名胜文脉发展的点睛之笔。后世评论"盖缁流灵迹往往相同，而杭州定慧寺之虎跑泉独著，岂非以东坡先生之诗乎"㉑。北宋熙宁时期，苏轼到此地休养，曾作诗《病中游祖塔院》《虎跑泉》两首。诗词记录了其自在心安的游览体验："紫李黄瓜村路香，乌纱白葛道衣凉。闭门野寺松阴转，欹枕风轩客梦长。因病得闲殊不恶，安心是药更无方。道人不惜阶前水，借与匏樽自在尝。"诗文以"香"、"凉"两字为韵脚，描绘了定慧寺外果蔬缤纷、寺内环境清凉，诗人在松阴下安然入梦，享受在此地委运任化、安闲自适的心境。苏轼曾任杭州地方官，对西湖水利、山水格局建设有重要贡献[19]。和诸多他曾到访、作诗过的风景佳境一样，虎跑在历史进程中因为他得到了进一步保护和营建[20]。

更重要的是，苏轼诗歌在之后的数百年间，被不断咏诵、传唱，引导了后人游赏过程中的风景欣赏。通过检索发现，后世诗人游至虎跑，也多以苏韵[23]的"香"和"凉"为主题进行创作，如苏辙《次子瞻病中游虎跑泉僧舍韵》"扫地开门松桧香，僧家长夏亦清凉"[24]和释来复《访幻也禅师于虎跑寺，和东坡韵》"金沙泉涌雪涛香，酒作醍醐大地凉"[25]。笔者共收集《虎跑定慧寺志》和《杭州大慈山虎跑泉定慧寺志》内诗歌361首（剔除各版本古籍中重复部分），这类"次苏韵"、"和苏韵"的唱和诗文，数目达120首，约占虎跑诗文总数的33.2%，可见唱和是虎跑诗文中较为普遍的文学现象。后人在咏诵前人诗文的过程中产生了情感与审美层面上的共鸣[21]，因而持续与环境互动、创作新的文学作品，进一步丰富了虎跑的文脉积淀。

3. 境静幽凉，隐逸发展

"幽凉"一直是虎跑环境的重要特点。自苏轼诗文后，历代诗人对虎跑清凉环境的描述层出不穷，且多集中于讨论其源源泉水、茂密树林和宜人的山林小气候，其中也不乏"先一日避暑虎跑"[26]、"亭内无暑到，亭外疑火煎"[27]、"归途蹋烦暑，眼目生清凉"[28]等文字，可见虎跑是古人避暑纳凉、寄情山水之所。"境静惬幽寻"[29]，宋时西湖佛刹众多[30]，相比当时灵隐、净慈诸寺庙香火旺盛，虎跑则是藏于大慈山深处[31]的隐幽之所（图1），山谷外三两农家、几亩水田，人烟稀少，可听夜雨蛙声、风涌潮鸣[32]，寺观中生活朴素，仅畦地栽药、深山结茅、筒泉烹米而已[33]。虎跑"路转平湖景最幽"[34]的地理区位，"山北山南处处凉"的林泉环境，以及"禅林寂寂通仙界"[35]的佛教氛围，催生出虎跑隐逸文化。隐逸的园林文化特点也在其百余年的演进过程中不断融入新的时代典故，如元代黄公望羽化登仙的传说[36]，明代灵泉涌沸、疑有神物的联想[37]，以及清代林泉品茶胜似坡仙的赞美[38]。

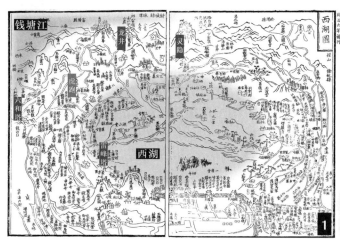

图1 虎跑区位图（图片来源：笔者改绘自古籍舆图）[39]

三 宋至明：禅林经营

山地园林囿于建设、维护成本高昂等因素，经营难度较高[40]。虎跑寺香火得以传承百年，主要依靠历代主持弘扬佛教。他们身先士卒，带领僧俗捐衣购地、剪荆棘、修殿宇，为世人之表

[18] 文献[2]：285.

[19] 文献[14]：75.

[20] 文献[11]：9.

[21] 文献[18]：卷3.

[22] 文献[14]：75.

[23] 苏诗诗歌原作的韵脚被称为苏韵，其特点主要表现为诗歌首句前后半句的结尾字分别为"香"和"凉"。

[24] 文献[11]：31.

[25] 文献[11]：19.

[26] 文献[3]：146.

[27] 文献[11]：23.

[28] 文献[11]：32.

[29] 文献[11]：25.

[30]（宋）郭祥正. 青山集//文献[22]：95.

[31]（宋）释契嵩. 游大慈山书画上人壁//文献[23]：216.

[32]（宋）释先觉. 题大慈坞祖塔院//文献[24]：2202.

[33]（宋）董嗣杲《虎跑仙迹》提到"畦地时载药，深山独结茅"，来自文献[3]：144；（宋）范成大《独游虎跑泉小庵》提到"筒泉蒸御米，聊共老僧倾"，来自文献[25]，卷3.

[34]（元）月鲁不花. 夜宿大慈山次金左丞韵//文献[26]

[35] 文献[11]：37.

[36] 文献[27]：20.

[37]（明）杨复. 杭州大慈山虎跑泉记//文献[3]

[38] 文献[11]：37.

[39] 1底图来自文献[16]，卷38；2《钱塘县境图》来自文献[28]，卷42；3《御游西湖行程图》来自文献[29]，137.

[40] 文献[30]：181-198.

❶（明）陈珂. 重修大慈山虎跑定慧禅寺记//文献［3］：109.

❷文献［3］：105.

❸文献［3］：99.

❹文献［3］：42.

❺文献［3］：42.

❻（元）宋民望. 藏经记//文献［3］：106.

❼文献［3］：97.

❽（元）宋民望. 元大慈山定慧禅寺碑//文献［31］，卷5.

❾（元）释来复. 杭州大慈山定慧禅寺重兴记//文献［32］：1728.

❿文献［3］：73.

⓫（元）宋民望. 元大慈山定慧禅寺碑//文献［31］，卷15.

⓬文献［33］：卷2.

⓭文献［11］：23.

⓮文献［3］：104.

率，同时管理寺庙规律清严，得乡俗敬重，使虎跑逐渐"杰然于（西湖）湖山"❶，有"可与灵隐三竺甲乙"❷"云栖而外必首屈指矣"❸的名刹繁盛。这期间，虎跑名胜景观逐渐脱离自然简远的状态逐步发展为"人居园林"。

1. 宋代，雅致天然

由于史料的散佚，唐宋时期虎跑名胜的景观格局于今并不清晰，好在历代文人游历虎跑时留下的诗词文章为此提供了线索。最早记录源自北宋，苏轼（1037—1101）记录了自己在虎跑自在心安的风景游赏体验，同时期诗人郭祥正（1035—1113）和胡松年（1086—1146）分别以虎跑的庭园景观和林泉风景为对象作诗咏诵。此时虎跑作为地位较低的"寺院"（法云祖塔院），人为景观营造较少，园林以雅致天然为特色，可谓"自成天然之趣，不烦人事之工"，山林有古木、石崖、清泉、密林、怪石等特色景点，辅以楼阁以供休憩游憩。具体而言，有得名于"二虎跑泉"传说的虎跑泉，古木环绕的重要待客建筑翠樾堂，建于巍峨石崖、小径陡峭如仙境的陟崖门，"借景于月"的步月径，常年清凉不干涸的夏凉泉、山林深处的清隐阁，以及"翠峰峭立入云过"❹文笔峰、"苔深片石卧嶙峋"❺仙人石等。以上景点现已无从考证。

2. 元代，初具规模

相较于宋代禅林关注简朴雅致的林泉欣赏，元时寺僧逐步开始实施山林改造，使之符合人的需求。经过克符、实山和止岩等几位禅僧的不懈经营，元代虎跑庭园景观初具规模，至中后期在西湖诸刹中脱颖而出，"无百亩而四方禅纳云集如丛林"❻。虎跑经宋末战乱毁坏严重、杂草丛生❼，元初僧人克符重建草庵于故址。大德四年（1300年），住持实山因"得（寰中）断像草间"的佛寺奇缘，吸引到乡间善信的资助，于是虎跑田地得以购置、建筑得以初步修复❽。元至治年间（1321—1323年），僧人止岩再一次扩大规模，组织了虎跑历史记载中第一次禅寺布局规划，不仅新建寺庙建筑以保障功能❾，也对虎跑外围环境做了整修、强化其与周边地区的联系，比如铺设石砖路，并在山腰处设置小亭"古禅林"（可能是今含晖亭位置），使得外界更便宜地到达虎跑禅林山门。同时，止岩在古禅林的东北方向、不到百米之处，新建五开间观音殿❿（可能是今虎跑菜馆位置），每月朔望讲辩佛理、教化大众，禅林的社会影响力得到提高⓫。

3. 明代，庭园兴盛

虎跑山水资源在明代得到进一步开发和利用，共经历三次大幅发展，遂步入全盛期。其中以定岩、善求、宝峰、三空四位禅师的贡献最为重要。他们在元末基础上，分别开展以"展拓规度"、"栽植松桧"、"疏浚沟渠"、"规范制度"为特点的庭园维护（表1）。在社会变革激烈、时局跌宕的时代，他们通过宣扬佛教和管理寺僧以传承寰中大业，扩基址、修殿宇、挖水渠（凿泉池）以保证生产生活，设置纪念性景观空间以吸引香客前来朝觐怀古。与之对应的，明代庭园布局也发生改变（表2）。其中以明代定岩禅师寻获苏轼手迹、立于虎跑泉亭的故事⓬，对虎跑景观空间影响最为突出。有诗云"石壁诗题满，谁人压大苏"⓭。此风气一直延续至清，《募建虎跑泉亭记》中描述盛况，"才人逸士过斯亭者，后先题咏，森列于其亭"⓮。后世文人倾慕于前辈的品格和文学造诣多来此寻访怀古，虎跑名胜园林景观的内涵不断丰富，文化典故积淀越发厚重。

表1 明代重要僧人对虎跑的改建和管理（表格来源：笔者整理）

时间	人物	对虎跑改建和管理的具体做法	结果
明初	定岩	• 生活：凿方池，重修殿宇；又为容纳僧俗，改造地形、新建建筑[15]； • 文化：访得苏公遗作，制成石刻立于虎跑[16]； • 文化：邀当时知名文学家宋濂观泉[17]	当时杭州寺观虽多，却多因战乱荒废，只有虎跑比旧时更胜[18]，"可与灵隐三竺甲乙"[19]、"与三竺诸山媲美"[20]
明初	善求	在虎跑外围寺路种植松树[21]	松林成为虎跑禅寺又一胜，"往来者一径入，云奇峰叠，嵁攒青拱翠，尘俗阒绝，诚禅林之胜处也"[22]，相传当时有虎跑"二十四题诗文"
		洪武二十四年（1391年），虎跑被官府立为佛寺丛林，名"虎跑禅寺"[23]	
		正德元年（1506年），社会生活"赋役繁多，征徭重并"，虎跑再次废为丘墟[24]	
正德年间	宝峰	• 生活：建筑园林焕然一新，整修山林道路，赎回土田以安置寺业[25]； • 生活：对虎跑泉进一步改造，"自殿前浚渠四，引虎跑旧泉，以便汲爨"[26]	虎跑再一次"杰然于湖山，复超于诸刹，作一方之伟观"[27]
		嘉靖十九年（1540年）虎跑又毁，二十四年（1545年）僧永果重建[28]，万历初再次衰败[29]	
万历年间	三空	• 信仰：开辟佛堂接纳信徒，寺观治理规则严谨[30]	虎跑每日接纳两三千人，成为杭州除云栖寺外第一家，"云栖而外必首屈指矣"[31]

表2 明代不同时期虎跑庭园布局（表格来源：笔者整理）

时期	景观和布局
明洪武年间 定岩时期	• 水系：凿方池以储水（即现日月池和钵盂池两处[32]）； • 建筑：大雄宝殿，僧堂，法堂，方丈，三门，钟楼，两庑，两庑间有重屋，仓库，谷仓，厨房，浴室； • 地形：削岩划壑，四周各拓宽200米左右（尺六百有奇）[33]
明洪武年间 善求时期	• 植树：在进龙桥至赤山埠沿线栽植万株松树[34]
明宣德年间 宝峰时期	• 建筑[35]：大雄宝殿（八开间二层，周长约115米，四周用石柱支撑），天王殿，两庑（廊房），山门，法堂方丈，寝所，退居，两座五间堂（供奉寰中），钟楼（二层），伽蓝殿（三开间），香厨斋堂，广堂（五开间），院厕[36]。 • 水系：殿前疏浚四条沟渠，用来引虎跑泉水供日常汲灌；进山门后有方池（今日月池），上有石桥（今泊云桥），泉从洞口出、声如雷鸣；虎跑泉亭在佛殿西区，上有画亭，围以朱栏，泉流阶下。 • 外围环境：整修道路沟渠，连接寺路的松竹小径长约1120米[37]（二里）（今虎跑径前身）

[15] 文献[2]：285.
[16] 文献[33]，卷2.
[17] 文献[13]，卷3.
[18] 文献[2]：285.
[19] 文献[3]：105.
[20] 文献[3]：86.
[21]（明）陈珂. 重修大慈山虎跑定慧禅寺记//文献[3]：109.
[22] 文献[34]，卷10.
[23] 文献[35]：6342.
[24]（明）陈珂. 重修大慈山虎跑定慧禅寺记//文献[3]：109.
[25]（明）陈珂. 重修大慈山虎跑定慧禅寺记//文献[3]：109.

[26]（明）钱塘洪钟. 重修虎跑定慧禅寺碑铭//文献[3]：108.
[27]（明）钱塘洪钟. 重修虎跑定慧禅寺碑铭//文献[3]：108.
[28] 文献[13]：45.
[29] 文献[3]：85.
[30]（明）翁汝进. 虎跑定慧禅院经筵圆满全缕珠还纪//文献[3]：99.
[31]（明）翁汝进. 虎跑定慧禅院经筵圆满全缕珠还纪//文献[3]：99.
[32] 文献[3]：73.
[33] 文献[2]：285.
[34]（明）陈珂. 重修大慈山虎跑定慧禅寺记//文献[3]：109.

[35] 古籍原文"百工大集，殿宇崇成。为重居八楹，周以石柱，广三百一十六尺。前茸天王殿、两庑为廊房。外又为山门，后法堂方丈。偏左为寝所，右连后为退居。前右又为堂五间，以奉六祖并开山祖师。前左又为钟楼二层，伽蓝殿三间及香厨斋堂。并自殿前浚渠四，引虎跑旧泉，以便汲爨。西庑之中，又为广堂五间，以处四方坐禅众僧。下至院厕之所，无一不具。"
[36]（明）陈珂. 重修大慈山虎跑定慧禅寺记//文献[3]：109.
[37]（明）史鉴. 游虎跑泉记//文献[3]：110.

时期	景观和布局
明嘉靖至万历年间孙枝时期	• 建筑：山门外立有经幢，由山门可入内。院以园墙分隔为三个区域，建筑均为重檐歇山顶（除虎跑泉亭和山门），设有台基。进门处空间狭窄，密植松木；过天王殿后，到大雄宝殿区域，空间豁然开朗；过园墙门洞可达西侧虎跑泉庭园，虎跑泉上附以泉亭，泉眼处以朱栏围护，北侧靠山崖有一小轩（可能为滴翠轩）。 • 外围环境：寺庙四周山峦围合，藏于大山松林中（见下图❶，（明）孙枝《西湖纪胜图——虎跑泉》）

四 晚明至清初：泉茶清趣

❶ 文献［36］：12.

❷ 文献［39］，卷4.

❸（明）田汝成辑撰. 西湖游览志//文献［17］：14.

❹ 文献［3］：103.

❺（明）史鉴. 西村十记//文献［7］：479.

❻ 文献［2］：285.

❼（明）史鉴. 游虎跑泉记//文献［3］：110.

❽（明）史鉴. 游虎跑泉记//文献［3］：110.

❾ 文献［11］：31.

❿ 文献［4］：218.

⓫（元）宋民望. 元大慈山定慧禅寺碑//文献［31］，卷15.

⓬ 文献［13］：46.

得益于寺僧的长期经营，虎跑名胜景观在杭州这一古泉池134处［37］、寺观数百座的城市得以长存，并终于在明代迎来了发展的重要机遇。此时士人郊游风气兴盛［38］，虎跑成为南山近郊游赏线路的关键节点，其各类体验活动也逐渐丰富，如观泉水涌沸奇相、泉亭处咏诵前人诗文等，虎跑名胜"人居园林"特征进一步强化。同时，杭州龙井茶文化异军突起，时人将虎跑泉水冲泡视为最佳，奠定了虎跑"杭州诸泉之冠"❷的特殊地位。晚明是虎跑名胜景观形成史的重要节点，由于虎跑泉的突出特点，世人眼中虎跑名胜的景观意象，从山林、寺庙、泉水的综合体园林逐渐转向为以虎跑泉为核心的近郊名胜。

1. 南山郊游，观泉为乐

在晚明文人郊游的风潮下，虎跑交通也随之便利，逐步成为杭州西湖南线出游的重要节点❸。"云泉（虎跑）在西湖之滨，南山之麓，以幽胜称"❹，明代的杭州人评价虎跑，"杭之诸寺，灵隐秀气、虎跑清气、净慈市气"❺，有"人间尘岔不至，信乎？清静之域也"❻的赞誉，史鉴亦感叹虎跑是"南山中之最清处也"❼。时人常将虎跑与烟霞岭和石屋等山林景观❽、云栖寺和净慈寺❾等佛寺景点串联游览。观泉活动中，最为特别的是虎跑泉的涌沸奇相，即文献描述的"此泉在岩底，直起时有沤，如乱珠浮水面。寺僧遇游人观者，凭阑诵咒，至沤起，遂以为神，以惑观听"❿。该现象起于元⓫，因明初宋濂《虎跑泉铭》一文广为人知⓬，吸引了慕名者（如杨复）竞相游赏，将之视为灵泉⓭，然清中叶时已无存⓮。

2. 山林品泉，雅试新茶

泉是茶文化、酒文化的物质基础，催生山水欣赏、书画创作的文人意境。虎跑尤以其泉闻名，关于虎跑泉泉品⓯、口感⓰、流量⓱的赞誉颇多，与龙井、玉泉等并列为杭州五大圣水[41]，奠定了虎跑在杭州诸泉中的特殊地位，《茶疏》有云"杭两山之水，以虎跑泉为上。芳洌甘腴，极可贵重"[13]。又因为明代饮茶偏爱清饮[43]，龙井茶以其清亮特点天下闻名[19]，尤其江南一带龙井茶文化极为兴盛。虽然元代已有陈浩以虎跑泉冲泡三天竺香茶为林泉之乐的例子[20]，此时虎跑泉水已被广泛认为是杭州最好的泡茶水源。高濂赞"西湖之泉，以虎跑为最；两山之茶，以龙井为佳。谷雨前，采茶旋熔，时激虎跑泉烹享，香清味例，凉沁诗脾"[45]，他将"虎跑泉试新茶"与"苏堤看桃花"、"胜果寺望月"并列为杭州四时乐事之一。之后"虎跑清泉龙井茶"被认为是"杭州二绝"[45]，清代黄钺[21]、龚翔麟[22]、黄爵滋[23]等人也有提及。在明代江南地区茶文化的快速发展机遇下，文人频繁选择携龙井新茶前往虎跑，以享林泉雅趣，这极大扩展了虎跑泉的知名度。

❸（明）杨复.杭州大慈山虎跑泉记//文献［3］: 101.

❹ 文献［11］: 43.

❺ 文献［11］: 43.

❻ 文献［39］，卷4.

❼ 徐映璞.虎跑泉定慧寺记//文献［40］: 138.

❽ 文献［42］: 12.

❾ 文献［35］: 6342.

⓴ 文献［11］: 47.

㉑ 文献［11］: 71.

㉒ 文献［11］: 51.

㉓ 文献［3］: 105.

五　清中叶：帝王品第

虎跑名胜景观因为清帝南巡驾临和御赐品第而名震江南，名胜的地位与内涵上升至顶峰。由于虎跑长久以来"南山胜迹"的区位优势，"名山古寺"的历史属性，"泉茶文化"的广泛声名，康熙、乾隆两代帝王数次南巡临幸，并留下多篇御制诗文。根据御诗创作时间，可推断康乾驾临分别在康熙二十八年、三十八年及四十二年，乾隆二十二年、二十七年、四十五年及四十九年。康熙以虎跑泉水为贵，"西湖自昔画舫笙歌之地，朕兹行，志本省方；止一览其山川风土，未尝片刻停骖尚食，但饮虎跑泉一勺耳"[46]。乾隆以银斗度量泉水轻重，为天下泉水排名，虎跑泉因其质地被御封为"天下第三泉"[47]。帝王的称赞极大程度地提高了虎跑在世人心中的地位，"第三泉"也成为现今大众对虎跑的第一印象。

虎跑名胜景观也因为帝王青睐的机缘增添了精致细腻的成分。历史上围绕迎接圣驾开展了系列的园林营建活动，其中以雍正九年李卫主导的整修虎跑亭园工程，留下的资料最为详细[24]。现有乾隆时期《禹航胜迹》《南巡盛典》两本画册中的虎跑泉图传世，前者（图2）对定慧寺山水环境描绘翔实，结合文字提示可分辨山门、松径、含晖亭、虎跑泉和御碑亭，后者（图3）中对建筑形制、园林布局绘制清晰。两图绘制年代相近，可互为参考，从而考证清代虎跑亭园布局与营造情况。游人可自山门进入，沿蜿蜒溪流缓步于山谷虎跑径，百余米后可见山腰处含晖亭[25]，或休憩停留或远眺风景，亭之西为日月池、池上泊云桥，拾级而上即达寺门。定慧寺依山而建，地势北高南低，为院落式布局，宗教空间与园林空间相对独立，格局呈东西二路。东路为虎跑定慧寺主体四进建筑群，建筑布局中轴对称，自南向北分别是天王殿、大雄宝殿和观音殿，另有左右两庑配套建筑以及玉带池（又名放生池）[26]。西路为定慧寺景观区，由三个独立小院以园

㉔ 文献［35］: 6342.

㉕ 文献［2］: 285.

㉖ 文献［3］: 74.

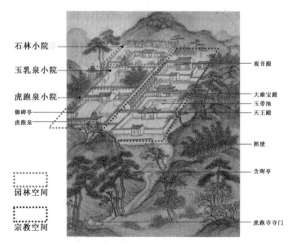

图2　定慧寺观形制和布局（图片来源：底图来源于文献［48］: 220，作者标注）

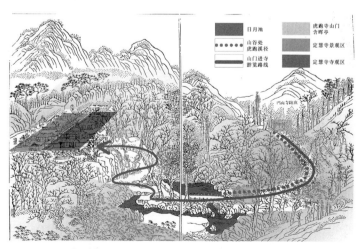

图3　定慧寺山水格局（图片来源：底图来源于文献［29］: 137，作者标注）

墙围合而成，自北向南分别推测为观赏奇石、玉乳泉和虎跑泉（滴翠崖）而建，其景观描述和古籍考证详见表3。虎跑亭园布局精巧，游赏空间丰富，造园巧于因借，当时有"天然丘壑，不费经营，而到处亭台，皆宜位置"❶的赞誉。

❶ 文献［3］：74.

❷ 为方便讨论，笔者将三个小院命名为石林小院、玉乳泉小院和虎跑泉小院。

❸ 文献［3］：74.

❹ 文献［48］：221.

❺ 文献［11］：80.

❻ 文献［40］：109.

表3 虎跑乾隆时期西路景观区各小院环境整理❷（表格来源：作者自制）

小院	图面环境描述	历史相关资料	考证结论
山林小院	院中置石二三，靠山体一侧以叠石手法分隔空间，理景有野趣	民国《虎跑志》记载，"相传寺多奇石，玲珑秀蔚。乱后俱为人所运去"❸	可能该院旧为虎跑赏玩奇石之所
玉乳亭小院	小院布局自然，以泉水分隔出东西空间，东为竹林，西侧院墙开有一月洞小门，可出寺观进山林，旁有六角攒尖小亭	图2册页对题中提及玉乳亭，为康熙二十九年疏浚，"治亭榭，以备圣览"❹；玉乳亭古有"岚雾霏迷欲烈岑，风吹岩下沸涛声"❺的赞誉	通过定位画中唯一水榭建筑，从而判断玉乳泉亭位置
虎跑泉小院	小院布局规整，御碑亭正对月洞门，出门可达天王殿；南侧为虎跑泉亭，北有一卷棚小屋，院东北角另辟一小院，有屋一间	虎跑泉亭、御碑亭的位置古画中已标；康熙年间《虎跑寺志稿》中提及虎跑泉亭的布局，"（亭之）西为廊舍，接滴翠轩。其西，岩壁压檐际，山水停蓄其下，阴寒特甚"❻，与画类似	推测有"全园最胜处"之称的滴翠轩可能是画中御碑亭

六 小结

研究发现，在虎跑名胜景观从"自然林泉"演变为"人居园林"这一发展演变过程中，典故流传、禅林经营、泉茶清趣、帝王品第依次在景观历史演进的过程中起到了关键作用。除了历代僧人依靠泉水开山立寺、薪火相传振兴寺庙外，历代文人倾慕于以苏轼为代表的前辈品格与文学造诣来此寻访怀古，留下传世篇章；明代杭州龙井茶文化兴起，虎跑泉水因与龙井茶冲泡契合，奠定了其在杭州诸泉中的特殊地位；清中叶帝王南巡临幸和品题，使得虎跑泉名震江南。以上种种，最终林泉文化得以积淀，景观内涵得以丰富，虎跑名胜在国内声名远扬。

相比无锡惠山二泉的成熟于唐宋，第三泉虎跑相对晚熟，长期处于发展中，明清进入全盛期。在自然林泉的基底上，不断"人化"增加文化内涵与参与性的活动，彰显出独具特色的发展脉络与景观历史。名胜"不只是自然的风景，而是人文化、历史化的风景"❼，其既不是人迹罕至的荒野，也不是精细雕琢的人工营造，而是人与自然互相适应、共生共栖的人居园林。孟兆祯院士就曾指出"名胜者，在风景资源集中之所，以名纪胜景、因名彰胜景、以文载道、诗言志"❽，潘谷西先生也曾指出"山水借文章以显，文章亦凭山水以传"❾，名胜在中华文化在发展过程中，与自己这块故土的传统文化、历史事件密不可分，相互滋养，互相依存。有关于此，刘秀晨先生就曾概括，"她以优美的生态环境为基础，自然与文化高度融合，是人与自然和谐共生的典范之区"[51]。在今日"建设国家公园体制"的总体框架下，如何兼容并包及有效管理并保护传统风景名胜的价值，已成为当下研究的焦点[52, 53]。因此，笔者认为在此背景下，深度认识我国各类名胜的生成、发展、演变的机制不可忽视。本文深度研究虎跑名胜景观形成的历史过程，以期为进一步认识我国江南近郊名胜的生成、发展、演变的机制提供个案支撑。研究名胜景观历史文化需要具有相当的史学功力和修养，在这方面，笔者是十分欠缺的，研及深处，尤感力不从心。故谬误之处，恳请各位专家、学者指正。

❼ 文献［1］：28.

❽ 文献［49］：5.

❾ 文献［50］：249.

致谢：在本文的研究和写作过程中，杭州西湖风景名胜区（杭州市园林文物局）钱江管理处相关领导，北京林业大学边谦、陈丹秀，清华大学宋恬恬，浙江农林大学园林学院蔡玉婷、陈彧婷、梅丹英、邱雯婉、陆嘉娴、沈瑶等同学对本研究提供了宝贵的帮助，特此表示感谢！

参考文献

[1] 姚舒然. 无锡近郊"天下第二泉"名胜的形成[J]. 中国园林, 2018, 34（6）: 25-29.

[2] （明）徐一夔著. 徐永恩校注. 始丰稿校注[M]. 杭州: 浙江古籍出版社, 2008.

[3] 刘颖主编. 西湖文献集成续辑 第5册 西湖寺观史料[M]. 杭州: 杭州出版社, 2013.

[4] （清）翟灏等辑，（清）王维重订. 湖山便览 附西湖新志[M]. 上海: 上海古籍出版社, 1998.

[5] 张福祥编著. 杭州的山水[M]. 北京: 地质出版社, 1982.

[6] 陈谅闻. 虎跑泉的历史地理研究[J]. 浙江学刊, 1992（3）: 119-120.

[7] 王国平总主编；徐吉军分册主编. 杭州文献集成 第3册 武林掌故丛编3[M]. 杭州: 杭州出版社, 2014.

[8] 朱耷. 杭州虎跑寺变迁考[J]. 杭州学刊, 2012, 27(1): 179-185.

[9] 黄晓华，张冲. 杭州虎跑观音殿重建研究[J]. 建筑工程技术与设计, 2015（16）: 1868.

[10] 张婷，倪振恒. 重建虎跑观音殿概述[J]. 杭州文博, 2017（2）: 104-109.

[11] （清）释圣光. 虎跑定慧寺志[M]. 杭州: 杭州出版社, 2007.

[12] 虎跑纂志处. 虎跑佛祖藏殿志[M]. 扬州: 广陵书社, 2006.

[13] （明）吴之鲸撰. 武林梵志[M]. 杭州: 杭州出版社, 2006.

[14] （宋）苏轼著. 李之亮笺注. 苏轼文集编年笺注[M]. 成都: 巴蜀书社, 2011.

[15] 王国平总主编；徐吉军，陈志坚分册主编. 杭州文献集成 第7册 武林掌故丛编 7[M]. 杭州: 杭州出版社, 2014.

[16] （宋）潜说友纂. 咸淳临安志. 第5册[M]. 杭州: 浙江古籍出版社, 2012.

[17] 王国平主编. 西湖文献集成 第3册 明代史志西湖文献[M]. 杭州: 杭州出版社, 2004.

[18] 沈云龙主编. 俞樾著. 近代中国史料丛刊. 第42辑. 春在堂杂文[M]. 台北: 文海出版社, 1973.

[19] 陈汪丹. 宋代苏轼兴造苏堤与苏堤风景园林化考析[J]. 风景园林, 2019, 26（6）: 114-118.

[20] 周冉. 苏轼风景园林活动考[D]. 天津: 天津大学, 2016.

[21] 朱刚，李栋. 从个人唱和到群体表达——北宋非集会同题写作现象论析[J]. 江海学刊, 2012（3）: 192-200+239.

[22] 王国平总主编；徐吉军分册主编. 杭州文献集成 第1册 武林掌故丛编 1[M]. 杭州: 杭州出版社, 2014.

[23] （宋）陈起辑. 中华再造善本 增广圣宋高僧诗选[M]. 北京: 国家图书馆出版社, 2013.

[24] （清）厉鹗辑撰. 宋诗纪事 4[M]. 上海: 上海古籍出版社, 1983.

[25] （宋）范成大著. 石湖诗集[M]. 北京: 中华书局, 1985.

[26] （明）毛晋辑. 明僧弘秀集[M]. 芜湖: 安徽师范大学出版社, 2015.

[27] （清）孙承泽等撰. 庚子销夏记[M]. 上海: 上海古籍出版社, 1991.

[28] （明）聂心汤纂修. 万历钱塘县志[M]. 清光绪十九年刊本.

[29] （清）高晋等绘. 张维明选编. 南巡盛典名胜图录[M]. 苏州: 古吴轩出版社, 1999.

[30] 梁洁. 晚明江南山地园林研究[D]. 南京: 东南大学, 2018.

[31] （清）阮元编. 浙江文丛. 两浙金石志[M]. 杭州: 浙江古籍出版社, 2012.

[32] 李修生主编. 全元文. 第57册[M]. 南京: 凤凰出版社, 2004.

[33] （清）卞永誉纂撰. 中国艺术文献丛刊 式古堂书画汇考 2[M]. 杭州: 浙江人民美术出版社, 2012.

[34] （清）丁敬. 武林金石记[M]. 杭州: 西泠印社, 1916.

[35] （清）嵇曾筠等修. （清）沈翼机等纂. 浙江通志[M]. 上海: 上海古籍出版社, 1991.

[36] 洪可尧主编. 《天一阁藏书画选》编委会编. 天一阁藏书画选[M]. 宁波: 宁波出版社, 1996.

[37] 牛沙. 杭州市西湖风景名胜区古泉池景观研究[D]. 杭州: 浙江农林大学, 2014.

[38] 刘君敏，张玲. 文人理想与现实的激荡——管窥晚明园林设计的转型[J]. 中国园林, 2017, 33（2）: 89-92.

[39] （清）张世进撰. 著老书堂集[M]. 清代乾隆年间刊本.

[40] （宋）释元敬，（宋）释元复撰. 武林西湖高僧事略[M]. 杭州: 杭州出版社, 2006.

[41] (明) 陈善等修. **杭州府志** [**M**]. 台北: 成文出版社, 1983.

[42] (明) 许次纾著. **茶疏** [**M**]. 北京: 中华书局, 1985.

[43] 姚晓燕. **杭州茶俗略考** [**J**]. 杭州 (生活品质版), 2016, 40 (5): 109-111.

[44] (明) 高濂撰, (日) 野间三竹绘. **四时幽赏录** [**M**]. 杭州: 浙江古籍出版社, 2018.

[45] 程雅倩, 彭光华. **明代以来西湖龙井成为名茶的原因探析** [**J**]. 农业考古, 2016 (5): 254-258.

[46] (清) 沈德潜纂. **西湖志纂** [**M**]. 台北: 文海出版社, 1971.

[47] 中华书局. **清代史料笔记丛刊 庸闲斋笔记** [**M**]. 北京: 中华书局, 2015.

[48] 杭州西湖博物馆. **历代西湖书画集 一** [**M**]. 杭州: 杭州出版社, 2010.

[49] 孟兆祯. **中国风景名胜区的特色** [**J**]. 中国园林, 2019, 35 (3): 5-8.

[50] 潘谷西. **江南理景艺术** [**M**]. 南京: 东南大学出版社, 2001.

[51] 刘秀晨. **风景名胜区是中国自然保护地体系的独立类型** [**J**]. 中国园林, 2019, 35 (3): 1.

[52] 李金路. **风景名胜区是最具中国特色的自然保护地** [**J**]. 中国园林, 2019, 35 (3): 21-24.

[53] 陈耀华, 陈远笛. **风景名胜区的历史功能与当代使命** [**J**]. 中国园林, 2019, 35 (3): 16-20.

白居易下邽渭村园林考析

鞠培泉

（扬州大学建筑科学与工程学院）

摘要： 由文献及考古发现可知，白居易于唐贞元二十年在渭水北岸金氏村卜居，但"南园在宅南"的主流说法误认宋代白序樊川庄为唐白居易下邽庄，不确。渭村田舍仍以生产为主要目的，但作为下层官员，与贵族庄园相比规模较小，而田园风光也取代了魏晋时的重楼高阁、奴仆成群，渐成明代《园冶》中"村庄地"的面貌。经历丁忧生活的困苦后，白居易以渭村为桃花源的理想破灭，转而营构亭台、远望山水。这一契合后世园林观念的做法或许正是"南园"被生造出来的原因。

关键词： 白居易，渭村，田园，亭台

An Analysis of Bai Juyi's Weicun Landscape in Xiagui

JU Peiquan

Abstract: From the literature research and archaeological discovery, Bai Juyi did divination at the Kim's Village by the north bank of Weishui River twenty years of Zhenyuan, Tang dynasty. But the mainstream parlance of "South Garden in the south of the house" mistook Baixu Fanchuan Village in Song dynasty as Bai Juyi Xiagui Village. Bai Juyi's Wei Village cottage was still mainly used for agriculture. But Bai's a lower official, the cottage couldn't compare with the aristocratic estate. The idyllic scenery also replaced high buildings and slave communities in Wei and Jin dynasties, which had gradually become the "village site" in *Yuan Ye* of Ming dynasty. After experiencing the pain of losing elder relatives and the hardship of peasants, Bai Juyi's ideal of taking the Wei Village as "Peach Blossom Garden" was shattered, so he turned to build his own pavilion. This approach that fits the concept of later gardens might be the reason that why "South Garden" was born.

Key words: BaiJuyi; Weicun; idyllic setting; pavilion

一 引言

白居易园林思想研究的先行者王铎认为，"白居易一生造过四个园"❶。"渭上南园"位列第一，相关研究却几乎是空白。这一情况与遗迹不存，直接文字记载稀少有关。

"园之筑出于文思，园之存，赖文以传"❷；外山英策指出，给予日本园林巨大影响的仍是文学的力量❸；冯纪忠对中国园林的研究，其素材"除却记载园林情况的历史文献外，还包括山水文学及文论、山水画及画论"❹；白居易的园林思想与实践更是与诗文融合紧密。通过综合多类文献的跨学科研究，详加考证与辨析，或可厘清白居易人生中第一处园林的概貌，并窥见中唐这一历史转折期园林观念的变化。

二 卜居

综合白居易年谱研究❺，元和六年至九年（811—814年）丁母忧期间方有在下邽金氏村造园的可能，但前因与后续更值得探究。

❶ 文献［1］：29.

❷ 文献［2］：76.

❸ 文献［3］：109.

❹ 文献［4］：133.

❺ 文献［5］：57.

释褐前白居易曾长期漂泊，作于这一时段的61首诗中多有怀乡、望乡的愁绪与对家的追寻。贞元二十年（804年），任校书郎的白居易终于有了实现梦想的能力，便开始卜居，可满足物质需求，还能提供精神慰藉的家是选址、营构的目标。

下邽在长安东北，两地相去不远而下邽物价便宜是白居易曾祖在长安任官时从韩城迁居于此的原因。白居易做了同样的选择，但他并没有回到祖居的下邑里，而是在下邽南部金氏村置田舍，取田园之利当是主要原因。金氏村因汉代名臣金日磾封地得名，土地肥沃，且可得白渠灌溉。

有趣的是，白居易诗中称"金氏村"或"金氏陂"的仅2首，见于与友人诗，有对比双方境遇之意，如"春明门前别，金氏陂中遇"❶、"金氏村中一病夫，……不蹋长安十二衢"；称"下邽"村或庄的4首，称"渭村"的却有9首之多，还常为自注，如《遣怀自此后诗在渭村作》《东墟晚歇时退居渭村》。看来，白居易以"渭村"为家，而"金氏村"虽为实际地名，却有寄居之意。"开门当蔡渡"，指村子南邻渭水。由《泛渭赋并序》可知，泛舟于上可往来于渭村与工作地长安之间，便利且舒适，这是白居易选址于渭水边的另一原因。

此外，渭水在此有一曲，村东可见华山三峰，优美的自然景色也有一定吸引力。

三　南园的考证

"渭上"之说成立，那么是否有"南园"呢？

《白居易年谱》云："渭上旧居为居易故乡下邽义津乡金氏村（俗名紫兰村）旧居，在渭河北岸边，门当蔡渡。《清统志·西安府二》：'白居易宅，在渭南县东北。……《县志》：宅在故下邽县东紫兰村。有乐天南园在宅南，至金时为石氏园。'"[5] 王铎的"南园"说也以此为依据。事实上，这是学界共识，谢思炜同样引该县志注白居易的"渭上旧居"❷。

府志所引县志称"紫兰村"的原因或可由1989年当地发现的明万历《重修紫兰寺告竣碑记》❸得到提示：白居易曾为村旁的兴福寺石佛❹制紫兰衣，寺因此改名。结合白敏中等人墓志出土位置，白居易下邽故居的确在这里，而其后改名紫兰村也与白居易有关。但南园的记载可能有误。

是否有"南园在宅南"？与后世不同，唐代的"南园"只指示方位。例如，长安新昌里宅中堂的南部有个小园，白居易曾作《南园试小乐》等诗。虽然贞元二十年（804年）所作《下邽庄南桃花》说"村南无限桃花发"，但"庄南"、"村南"非"宅南"，而桃树成林也应以生产为主要目的，又或有桃花源之意。按白居易诗文，渭村宅南是荞麦田和渭水。从《北园》《东园赏菊》诗看，渭村宅北、东或许有园❺，如"南园在宅南"，白居易这位高产诗人会无一字提及？

"至金时为石氏园"的说法由何而来？或可从《陕西通志》窥见一斑。其卷七三有"白氏庄"条目，"宋朝奉郎白序之庄，中有八题曰：挥金堂、顺牛堂、疑梦室、醉吟庵、翠屏阁、林泉亭、辛夷亭、岩桂亭，当时名公来游，皆有题咏。白序字圣均，自言白侍郎后。金朝为石氏园亭，疏泉为方池曲槛，有四银亭、八银亭。至大七年，赵尚书过游有诗。后为故中书陕西四川宣抚使襄山杨忠肃公祠，有碑存焉"。由"八题"可知，宋代园中有8处建筑，林泉花木相伴。金朝时水景更盛，既有方池也有曲槛。金朝赵秉文的确有《过石氏园》诗，题注云"乐天故居"❻。这样似乎形成了完整的证据链。

然而，宋代曹辅《题白氏庄》诗题注云："白序字圣均，自言白侍郎之后，有庄在樊川"❼，则白氏庄在樊川而非下邽。宋代张礼的《游城南记》是一部与友人陈微明同游长安城南，遍访唐代都邑旧址的游记，其中有"辛亥，历废延兴寺，过夏侯村王、白二庄林泉"的记载，张礼自注云："延兴寺在杨万坡，……驸马都尉王铣林泉在延兴寺之东，与朝奉郎白序为邻……"❽

❶ 文中未注明诗均详：文献[12].

❷ 文献[6]：753.

❸ 碑今藏西安碑林博物馆。

❹ 石佛今藏陕西省博物馆。

❺ "秋蔬尽芜没，好树亦凋残。唯有数丛菊，新开篱落间"，东园更可能是菜园。

❻ 据清王灏辑《畿辅丛书》收录《闲闲老人滏水文集》卷七。

❼ 文献[7]：572.

❽ 文献[8]：141.

杨万坡、夏侯村的地名今日仍沿用，在西安市长安县杜曲镇西，延兴寺在唐为兴国寺，是樊川八大寺之一，今日存留两株唐柏。宋代记载与现代遗存结合，说明金朝为石氏园的是白氏庄，在长安城南，金氏村却远在下邽，将白氏庄视作白居易下邽故居实在有些南辕北辙。赵秉文的说法不确，那么，南园也大有疑问了。

四　田园中的庄与桃花源的理想

赵秉文的误读说明至迟到金代，士林对白居易下邽故居的情况就有些不清楚了。如果白序真是白居易后代，那么宋代金氏村中的田舍就可能已易主，更不用提其中的园林了。白居易在金氏村究竟有没有造园、园林是何面貌，只能依靠唐人的记录，尤其白居易本人的诗文来解析。

汉末以来，很多"园""墅"以经济活动为主要目的。石崇金谷园、谢灵运始宁墅虽名声大、景色美，仍未脱庄园本色。唐前期实施均田制，而白居易等是低级官员，故只能"两顷村田一亩宫"❾，大庄园式的园林已成为历史[9]，但从目的看，仍与贵族庄园一致。侯迺慧认为，"虽然均田制不能贯彻，但每户的永业田都如制发给，这些植树的土地加上发配的园宅地，故百姓家只要有心经营设造，也都可以拥有小型园林"❿。土地分配的确为造园提供了一定物质基础，但白居易丁忧时尚穷困不堪，何况普通百姓？生产应仍是唐代乡间土地的主要功用，以欣赏为目的的园林可能为数不多。大和二年（828年），《祭弟文》中有"下邽杨琳庄，今年买了，并造院堂已成"的文字，可见尽管白居易当时已很少返村，但将其作为家族产业传承下去的意图仍很明确。因此，白居易仍然是在经营庄园。

不过，按魏晋以来传统，田园风光也算园。根据诗文，白居易在渭村的居处是"茅茨十数间"，后来又有"新屋五六间"；数十亩田地中种植了黍、豆、小麦、稻、荞麦、谷等谷物，韭等蔬菜，桃、枣、栗等果树，屋前屋后还有榆、柳、槐、桑。此外，白居易喜爱饮酒，擅长酿酒，还有相应的酿酒设施。储光羲《田家杂兴八首》中有一首估计很符合白居易此时的村中生活场景："种桑百馀树，种黍三十亩。衣食既有馀，时时会亲友。夏来菰米饭，秋至菊花酒。孺人喜逢迎，稚子解趋走。日暮闲园里，团团荫榆柳。酩酊乘夜归，凉风吹户牖。清浅望河汉，低昂看北斗。数瓮犹未开，明朝能饮否。"⓫

白居易似乎与盛唐的田园诗人达成了一致。但如果抛去田园诗的温情脉脉，仅从实际行为看这与普通农人的选择并无二致。难道享受田园之乐就是变成一名农夫？长期亲身从事农业劳动的农民为什么从未抒发过这种乐趣？

事实上，从这一时期的诗文看，白居易的视野并没有局限在自家的田舍，而是着眼全村。金氏村约四十户人家⓬，按唐代授田之制，每户都有一定的永业田和口分田。虽然因地域、性别、年龄、职业等因素，所授数量不等⓭，且经常不能授足，但毕竟赋予了农民不能随意流通的土地。一般而言，永业田多种榆枣桑或树木⓮，口分田种谷物，因此这些散落的人家，应是以各自屋舍为中心，大片田地环绕，杂以树木溪流。在《园冶》中，计成这样描述"村庄地"选址："今耽丘壑者，选村庄之胜，团团篱落，处处桑麻。"⓯每一篱落便是一户人家，其屋舍是点状散布，故用"团团"；以户为单位从事农业活动，呈面状展开，所以是"处处"。计成描述的地景风貌正是这一时期开始形成⓰，并成为中唐之后士大夫阶层在乡间的共同选择。

选择的背后蕴藏着政治理想。元和三年至五年间（808—810年），在丁忧前数年，白居易曾作一首长诗《朱陈村》。诗的前半部描述了符离附近一个"县远官事少，山深人俗淳"的村落；后半部则叹喟自己读书、出仕的辛劳及少年奔波的忧愁；两相比较下，"长美陈村民"。这首诗后，朱陈村就出了名。五代时有画、书帖，宋苏轼有诗，《徐霞客游记》卷八上云："曲峡通幽入，灵皋夹水居，古之朱陈村、桃花源，寥落已尽，而犹留此一奥，亦大奇事也。"⓱

❾《通典》载："应给园宅地者，良口三口以下给一亩，每三口加一亩。"实际多不足。

❿文献［10］：64.

⓫中华书局编辑部点校. 全唐诗（增订本）［M］. 北京：中华书局，1999：1387.

⓬白居易《九日登西原宴望同诸兄弟作》："一村四十家。"

⓭《新唐书·食货志》："丁及男年十八以上者，人一顷，其八十亩为口分，二十亩为永业。"

⓮《新唐书·食货志》："永业之田，树以榆枣桑及所宜之木，……"

⓯文献［11］：62.

⓰日本学者中田薰1906年在《国家学会杂志》第20卷1号发表的《日本庄园的系统》一文中首先提出中唐庄园是"在唐代的均田法逐渐崩溃，随着土地兼并的结果，大地主到处产生，而逐渐发展起来的土地制度"。如前文所述，白居易在金氏村也进行了兼并。

⓱见（明）徐弘祖著，褚绍唐，吴应寿整理. 徐霞客游记［M］. 上海：上海古籍出版社，2010：311.

❶《重到渭上旧居》中"十年方一还，几欲迷归路"句当用《桃花源记并诗》"遂迷不复得路"之典。

❷ 陈寅恪先生认为《桃花源记》"亦纪实之文"，乃居人择深险平敞地筑坞堡自守，"在北方之弘农，或上洛"。详：陈寅恪. 桃花源记旁证//陈寅恪著；陈美延编. 陈寅恪集·金明馆丛稿初编［M］. 北京：生活·读书·新知三联书店，2001：188-200.

❸ 朱金城认为《新构亭台示诸弟侄》诗约作于元和七年至九年，窃以为元和八年服除后的可能最大。

❹ 袁行霈撰. 陶渊明集笺注［M］. 北京：中华书局，2003：252.

❺ 顾绍柏校注. 谢灵运集校注［M］. 郑州：中州古籍出版社，1987：63.

这首诗显然受到《桃花源记并诗》的影响，其中自给自足的经济、安定封闭的环境、温馨祥和的氛围与中唐文人的政治理想产生了共鸣，而其现实性又非桃花源可比。渭村南是渭水，民居散于村南的平地，被地势较高的西原、东墟及北面的墟墓所拱卫，村中有溪流穿过，土地肥沃，树木繁盛，人们通过种谷采桑满足衣食所需，似乎也不假外求❶。在诗人描绘的场景中，田园风光已经取代了魏晋时重堂高阁、奴仆成群的庄园风范。虽然不是明清意义上的园林，但堪称景观❷。

五 亭台与渭水、华山

那么，后世文人为什么要生造出一个"南园"呢？

明清及现代对园林的普遍认识与盛唐的田园派诗人有显著不同。若没有"开池者三"、"为垒土者四"，"村庄地"恐难称园林。白居易正是中唐时期观念转变的代表。丁忧数年，田园之乐被他全部推翻：《纳粟》诗中，写"有吏夜叩门，高声催纳粟"的窘迫；《登村东古冢》诗中，说"村人不爱花，多种粟与枣。自来此村住，不觉风光好"；《叹常生》诗中，又称"村邻无好客，所遇唯农夫"。田园远不是那么美好。

桃花源永远无法到达，白居易是怎么做的呢？在田园中很没有"田园味"地构起了亭台。《新构亭台示诸弟侄》❸诗云："平台高数尺，台上筑茅茨。东西疏二牖，南北开两扉。芦簾前后卷，竹簟当中施。清冷白石枕，疏凉黄葛衣。开襟向风坐，夏日如秋时。啸傲颇有趣，窥临不知疲。东窗对华山，三峰碧参差。南檐当渭水，卧见云帆飞。仰摘枝上果，俯折畦中葵。足以充饥渴，何必慕甘肥？况有好群徒，旦夕相追随。"

"啸傲颇有趣，窥临不知疲"二句分别源自陶渊明《饮酒二十首并序》诗"啸傲东轩下，聊复得此生"❹、谢灵运《登池上楼》诗"衾枕昧节候，褰开暂窥临"❺。陶、谢是山水田园诗的开创者，此处用典当然是为了说明白居易继承了前贤的山水田园之志，但文字间刻意的比较、超越便显得不太自然，而亭台与田园的关系也实在不密切。筑台、构亭，坐望渭水云帆、华山三峰，要表达的应是服除后却不能起复的情形下对外界的向往吧？渭水云帆正是白居易往来于长安与下邽间的交通工具。相比田地，山、水与亭台才应是文人园林的主角。

六 结语

释褐后，白居易卜居于渭水北岸的下邽金氏村，庄园以农业生产为主，起初并无所谓"南园"。由整个村落看，白居易的田舍融入其中，团团篱落、处处桑麻，仿佛田园诗，与明代计成"村庄地"的描述颇为一致；而自给自足的经济、安定封闭的环境、温馨祥和的氛围又仿佛桃花源、朱陈村，与中唐文人的政治理想契合。

但丁忧时的长住很快让白居易意识到理想与现实的差距。立足于现实的白居易开始放弃魏晋以来自然主义园林的做法，在推崇陶渊明自然、无为的同时，由顺应自然转而更依靠人力。当出仕成为出路，城市也就胜过了乡村、山林，成为文人真正青睐的居住地。从构亭台开始，园林偏离了"自然"和"野趣"，不再从属于自然，有了独立于自然与人的身份，真正成为"第二自然"、"中间景观"，即今人眼中的园林。这一园林观的变迁或许正是后世文人生造出一个白居易从未提及的"南园"的原因。

参考文献

［1］王铎. **白居易的园林思想** ［J］. 中国园林，1986（1）：29-30.

［2］陈从周. **园林清议** ［M］. 南京：江苏文艺出版社，2005.

［3］（日）外山英策. **室町时代庭园史** ［M］. 东京：岩波书店，1934.

［4］黄一如. **略解冯纪忠先生的中国园林史观** ［J］. 时代建筑，2011（1）：133-135.

［5］朱金城. **白居易年谱** ［M］. 上海：上海古籍出版社，1982.

［6］谢思炜. **白居易诗集校注** ［M］. 北京：中华书局，2006.

［7］（清）厉鹗辑撰. **宋诗纪事** ［M］. 上海：上海古籍出版社，1983.

［8］（宋）张礼撰. 史念海，曹尔琴校注. **游城南记校注** ［M］. 西安：三秦出版社，2006.

［9］（日）渡辺信一郎. **白居易の慙愧：唐宋変革期における農業構造の発展と下級官人層** ［J］. 京都府立大學
　　學術報告（人文），1984（36）：1-39.

［10］侯迺慧. **诗情与幽境——唐代文人的园林生活** ［M］. 台北：东大图书股份有限公司，1991：64.

［11］（明）计成著，陈植注释. **园冶注释** ［M］. 北京：中国建筑工业出版社，1988.

［12］（唐）白居易著. 朱金城笺校. **白居易集笺校** ［M］. 上海：上海古籍出版社，1988.

白
居
易
下
邽
渭
村
园
林
考
析

吴亮止园诗文所反映的明代江南文人园居生活情态[❶]

贾珺

（清华大学建筑学院）

❶ 本文为国家自然科学基金项目"基于古人栖居游憩行为的明清时期园林景观格局及其空间形态研究"（项目编号51778317）资助的相关成果。

摘要： 明代万历年间吴亮辞官归隐，在常州城外营造止园，景致不凡，其中种种栖居游乐活动以古人为楷模，具有典故式的特点，并与一些特定的造景措施相关联。本文通过对相关诗文的梳理考证，对其具体表现形式和文化内涵进行探析，以期从一个特定的角度对明代江南文人园林的园居模式作一管之窥。

关键词： 止园，吴亮，明代江南文人园林，栖居，游乐

Behaviors of Dwelling and Recreation of Literati in Jiangnan Gardens in Ming Dynasty as Reflected in Poems and Essays on Zhiyuan by Wu Liang

JIA Jun

Abstract: Zhiyuan, a famous private garden with abundant landscape in Changzhou, was constructed by Wu Liang, a retired official in the early17th century. The behaviors of dwelling and recreation of the owner in the garden were characterized by allusions and associated with specific landscaping measures. Based on the poems and essays on Zhiyuan by Wu Liang, the paper tries to analyze the activity forms and cultural connotations, and make further exploration to the garden living mode of literati in Jiangnan region in Ming Dynasty.

Key words: Zhiyuan; Wuliang; Jiangnan literati garden in Ming dynasty; dwelling; recreation

150

建筑史

第46辑

一 引言

园林本质上是一种景象优美并且富有文化气息的人居环境，与人的各种栖居、游憩行为存在明显的互动关系。中国古典园林拥有几千年的悠久历史，早期君主苑囿中的活动以狩猎、游观、通神为主，后期园林格局渐趋复杂，更加重视通过人的活动来展现园林的景致，依靠人的感悟来体会园林的意境。

明代是中国古代园林史晚期的重要阶段，皇家造园相对沉寂，但私家园林空前鼎盛，数量远超前代。江南地区的私家园林在明代园林体系中占据了特殊的地位，名园荟萃，巨匠辈出，在营造技艺方面取得巨大成就，在理论上也有卓越建树。同时值得注意的是，明代文人在园林中的栖居、游憩活动日益增多，诸如节庆、游览、宴饮、祭祀、诗文雅集、日常生活等，对园林的景观构成、空间形态、使用功能、环境氛围乃至审美标准有显著的影响。

江南名城常州古称延陵，历史上经济、文化均十分发达，是造园艺术的重镇之一，足以与苏州、扬州、杭州、湖州相颉颃，可惜昔日名园百不存一，今人殊乏关注，声名逐渐湮灭。吴氏祖籍常州府宜兴县，后迁居常州府城，成为当地的名门望族，明代后期门第尤为显赫，子弟纷纷科考中式，登上仕途，族人在城内外修建了十余座宅园与别业，其中吴亮于万历年间所营的止园山水清幽、亭榭精丽、花木繁多，堪称明代常州园林之翘楚。

止园虽然今已不存，但留下了大量的图画和诗文资料，可资参证。美国艺术史学者高居翰

（James Cahill）先生、中国园林史学者曹汛先生和青年学者黄晓博士、刘珊珊博士先后对止园展开考证和复原研究，硕果累累。本文拟在已有研究的基础上，对相关文献与图像作进一步的分析，探讨以止园为代表的江南文人园林中的园居生活情态，以及栖居、游憩行为与园林景致之间的具体关联。

二　历史渊源

中国古代早期园林活动的文献记录散见于史书、方志、杂记和文赋，大多语焉不详。自魏晋南北朝以降，许多深具文化修养的园林主人通过诗文来描述自己的园居生活，相关文献逐渐增多，著名者如西晋石崇的《金谷诗序》、东晋陶渊明的田园诗、南朝谢灵运的《山居赋》和庾信的《小园赋》，其中景致往往成为后世造园所热衷再现的主题，相关栖居形式也成为后人仿效的榜样。

唐代隐士卢鸿（一作卢鸿一）在嵩山建东溪草堂，辟有十景，分别赋诗作画，对其中的园居情态有所展现，如在草堂中"容膝休闲"，在樾馆"清谈娱宾"，在洞玄室"即理谈玄"，在云锦淙"幽玩忘归"[2]（图1）。

盛唐诗人王维在蓝田山中营造辋川别业，沿山谷设二十景，作有几十篇诗文，并绘《辋川图》，集园、诗、画三种艺术门类于一体，后世引为典范。王维关于辋川的文字偏于写意，提及的园居行为包括在竹里馆"弹琴复长啸"[3]（图2），在临湖亭"轻舸迎上客"[4]等。他在一首《田园乐》中写道："酌酒会临泉水，抱琴好倚长松。南圆露葵朝折，东谷黄粱夜春。"[5]提及临泉饮酒、倚松奏琴、晨折露葵、夜春黄粱四种日常雅居活动。王维的诗作深受陶渊明和谢灵运的影响，辋川别业也明显有陶公田园与谢公山居的影子，并以漆园一景表现道家代表人物庄子"漆园吏"的典故，但总体上较为隐晦。

唐代另一位诗人白居易晚年在洛阳履道坊建园，也作有大量诗文，《池上篇序》中提及自己在园中酿酒醑饮、抚琴赏乐、坐卧青石[6]，但并未强调其中蕴含哪些具体的典故。

两宋时期的文人园林无论造景还是园居活动本身都更加强调向经典致敬。北宋元丰五年（1082年），太尉、潞国公文彦博留守洛阳，仿唐代白居易在宅园中召集的九老之会，邀请洛阳退休官员之年高德劭者在洛中名园宴集，与会者共十三人，称"耆英会"[7]。元丰初年更著名的一次文人聚会是苏轼领衔的十六人在驸马都尉王诜的开封府园中举行的"西园雅集"[8]，对北宋之后的园林雅集活动及相关诗文、绘画产生巨大的影响。

❷（唐）卢鸿一.嵩山十志十首//文献［27］，卷123.

❸ 文献［11］：420，辋川集·竹里馆.

❹ 文献［11］：420，辋川集·临湖亭.

❺ 文献［11］：457，田园乐.

❻ 文献［12］，卷69，池上篇（并序）.

❼ 文献［14］：69.

❽ 这次盛会在历史上是否真实存在，学界有不同看法。

图1　唐代卢鸿绘《草堂十志图》（宋代摹本）（局部）（图片来源：台北故宫博物院藏）

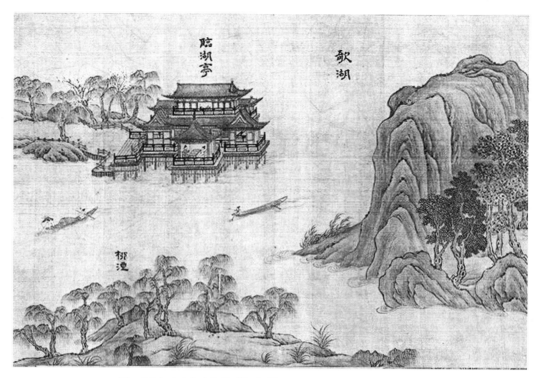

图2 （传）北宋郭忠恕摹《辋川图》（局部）（图片来源：台北故宫博物院藏）

❶ 文献［17］，卷6，乐圃记.

❷（宋）沈括. 梦溪自记//文献［31］：35.

❸ 文献［15］，卷3，独乐园七咏.

❹ 文献［15］，卷71，独乐园记.

❺ 文献［22］，卷2.

❻（明）秦瀚. 广池上篇//文献［34］：22.

宋代一些私家园林经常以唐代李德裕平泉山居、裴度绿野堂等前代名园为学习的对象，在园居生活上也有追随古人的倾向。朱长文在平江（今江苏苏州）筑园自居，取名"乐圃"，自撰《乐圃记》提及园"西北隅有高冈，命之曰见山，冈上有琴台"❶，隐含陶渊明"悠然见南山"之意。沈括在润州（今江苏镇江）建梦溪园，设百花堆、岸老堂、苍峡亭、竹坞、杏嘴、萧萧堂、深斋、远亭等诸景，称自己"渔于泉，舫于渊，俯仰于茂木美荫之间，所慕于古人者，陶潜、白居易、李约，谓之'三悦'"❷。

名臣司马光在洛阳尊贤坊所建的独乐园，设读书堂、钓鱼庵、采药圃、弄水轩、见山台、种竹斋、浇花亭七景，司马光自作《独乐园七咏》❸，将此七景分别与董仲舒、严子陵、韩伯休、陶渊明、杜牧之、王子猷、白居易七位古人联系在一起，每一景又与一种特定的生活、游乐活动相对应，如读书、戏水、"投竿取鱼"、"操斧剖竹"、"执衽采药"、"决渠灌花"、"临高纵目"❹，同时也是这七位古人曾经有过的举止行为。另据《疑耀》记载："昔司马温公依古式作深衣、幅巾、缥带，每出，朝服乘马，用皮匣贮深衣随其后。入独乐园，则衣之。"❺可见司马光曾经定制过一套古代衣冠，专门在独乐园中穿戴，有效法古人之意，也正合园中富有典故涵义的景致主题[39]（图3）。

明代中后期，江南地区造园之风日炽，园居生活的内容也愈加丰富。如嘉靖年间秦金在无锡惠山脚下造园，初名"凤谷行窝"，仿北宋哲学家邵雍"安乐窝"与"行窝"的旧典，以示仰慕先贤。继任的园主秦瀚仿白居易《池上篇》对全园进行大规模改造❻，水池、竹林、小亭、游船乃至灵石、仙鹤等各种设置均亦步亦趋，游赏方式也高度相似[37]。万历年间，秦燿

图3 明代仇英绘《独乐园图》（局部）（图片来源：美国克利夫兰美术馆藏）

改园名为"寄畅园",仿辋川别业设二十景,多数景致及其游赏方式都有典故可寻,如可曲涧流觞暗喻东晋王羲之兰亭,可赏鱼的知鱼槛引庄子"知鱼之乐"的故事（图4）,栖玄堂回忆西汉扬雄著《太玄经》往事,卧云堂引东晋谢安"高卧东山"轶事,含贞斋和桃花洞分别出自东晋陶渊明《归去来兮辞》与《桃花源记》,松下湖石比拟唐代李德裕平泉山居的醒酒石,箕踞室、鹤巢、清响斋、先月榭分别用唐代王维、孟浩然和白居易的诗,诸景又与古人曲水流觞、赏鱼、读书、抚松、踞石、赏月等行为一一对应,兴味盎然[38]。

图4 明代宋懋晋绘《寄畅园五十景图·知鱼槛》（图片来源：（明）宋懋晋绘. 无锡市锡惠园林文物名胜管理处编. 寄畅园图册[M]. 苏州：古吴轩出版社, 2007.）

明末清初文人张岱是世家子弟,其家族在山阴（今浙江绍兴）修建了多座园林[25],本人晚年所作的《陶庵梦忆》对读书、雅集、饮茶、看戏、听琴、品赏古玩等早年亲身经历的园林活动有详细记述,其中亦不乏典故,如崇祯七年（1634年）十月,作者曾与友人在不系园聚会赏红叶,讲述唐代将军裴旻为画家吴道子舞剑的故事,请朋友赵纯卿取竹节鞭作胡旋舞❼。

❼ 文献[24]：45.

明代造园著作中在列举手法、阐述理论之时,常常对相关园居活动进行描述,并引述古代范例。文震亨《长物志》崇尚古意,屡屡以古人为榜样,如其序言中提及"衣饰有王谢之风,舟车有武陵、蜀道之想","琴室"一节称"古人有于平屋中埋一缸,缸悬铜钟,以发琴声者","瑞香"一节引宋代《清异录》关于庐山宋僧人梦闻花香的记载,如此不胜枚举[18]。计成《园冶》更是包含大量与园居有关的典故,如"或借濠濮之上,入想观鱼""编篱种菊,因之陶令当年""锄岭栽梅,可并庾公故迹""岭划孙登之长啸""五亩何拘,且效温公之独乐"[21]等。

吴亮止园的诞生正逢造园艺术处于巅峰的晚明时期,依托钟灵毓秀的江南地域文化和自然禀赋营造而成,不但景致佳胜,同时也是主人及其家人、亲友理想的栖居游赏之地,其中有诸多的内容值得探析。画家张宏所作《止园图册》中生动描绘了人物在园中活动的形象,或乘船,或爬山,或漫步,或闲坐,堪为旁证。

三 栖居典故

吴亮（1562—1624）字采于,号严所,万历二十九年（1601年）中进士,授中书,历任湖广道御史、大理寺右少卿等职,万历三十八年（1610年）辞官回到常州,筑止园幽居,并以"止园"为别号。天启二年（1622年）应召重返朝堂,历任南京礼部仪制司主事、南京吏部验封司郎中、北京光禄寺丞,次年（1623年）转大理寺丞,晋升大理寺右少卿,天启四年（1624年）卒于任上❽。

吴亮本人的文集《止园集》中包含大量关于止园景物及园居生活的记录,其《止园记》开篇即称："余性好园居,为园者屡矣。"❾强调自己造园之目的就是为了居住生活,《止园集》卷五专门收录平时所作的园居诗。园中诸景的主题多有来历,同时其日常起居与游观活动十分丰富,多处仿效历史名人,有非常显著的典故化特点。

《止园记》说："园居之事,殊未可一二数也。"又言："时而安神闺房,寓目图史,味老氏之止足,希庄叟之逍遥,而闲居如潘岳则慈颜和,独步如袁粲则幽情畅,昌言如仲长统则凌霄

❽（明）陈于廷. 明大理寺右少卿赠本寺卿进通议大夫严所吴公墓志铭//文献[30],卷11.

❾ 文献[20],卷17,止园记.

图5 明代张宏绘《止园图·大慈悲阁》[35]

❶文献［20］，卷17，止园记.

❷文献［1］：55.

❸文献［2］：1.

❹（晋）潘岳.闲居赋//文献［8］，卷16.

❺文献［20］，卷17，止园记.

❻文献［20］，卷5，感述四首.

❼文献［20］，卷17，止园记.

❽文献［10］，卷26.

❾（唐）孙元晏.袁粲//文献［27］，卷767.

❿文献［6］，卷49.

⓫文献［20］，卷5，感述四首.

⓬文献［9］，卷7，与子俨等疏.

⓭文献［20］，卷5，竹香庵五首（集杜）.

汉，高卧如陶靖节则傲羲皇。"❶这段话包含了内室休憩、阅读书籍、闲居孝亲、独自散步、评论时事、悠闲高卧六种生活情态，分别与六位古人相对应。

"老氏"与"庄叟"分别指先秦哲学家老子和庄子。《道德经》第四十四章云："知足不辱，知止不殆，可以长久。"❷《庄子》第一篇题为"逍遥游"❸。"止足"与"逍遥"是道家所推崇的至高境界，吴亮以此作为园居生活的精神追求，园中景致风格清雅，生活情调澹泊，深含道家哲理。

西晋文学家潘岳（247—300）字安仁，作《闲居赋》，描写自己优游自在的庄园生活，其中提到"太夫人在堂，有羸老之疾，尚何能违膝下色养，而屑屑从斗筲之役？于是览止足之分，庶浮云之志，筑室种树，逍遥自得。"❹将园林看作是奉养母亲的美好环境，下文又描写为母亲举行寿宴的场景："昆弟斑白，儿童稚齿，称万寿以献觞，咸一惧而一喜。寿觞举，慈颜和，浮杯乐饮，绿竹骈罗，顿足起舞，亢音高歌，人生安乐，孰知其他。"吴亮最初原拟在宜兴（古称荆溪）的山林之中造园，为了奉养母亲才改在常州近郊筑止园，《止园记》曾谓："顷从塞上挂冠归，拟卜筑荆溪万山中，而以太宜人在堂，不得违只尺，则舍兹园何适焉。"❺吴亮《感述四首》诗又描写侍奉母亲欣赏庭树以及乘小轿晨游的场景："怡颜眄庭柯，板舆奉晨游。"❻情况与潘岳如出一辙。又因太夫人信佛，故于止园东北建大士慈悲阁（图5），供奉观音像，"实太宜人所皈礼者也"❼。

袁粲（420—477）是南朝刘宋时期的宰相，位高权重，却举止潇洒，喜欢在园林中独处漫步，饮酒作诗，对此《南史·袁粲传》有载："粲负才尚气，爱好虚远，虽位任隆重，不以事务经怀，独步园林，诗酒自适。"❽唐朝诗人孙元晏曾作诗赞誉："负才尚气满朝知，高卧闲吟见客稀。独步何人识袁尹，白杨郊外醉方归。"❾吴亮认为这是一种"幽情畅"的超脱风度，值得学习。

东汉末年学者仲长统（180—220）字公理，性格豪爽，敢于直言，人称狂生，作《昌言》议论时政，切中利弊，慷慨激越❿。吴亮本人仕途不顺，曾在《感述四首》诗中叹息："主父宦不达，贾生志未酬"⓫，自比西汉的主父偃和贾谊。他虽然辞官隐居，却依然关切朝政，难免会向仲长统一样发发议论。

东晋文学家陶潜（？—427）又名渊明，字元亮，私谥靖节，因耻于"为五斗米而折腰"，辞官归隐田园。《与子俨等疏》是陶渊明给儿子们的一封家信，其中写道："常言五六月中，北窗下卧，遇凉风暂至，自谓是羲皇上人。"⓬意思是在北窗下躺着，吹吹凉风，便感觉自己是上古伏羲时代的人，无拘无束，自由自在。吴亮集杜诗而成的《竹香庵》诗中有"谁能更拘束，白日到羲皇"⓭之句，《夏日园居》诗又云："此中有真意，直欲叩羲皇"⓮，与陶渊明之语遥相呼应。

止园西北的真止堂、华滋馆、竹香庵、清籁斋一带是日常起居生活的主要空间，所谓"栖息之隩区也"，院落相对规整，建筑密度略高，功能性较强，足以容纳全家雅居。其中竹香庵位于竹林之中，庭中种香橼，侧面建清籁斋，"竹香"二字取唐代杜甫《严郑公宅同咏竹》诗"风吹细细香"⑮之句，强调以嗅觉来感受竹木清幽的气息，为生活添加一点情趣。

真止、坐止、清止三堂并排而立，皆以"止"为名，与园名对应。陶渊明有一首《止酒》诗，声言自己即将戒酒，云："坐止高荫下，步止荜门里。平生不止酒，止酒情无喜。……始觉止为善，今朝真止矣。"⑯诗中提到"真止"和"坐止"。宋代诗人陈宓《次仙磎陈侍郎韵寄题刘尚书二首》中有一首《真止》诗，曰："利禄由来酒样醇，伊谁未醉解收身。须知泽畔独醒客，不顾墙间饱饫人。晋代风流多逸士，陶公名节号忠臣。筑堂景慕前贤行，饮水端能哜道真。"⑰由此推测，止园真止堂应为平日宴饮之所，仿陶渊明饮酒为乐（图6）。

图6 明代张宏绘《止园图·真止堂》[35]

吴亮集陶诗而成的《真止堂》诗中又云："仲蔚爱穷居，长公曾一仕。"⑱所云人物为西晋高士张仲蔚和西汉张挚（字长公）——赵岐《三辅决录》称："张仲蔚，平陵人也，与同郡魏景卿俱隐身不仕，所居蓬蒿没人。"⑲《史记·张释之列传》记载张挚为张释之之子，"官至大夫，免，以不能取容当世，故终身不仕。"⑳此二人是陶渊明所敬佩的古人，吴亮予以转引，表明自己甘愿隐居的态度。

四 景致游赏

除了日常起居生活之外，吴亮及家人、亲友在园中还有许多游乐与雅集活动，如《止园记》所云之"抚孤松而浩歌，聆众籁以舒啸，荆扉常掩，俗轨不至，良朋间集，浊醪自倾"㉑，与景致的关系更为密切。

华滋馆"南向旷然一广除，分畦接畛，遍莳芍药百本，春深着花如锦帐，平铺绣茵，横展灿烂盈目。"㉒（图7）此处是赏花的所在，"华滋"二字源自唐代名相张九龄的《苏侍郎紫薇庭各赋一物得芍药》诗："仙禁生红药，微芳不自持。辛因清切地，还遇艳阳时。名见桐君箓，香闻郑国诗。孤根苦可用，非直爱华滋。"㉓曾有客人将这片繁花胜景比作西晋富豪石崇的金谷园，吴亮表示"谢不敢当"。金谷园以豪奢著称，游园方式铺金陈玉，显然为吴亮所不取，而张九龄对芍药的欣赏方式更值得推崇。

止园中部梨云楼一带种梅花百株，隐约有岭南罗浮山和苏州玄墓山梅林之姿，"苍苔鳞错，绿竹掩映，古寒香色，时时袭衣裾而乱袍履。"㉔吴亮取北宋苏轼《西江月·梅花》词中"高情已逐晓云空，不与梨花同梦"㉕之句，定名为"梨云"。南宋周密《瑶华》词另称："江南江北曾未见，谩拟梨云梅雪"㉖，可能是景名的另一个直接来源。在此游观，四面有佳景可赏，所谓"宜月""宜花""宜风""宜雨""宜雪"，宋代方蒙仲《采芹亭》诗云："宜月宜风还宜雪，烟雨冥蒙景更宜。"明代后期文坛领袖王世贞在太仓筑弇山园，其《弇山园》也

图7 明代张宏绘《止园图·华滋馆》[35]

⑭ 文献［20］，卷5，夏日园居八首.

⑮（唐）杜甫. 严郑公宅同咏竹//文献［27］，卷228.

⑯ 文献［9］，卷3，止酒.

⑰（宋）陈宓. 次仙磎陈侍郎韵寄题刘尚书二首·真止//文献［32］，卷142.

⑱ 文献［20］，卷5，真止堂二首（集陶）.

⑲ 文献［5］：14.

⑳ 文献［4］，卷102.

㉑ 文献［20］，卷17，止园记.

㉒ 文献［20］，卷17，止园记.

㉓（唐）张九龄. 苏侍郎紫薇庭各赋一物得芍药//文献［27］，卷48.

㉔ 文献［20］，卷17，止园记.

㉕ 文献［13］，西江月·梅花.

㉖（宋）周密. 瑶华. 东坡词//文献［26］，卷20.

图8 明代张宏绘《止园图·水周堂》[35]

❶ 文献 [19]，卷59，弇山园记.

❷ 文献 [9]，卷3，归去来兮辞.

❸ 文献 [20]，卷5，度石梁陟飞云峰.

❹ 文献 [20]，卷17，止园记.

❺（战国）屈原. 九歌//文献 [3]，卷2.

❻ 文献 [7]：29.

❼ 文献 [20]，卷17，止园记.

❽（唐）李白. 山中问答//文献 [27]，卷178.

❾ 文献 [11]，417，辋川集·鹿柴.

❿ 文献 [20]，卷17，止园记.

⓫ 文献 [20]，卷5，鱼乐国.

⓬ 文献 [16]，卷29，书湖阴先生壁二首.

⓭ 文献 [20]，卷5，古廉石.

有"宜花""宜月""宜雪""宜雨""宜风""宜暑"❶的说法。止园此景远学宋人，近学弇山，欣赏品位高度吻合。

陶渊明《归去来兮辞》曰："抚孤松而盘桓"❷，后代园林将"抚松"作为一种亲近自然田园的行为。止园东部"径右折拾级而上，得石梁可登，陟山颠有松可抚"，此为特意设置的松景，吴亮诗文中不止一次提及"抚孤松"的意象，如《度石梁陟飞云峰》诗云："徘徊抚孤松，恍惚生烟雾"❸，《止园记》又称"抚孤松而浩歌"❹。

止园"独以水胜"，全园池溪纵横，脉络相连，舟游成为重要的游览方式。园主以《桃花源记》中武陵渔人的行船经历为参照，打造出曲折蜿蜒的水道，并种植桃树成林，形成"桃坞"一景。吴亮《桃园》诗云："咫尺桃园可问津，墙头红树拥残春。故园自有成蹊处，不学渔郎欲避秦。"《竹香庵》诗曰："茅屋还堪赋，桃源何处求。欲浮江海去，从此具扁舟。"值得注意的是，园中舟游同时又被比作屈原《九歌》中的湘君"乘兮桂舟"泛于湘水，所见景象是"鸟次兮屋上，水周兮堂下"❺，故将四面环水的厅堂称为"水周堂"，其诗云："倘逢渔夫遥相问，肯作湘累泽畔游。"（图8）

《世说新语》载东晋简文帝入华林园，称："会心处不必在远，翳然林水，便自有濠濮涧想也，觉鸟兽禽鱼自来亲人。"❻吴亮在《止园记》中引用了这句话，以此描绘在园中东西两水之间行走的感受，强调令人惬意的风景无需辽阔，而是幽静可亲。

止园西南蒸霞槛一带"北负山，南临大河，红树当前，流水在下"❼，吴亮每次游到这里，都会口诵唐代李白《山中问答》诗："桃花流水窅然去，别有天地非人间。"❽前二句是："问余何意栖碧山，笑而不答心自闲。"吴亮实际上将登假山比作李白在名山遨游栖隐。

中国古人将鹿视为瑞兽，历代园林中养鹿的情况极为普遍，驯鹿、赏鹿也是重要的游乐方式。唐代王维辋川别业二十景中有一景名为"鹿柴"，在山坡上围以栅栏，放养麋鹿，裴迪《鹿柴》诗云："不知深林事，但有麏麚迹。"❾止园设有同名景致，"时招麋鹿与之游"❿，并引李白诗句"树深时见鹿"加以描绘。

吴亮止园诗中有一首题为"鱼乐国"，显然与寄畅园知鱼槛一样，都源自庄子与惠子"濠梁观鱼"的旧典。《庄子·逍遥游》有北冥有鱼化而为鹏的故事，《庄子·则阳》讲述了蜗牛两角各有一国彼此相争的寓言。吴亮由观鱼而引发了更多的联想，其诗云："共诧北溟千里，有如南面百城。鹏鸟逍遥自乐，蜗牛蛮触相争。"⓫用的便是这两个典故。

园中还有一些景致也有出典，例如来青门东对城外芳茂、安阳两座小山，用北宋王安石《书湖阴先生壁》诗："两山排闼送青来"⓬；小山上有"一峰苍秀"，相传是"古廉石"，即三国东吴郁林太守陆绩压船还家的巨石，是廉洁奉公、两袖清风的象征，吴亮《古廉石》咏道："何如压载郁林守，留得廉名直至今。"⓭园中还有一尊奇石，来自蒋氏园，吴亮引《玄中记》"千岁之树化而为羊"和《神仙传》"黄初平化羊为石"的记载，称之为"青羊石"。不过这些景致并无具体的游赏方式记录，不再详述。

五 追慕先贤

如前所述，与司马光独乐园和许多前贤园林类似，吴亮的止园的栖居游乐活动具有深刻的典故涵义，并有特定的景观空间或观赏对象与之对应。

陶渊明是吴亮最仰慕的一位古人，止园有多处园居形式追随陶公的足迹，如北窗高卧、抚松盘桓、泛舟桃源、真止饮酒等。吴亮在《夏日园居》诗中说："吾意陶潜解，儿宁愧阿舒。"[14]某年重阳节在园中举行雅集，登高赏菊，其诗中也提及"九日陶公菊尚留"[15]。

吴亮辞官归隐的经历与陶渊明颇为相似，《题止园》诗云："陶公澹荡人，亦觉止为美。偶然弃官去，投迹在田里。"[16]虽然说的是陶渊明，却几乎可以看作是其本人形迹的忠实写照。止园很有陶氏田园风味，有"沃土可种秫"，其中的生活情状也宛似老农。吴亮称自己"尝读渊明《止酒》诗，其言'止'者，非一，'始觉止为善，今朝真止矣'，此余所以真止名吾堂而并其名吾园之意也。"[17]还作有两首吟咏真止堂的长诗，集陶诗成句缀成，引申出"吾身行归休，今朝真止矣"[18]的感叹，千载之下，与陶公更有共鸣。

比吴亮生活时代稍早的王世贞成为他的另一位偶像。止园对王氏弇山园有很重的模仿痕迹，《止园记》也宛如《弇山园记》的翻版。《弇山园记》称："园亩七十而赢，土石得十之四，水三之，室庐二之，竹树一之。"[19]（图9）止园的景物分布比例稍有差异："园亩五十而赢，水得十之四，土石三之，庐舍二之，竹树一之。"[20]止园中有一座石峰形如蟹螯，与弇山园一石形态相近，特意在上面刻上王世贞的诗句。吴亮在止园的种种行为，也都可与王世贞在弇山园的园居活动相参照。

吴亮所致敬的历代名人还包括仲长统、简文帝、潘岳、袁粲、张九龄、李白、王维、苏轼等，从不同角度对其园居生活和赏景方式进行提示，赋予其更浓厚的文化色彩。

总体上看，吴亮最仰慕具有隐逸情怀的古人，而对热衷功名利禄者表示轻视。他在《答吴

[14] 文献［20］，卷5，夏日园居八首.

[15] 文献［20］，卷5，杜象玄郡伯九日枉集郊园.

[16] 文献［20］，卷5，题止园.

[17] 文献［20］，卷17，止园记.

[18] 文献［20］，卷5，真止堂二首（集陶）.

[19] 文献［19］，卷59，弇山园记.

[20] 文献［20］，卷17，止园记.

图9 明代钱穀绘《小祗园图》所呈现的弇山园景致（图片来源：台北故宫博物院藏）

❶ 文献［20］，卷5，答吴子行题咏小园二首.

❷（南齐）孔稚珪. 北山移文//文献［23］，卷6.

❸ 文献［20］，卷5，小圃山成赋谢周伯上兼似子于弟二首.

❹ 文献［20］，卷17，止园记.

❺ 文献［20］，卷5，园居即事三首.

子行题咏小园》诗中说："卜筑自能同蒋诩，弹冠应不藉王阳"❶，将西汉末年隐士蒋诩视为同道，却不愿仿效先后出仕并弹冠相庆的贡禹、王吉（字子阳）。

南朝孔稚珪写过一篇《北山移文》，讽刺周颙隐居钟山、沽名钓誉然后出仕的虚伪做派，文末说："请回俗士驾，为君谢逋客"❷，意思是："请这位俗人回去吧，我们为山神谢绝你这位逃客的再次到来。"吴亮诗"一丘足傲终南径，莫使移文诮滥巾"❸说的就是这件事，他还在在《止园记》说自己与止园结下盟约，各不相负，否则"请移文如钟山故事，甘谢逋客"❹，显然将周颙视作反面典型，耻与为伍。

但实际上吴亮虽然归隐，心中并未忘却国事。万历末年至天启年间，后金政权在辽东崛起，铁骑席卷关外；朝中政事糜烂，东林党与阉党斗争剧烈。吴亮在《园居即事三首》诗中提到"有客长安来，偶谈京洛事"❺，感叹"边声何太急""牛李既树敌"，对边疆战争和朝堂党争表示担忧，表现出士大夫既想逍遥遁世却又心系天下的矛盾心理。他在止园住了12年之后，终于放弃了隐士的生活，复出为官。

六 结语

从某种程度上说，以止园为代表的明代江南文人园林很像是一个以风月、山水、亭台为背景的独立舞台，园主的种种栖居游乐行为有明显的自导自演的倾向，以风雅的前人为扮演对象，或将古人想象为园中的良朋佳侣，超脱尘世，如梦似幻，别有一番情趣。

到了清代，江南园林中的园居生活内容更趋于复杂化和多元化，在陈淏《秘传花镜》、李渔《一家言》、沈复《浮生六记》、李斗《扬州画舫录》等著作中有生动的体现，而《红楼梦》中虚构描写同样深刻地反映了真实的历史原貌。止园作为明末一座江南名园，承上启下，其中的园居记录尤其值得今人品析鉴赏，并对其文化特质作进一步的解读。

参考文献

［1］（元）董思靖集解. 太上老子道德经集解［M］. 北京：中华书局，1985.

［2］王先让注. 庄子集解［M］. 北京：中华书局，1954.

［3］（汉）王逸编. 楚辞章句［M］. 清代乾隆年间文渊阁四库全书本.

［4］（汉）司马迁. 史记［M］. 北京：中华书局，1982.

［5］（汉）赵岐. 三辅决录［M］. 西安：三秦出版社，2006.

［6］（南朝宋）范晔著.（唐）李贤等注. 后汉书［M］. 北京：中华书局，2000.

［7］（南朝宋）刘义庆. 世说新语［M］. 上海：上海古籍出版社，1982.

［8］（梁）萧统编. 文选［M］. 上海：上海古籍出版社，1997.

［9］（晋）陶潜. 陶渊明全集［M］. 上海：中央书店，1935.

［10］（唐）李延寿. 南史［M］. 北京：中华书局，1975.

［11］（唐）王维撰. 陈铁民校注. 王维集校注［M］. 北京：中华书局，1997.

［12］（唐）白居易著. 喻岳衡点校. 白居易集［M］. 长沙：岳麓书社，1992.

［13］（宋）苏轼. 东坡词［M］. 清代乾隆年间文渊阁四库全书本.

［14］（宋）沈括著. 侯真平校点. 梦溪笔谈［M］. 长沙：岳麓书社，2002.

［15］（宋）司马光. 司马文正公传家集［M］. 上海：商务印书馆，1937.

［16］（宋）王安石. 临川先生文集［M］. 北京：中华书局，1959.

［17］（宋）朱长文. 乐圃余稿［M］清代乾隆年间文渊阁四库全书本.

［18］（明）文震亨著，陈植校注. 长物志［M］. 南京：江苏科学技术出版社，1984.

［19］（明）王世贞. 弇州山人四部稿续稿［M］清代乾隆年间文渊阁四库全书本.

［20］（明）吴亮. 止园集［M］. 明代天启元年刻本.

［21］（明）计成著．陈植注释．**园冶注释**［**M**］．北京：中国建筑工业出版社，1981．

［22］（明）张萱．**疑耀**［**M**］．清代乾隆年间文渊阁四库全书本．

［23］（明）梅鼎祚编．**南齐文纪**［**M**］．清代乾隆年间文渊阁四库全书本．

［24］（明）张岱著．马兴荣点校．**陶庵梦忆·西湖梦寻**［**M**］．北京：中华书局，2007．

［25］（明）张岱著．夏咸淳校点．**张岱诗文集**［**M**］．上海：上海古籍出版社，1991．

［26］（清）朱彝尊编．**词综**［**M**］．清代乾隆年间文渊阁四库全书本．

［27］（清）玄烨主编．**御定全唐诗**［**M**］．清代乾隆年间文渊阁四库全书本．

［28］（清）陈淏．**秘传花镜**［**M**］．清代康熙年间刻本．

［29］（清）沈复著．俞平伯校点．**浮生六记**［**M**］．北京：人民文学出版社，1980．

［30］（清）吴光焯．**北渠吴氏翰墨志**［**M**］．中国国家图书馆藏清代光绪五年木活字本．

［31］陈植，张公弛选注，陈从周校阅．**中国历代名园记选注**［**M**］．合肥：安徽科学技术科技出版社，1983．

［32］北京大学古文献研究所编．**全宋诗**［**M**］．北京：北京大学出版社，1998．

［33］周维权．**中国古典园林史**［**M**］．北京：清华大学出版社，2008．

［34］秦志豪主编．**锡山秦氏寄畅园文献资料长编**［**G**］．上海：上海辞书出版社，2009．

［35］高居翰，黄晓，刘珊珊．**不朽的林泉——中国古代园林绘画**［**M**］．北京：生活·读书·新知三联书店，2012．

［36］黄晓，程炜，刘珊珊．**消失的园林——明代常州止园**［**M**］．北京：中国建筑工业出版社，2018．

［37］黄晓．**凤谷行窝考——锡山秦氏寄畅园早期沿革**//贾珺主编．**建筑史（第27辑）**［**M**］．北京：清华大学出版社，2011：107–125．

［38］黄晓，刘珊珊．**明代后期秦耀寄畅园历史沿革考**//贾珺主编．**建筑史（第28辑）**［**M**］．北京：清华大学出版社，2012：112–135．

［39］贾珺．**北宋洛阳司马光独乐园研究**//贾珺主编．**建筑史（第34辑）**［**M**］．北京：清华大学出版社，2014：103–121．

福建永安青水民居的平面格局研究 ❶

韩晓斐　　薛力

（韩晓斐，华南理工大学建筑学院；薛力，东南大学建筑学院）

❶ 本文为国家自然科学基金（51778124）和中央高校基本科研业务费专项资金（C2181660）的相关成果。

摘要： 青水乡位于福建省中部，当地传统民居多建于明清两代。其平面体现了当地居民的住宅设计理念：核心强调宗族秩序但外围根据生产生活的需要灵活变通，设计建造有一定的规则但在大框架之外灵活变通，讲究风水但针对当地实际情况对风水理论有适应性扩展。本研究的基础主要是田野调查、实地测绘和民间访谈所取得的第一手资料，通过核心内院、护拢与姑亭、前后围屋、大门、平面尺度与比例五个部分对青水民居的平面格局进行分析。目前由于经济的发展，当地民居消逝速度惊人，此研究也可以实现对青水传统民居深入认识并保存资料的目的。

关键词： 青水民居，平面格局，风水，压白，宅祀合一

An Analysis of the Plan of Vernacular Dwellings of Qingshui, Fujian Province

HAN Xiaofei, XUE Li

Abstract: Qingshui is located in the mountainous area of Fujian province, most of whose traditional dwellings were built in Ming and Qing dynasties. The design of plan reflected the pursuit of the ideal residential environment of local residences: the core of buildings emphasizes the order of clan but the periphery show flexibility and adaption according to the practical life; the design of the buildings indicate certain rules but adjust measures were implemented to the condition of the site; the residences favor Fengshui but carried out adaptive extension to the Fengshui theory based on the local condition. The foundation of this research arises from the first-hand information of field study, surveying and mapping, and interview of local craftsman. Through the study of the plan of traditional dwellings of Qingshui, to fulfill the purpose of the in-depth study and preserve the document of tradition.

Key words: vernacular dwellings; plan; Fengshui; Yabai; combination of mundanity and divinity

一　导言

　　青水乡位于福建省中部，其中畲族占总人口的33%，客家人占52%，其他汉族占15%[1-2]。当地传统民居多建于明清时期，特征鲜明，但是因为此地环境闭塞且交通不便，长久以来一直鲜为人知。进入21世纪之后，由于经济的发展，继承制度的改变，以及居民对新式砖混建筑的追求，当地传统建筑渐渐衰败和消失，愿意学习传统建造技艺的工匠也越来越少，在这种情况下对青水民居的抢救性研究十分重要。本文主要以实地调查、对工匠的访谈，以及东南大学建筑学院青水测绘小组自2006年始进行的测绘工作为基础，结合已有的文献资料对青水传统民居的建筑平面进行分析，并达到保存资料的目的。

二　青水民居简介

　　青水地区为丘陵地带，可用于耕种的土地十分珍贵，素有"九山半水半分田"之说。当地居

图1 大厝祠 (图片来源：韩晓斐摄)

民都尽可能选择山脚的位置建造房屋，将狭窄的山间平地留作耕地。当地居民在建造房屋时，多就地取材，珍惜土地，以节制的态度利用生态资源[3]；并且以尽量不破坏地貌为先决条件，多顺应自然，因地制宜（图1）。因此青水的村落形态并非集中组团式，而是沿河流自上游向下游线性发展；没有完整的街巷空间和明显规划的交通系统，道路系统的发展随形就势；住宅的朝向以及它们之间的距离并不固定，松散分布，星星点点散落于竹林稻海之间[4-6]。村落形态总体呈现大聚居，小分散的特点[7]。

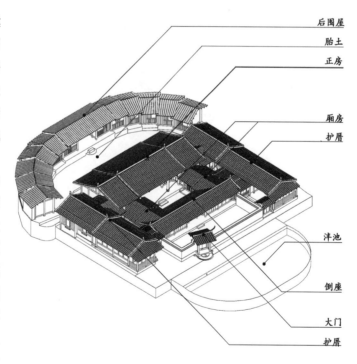

后围屋
胎土
正房
厢房
护厝
泮池
倒座
大门
护厝

图2 青水民居的各组成部分，以燕翼堂为例
（图片来源：马晓军、康鹏飞、戴亚斐测绘，韩晓斐改绘）

青水传统民居的基本组合模式可以分为三种：合院、合院+护拢（也称护厝）和合院+护拢+围屋[4][8]。房屋后有胎土，部分住宅前有泮池。与中原地区以合院为基本单位扩张不同，青水民居以护拢为基本单位做横向扩展[4]（图2、表1）。"宅祀合一"是青水传统民居最鲜明的特点之一，为增强宗族凝聚力，祭祖空间在住宅中处于核心地位，居住和生产等生活空间围绕祭祀空间分布，体现了实用性与精神性的统一。青水民居的围墙较矮，防卫功能几近于无，在中华人民共和国成立前此地素有匪患，当土匪来袭，村民会逃往家族共有的土堡中避祸。

表1 青水民居的基本组合模式

组合模式		案例	
合院	三合院、四合院	龙归祠	进财祠
合院 + 护拢	合院 + 单侧护拢	龙镇祠	福临祠
	合院 + 双侧单护拢	大厝祠	鸾凤堂
	合院 + 单侧双护拢	东兴祠	福兴坊
	合院 + 双侧双护拢	东兴堂	崇德祠
合院 + 护拢 + 围屋	前围屋、后围屋	东发堂	燕翼堂

注：龙归祠：王均、陆昊、孙志坤测绘；进财祠：姚欣悦、肖冰、李力测绘；龙镇祠：王均、陆昊、孙志坤测绘；福临祠：张春晓、刘菲测绘；大厝祠：唐颖丽、汤晓伟、吴伟刚测绘；鸾凤堂：张莉、吴慧、顾雨拯测绘，邹雨佳、薛力修改；东兴祠：李晨星、陈超、黄轩测绘；福兴坊：吴悠、董凡正、赵璘测绘，辛晓东、薛力修改；东兴堂：周慧、赵晓玲、彭晓暄测绘，傅洁、薛力修改；崇德祠：周德章、林明路、王一鹏测绘，傅洁、薛力修改；东发堂：沙菲菲、李垣、范凯测绘，韩晓斐、薛力修改；燕翼堂：马晓军、康鹏飞、戴亚斐测绘，韩晓斐改绘。

三 青水民居的平面设计

青水民居的平面设计反映了当地居民的生活智慧、宗族习俗和对理想居住环境的营造，具体表现在：一是采用了合院+护拢的空间形制，增强凝聚力同时可以满足生产生活需要，而且各部分的布局方式强调了差序格局，"譬如北辰，居其所，而众星拱之"[9]，祖堂居其中，其余组成元素围绕祖堂而建；二是对风水的遵守，虽然大部分并无科学依据但是体现了当地居民的朴素信仰。青水民居体现了"阴阳之枢纽，人伦之楷模"的住宅建造理念[10]。

1. 核心内院

核心内院有三合院和四合院两种，建于明代的民居，其核心内院多为三合院，建于清代的民居核心多为四合院。三合院由正房和对称布置的左右厢房（当地称为上间、下间）组成，庭院由一级台阶分为上下两部分：上为内院，由正房和两厢围合，下为前院，由围墙、门头和两厢的山墙围合[4]。四合院由正房、对称布置的厢房和倒座（当地称为下厅）组成，通常在倒座的明间开门。另外，带护拢的四合院还有一个横向狭长前院，由倒座、围墙和大门围合而成（图3）。

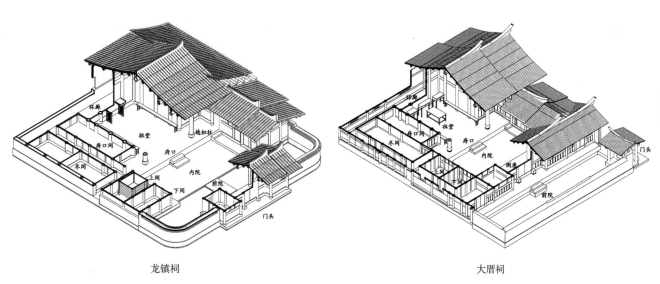

龙镇祠　　　　　　　　　　　　　　　　大厝祠

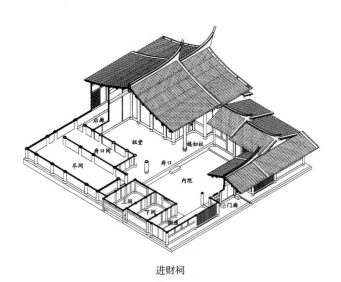

进财祠

图3 三合院、有前院的四合院和没有前院的四合院（图片来源：龙镇祠：王均、陆昊、孙志坤测绘；进财祠：姚欣悦、肖冰、李力测绘；大厝祠：唐颖丽、汤晓伟、吴伟刚测绘，韩晓斐改绘）

图4 东兴堂祖堂中的供奉（左）和鸾凤堂祖堂中的小手工作坊（右）（图片来源：韩晓斐摄）

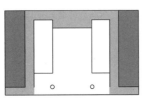

环廊外加尽间

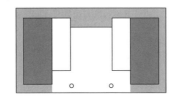

环廊内加尽间

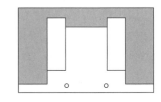

环廊扩大为尽间

图5 正房环廊模式（图片来源：韩晓斐绘）

正房为五开间，一明四暗。明间称为祖堂，是整栋建筑最核心的部分，供奉着祖先，也作为商讨家族重要事务的场所（图4）。如今有些民居的祖堂在不进行祭祖活动的时候成为小手工作坊，住户在这里从事一些烟叶粗加工、木工、蜡烛制作等副业。次间又称为府口间，和尽间一样都作为卧室。正房的布局有环廊外加尽间、环廊扩大为尽间以及环廊内加尽间三种形式[7]（图3、图5）。这样的设计是由于祖堂的檐柱（媳妇柱）以内的空间是禁止女性进入的，环廊的设置是为了补救这种规定所带来的不便[11]，并且将生活起居流线与内院中所进行的祭祖、教育、待客等公共性活动流线区分开来。

厢房的上间也被称为"书院"，因为这里曾经是家中子孙的读书场所。厢房的下间以及倒座多作为卧室之用。但是由于当地居民如今更喜欢住在砖混结构的新房里，现在大多数民居的厢房和倒座里已经没有人居住。倒座和厢房呈U形，增强了院落的围合感。

核心内院的公共流线和居家流线区分明确，这样的设计给日常生活带来了些许不便，但是保证了祖堂的作为公共空间的完整与独立。在明清时期和民国时期，青水地区一直有匪患，为了与土匪作斗争，同时也为了同其他的家族争夺资源，宗族的团结十分重要。因此核心内院作为开展祭祀、议事、教育等可以增强凝聚力的宗族公共活动的空间，是至关重要的，是全宅的核心所在。

2. 护拢与姑亭

护拢布置于核心内院的两侧，有单侧单护陇、双侧单护陇、单侧双护陇以及双侧双护陇四种类型（表1）。护陇有的用于居住，有的用于厨房、储藏、作坊、畜舍等辅助功能，其功能取决于住户的实际需要。有些家庭人口较少，只在核心内院中居住，护陇作为辅助空间。有些家庭人丁兴旺，护陇中会有数目不等的卧室。另外，根据当地的习俗，有共同祖先的人各自组建小家庭后，仍然可能会聚居在他们共同的祖宅里，但是各家庭同住不同吃，护陇中可能会存在不止一个厨房和餐厅（护陇中的餐厅也叫花厅）（图6、图7）。

护拢空间组织的出发点是灵活、实用、经济。它的开间数有的是奇数，有的是偶数，各开间的功能并不固定，可以灵活布置；各开间的尺寸并不相同，取决于材料尺寸、功能需要和宅基地的条件，各房间也没有等级差异。护拢的空间组织模式几乎完全放弃了对礼制文化的追求，只讲求经济实用，与具有精神性功能的核心合院彼此功能互补，才能实现"宅祀合一"的功能需求。

护拢的地基通常分为二至三段，两级地基的建筑间有可直通户外的间隙，这道间隙宽约1米，有挑檐遮盖防雨。根据测绘的数栋民居的情况，护拢开间多在2.5～3.5米，进深在4.6米左右，外檐走廊宽约1米，前后贯通，走廊两端各有一个辅助性出口，将功能性流线与中路的礼制性流线完全分开。护拢的长度由地基的情况

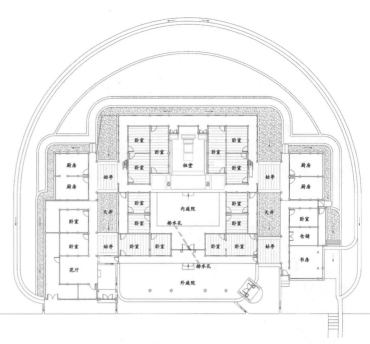

图6 鸾凤堂平面图 (图片来源：张莉、吴慧、顾雨揣测绘，邹雨佳、薛力修改)

决定，目前所测得民居除东兴堂外，两侧护拢的长度都不相同，通常在建筑来水边的护拢较短，因当地居民认为水可以带来财气，护陇的长度不能遮挡门楼"吃水"，同时去水边的护拢较长，因为居民认为这样能为家族留住一些水带来的"财气"。

护拢与核心内院之间的狭长天井在当地被称为木条天井，天井中设两座架空的连廊连接内院与护拢，这种连廊被称为姑亭（也叫水厅），是住宅中的起居室和餐厅（图7）。两座姑亭将木条天井分作三段，因为青水的宅基地从后到前存在有一定的坡度，姑亭便有了上下之分，靠近祖堂的称为上姑亭（或上水厅），靠近正门的称为下姑亭（或下水厅）。姑亭的面积没有定数，上姑亭的底边与正房台基的底边对齐，顶边不会超过护拢的顶边且至少有1米的距离；下姑亭一定会与倒座的前檐廊连通（图8）。

3. 围屋与围墙

围屋与围墙的建造初衷都是对住宅风水缺陷的补救，再由户主的经济条件以及实际需要决定建造围屋或是围墙（图9）。

前围屋和前围墙都是沿泮池的外边缘建造，它们的弧度与形状取决于泮池[4]。前围屋沿住宅的纵轴线左右对称，开间数为奇数，例如东发堂的前围屋开间数为9间，每个开间的角度约为

图7 崇德堂姑亭（左）和东兴堂的花厅（右）(图片来源：韩晓斐摄)

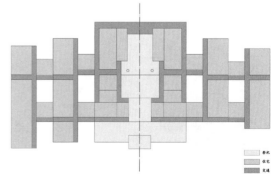

图8 合院+双侧双护陇住宅的生活空间、祭祀空间和交通流线 (图片来源：韩晓斐绘)

13°。前围屋的明间一般作为通道，围屋的内侧有一圈走道（图10）。后围屋和后围墙通常是沿花台❶的外边缘建造[4]。以燕翼堂为例，它的后围屋沿住宅的纵轴线左右对称，开间数为13间，明间和次间的开间方向平行于住宅的横轴线，除明间和次间外，向左向右各有五间，大致以正房尽间内的某点为圆心排列成圆弧状，每间所占角度约为13°（图10）。因后围屋的功能为遮挡"煞气"，不适宜居住，以前多用做辅助性用房，但中华人民共和国成立后当地居民不像以前那样看重风水，而且因为家族兴盛、人口渐多，目前燕翼堂的后围屋也转变功能，开始有人居住。燕翼堂的后围屋的明间为小祠堂，供奉有家族成员的牌位，供桌后有小门可通向住宅外部。

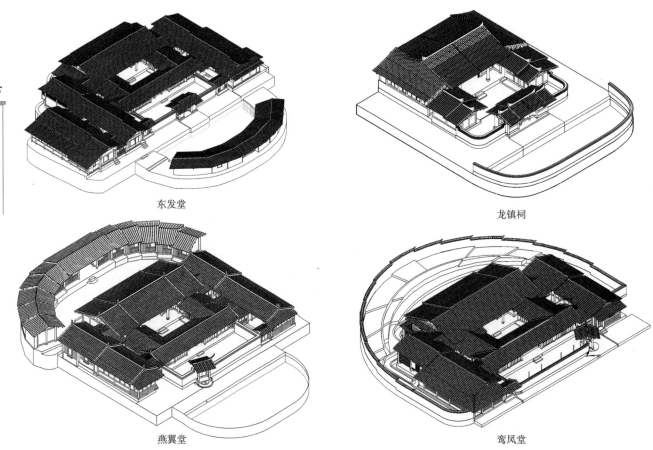

图9 带围墙和围屋的住宅（图片来源：东发堂：沙菲菲、李垣、范凯测绘，韩晓斐、薛力修改；龙镇祠：王均、陆昊、孙志坤测绘；燕翼堂：马晓军、康鹏飞、戴亚斐测绘；鸾凤堂：张莉、吴慧、顾雨振测绘，邹雨佳、薛力修改）

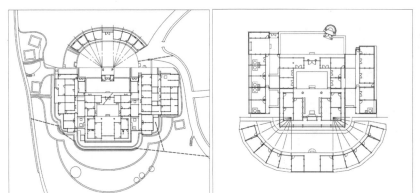

图10 东发堂前围屋的轴线和圆心（左）和燕翼堂后围屋的轴线和圆心（右）（图片来源：东发堂：沙菲菲、李垣、范凯测绘，韩晓斐、薛力修改，韩晓斐改绘；燕翼堂：马晓军、康鹏飞、戴亚斐测绘，韩晓斐改绘）

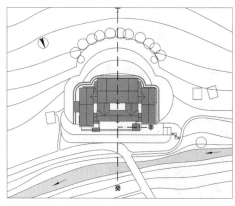

图11 大厝祠的方位和门的取向（图片来源：唐颖丽、汤晓伟、吴伟刚测绘，韩晓斐改绘）

4. 正门

风水和宅基地的实际条件是制约青水民居正门的位置和朝向的两个因素，门的安放方位不可不吉，门的朝向又必须在风水学上对家族有益，还必须满足进出方便的需求。根据工匠提供的手册，在青水地区的决定正门安放方位的是放门歌，另有规则决定正门的朝向，通常这两项工作是由风水先生完成。决定正门的位置和朝向的规则都是根据二十四山法总结而来，即每个建筑根据其座字，大门会有不同的吉凶方位❷（表2）。选择正门的方位时首先要根据住宅的座字，排除不吉利的方位；然后综合考虑宅基地的自然条件，在符合条件的方位中选择出最合适的，例如如果住宅前有河流，门要放置在河流流向住宅的那一侧，并且要符合交通便利的要求（表3）。选择门的朝向时，必须根据住宅的座字排除不吉利的朝向，同时不可以朝向风水中所讲的"凶山"。

以丁山癸向的大厝祠为例，门的安置方位的确定，需经过以下三个步骤：（1）对于座字为丁的住宅，有九个方位可以放门，它们分别是戌、甲、乾、癸、卯、辛、寅、子、乙（表3）。（2）宅基地前方有河流，流向为自西向东，为了迎接水流带来的"财气"，门放在住宅的西方为宜，因此可以排除甲、癸、卯、寅、子、乙这六个方位，剩余戌、乾、辛三个待选。（3）因宅基地纵轴方向比较狭窄，住宅完工后前方并无剩余空间安置正门，因此排除戌和乾这两个方位，最终选择了辛位。

门的安置方位确定后，再选择门的朝向：（1）丁山癸向的住宅，乙、艮、丑、卯、辛、戌、亥这7个朝向为吉（表4）。（2）基地条件决定了门朝向乙、艮、丑、卯、亥这五个方向不合适，再结合对周围山形的考察，如果大门朝向辛向，正对一座龙脉清晰且形态秀美的山，因此辛向是最适合的朝向（图11）。

根据当地石匠提供的工作手册，正门地基的宽度可以是 〧（7）尺或 〨（8）尺，深度可以是 〡（6）尺、乂（4）尺或 〨（8）尺❸。工匠会根据宅基地的实际情况决定具体采用哪种尺寸。这个做法是一开间的大门的尺寸，在明清二代，如家族中有人考中进士，祖宅的大门便可以做成石门或三开间大门，这两种门的做法尚未得知。为了施工便利，在建筑的其余部分完工之后才会选择良辰吉日立基建造大门。

❷ 二十四山法是八卦的细分，每山占15°。

❸ 青水地区传统计数方式使用的是苏州码子，是脱胎于算筹的民间商业数字。

表2 二十四山的方向（表格来源：作者根据罗盘盘面总结）

坎卦（北）	癸 北偏东22.5°～北偏东7.5°	子 北偏东7.5°～北偏西7.5°	壬 北偏西7.5°～北偏西22.5°
乾卦（西北）	亥 北偏西22.5°～北偏西37.5°	乾 北偏西37.5°～西偏北37.5°	戌 西偏北37.5°～西偏北22.5°
兑卦（西）	辛 西偏北22.5°～西偏北7.5°	酉 西偏北7.5°～西偏南7.5°	庚 西偏南7.5°～西偏南22.5°
坤卦（西南）	申 西偏南22.5°～西偏南37.5°	坤 西偏南37.5°～南偏西37.5°	未 南偏西37.5°～南偏西22.5°
离卦（南）	丁 南偏西22.5°～南偏西7.5°	午 南偏西7.5°～南偏东7.5°	丙 南偏东7.5°～南偏东22.5°
巽卦（东南）	巳 南偏东22.5°～南偏东37.5°	巽 南偏东37.5°～东偏南37.5°	辰 东偏南37.5°～东偏南22.5°
震卦（东）	乙 东偏南22.5°～东偏南7.5°	卯 东偏南7.5°～东偏北7.5°	甲 东偏北7.5°～东偏北22.5°
艮卦（东北）	寅 东偏北22.5°～东偏北37.5°	艮 东偏北37.5°～北偏东37.5°	丑 北偏东37.5°～北偏东22.5°

表3 二十四山所对应的吉利的安门方位（表格来源：作者根据东井石匠王子明先生提供的手抄本总结）

座字	吉利的安门方位	座字	吉利的安门方位
壬	卯、丙、庚、甲、壬、丁、坤、巳、未、乙	丙	癸、庚、壬、辛、乙、丑
子	午、卯、巽、酉、庚、申	午	子、卯、酉、戌、艮、酉、壬、癸、乾、寅
癸	丁、卯、乙、巽、辛、申、酉、坤、丙	丁	癸、卯、辛、乾、戌、子、乙、寅、甲
丑	酉、庚、未、戌、巳、辛、丙、巽	未	丑、艮、戌、辰、卯、亥、壬
艮	乾、坤、酉、巽、丙、午、辛、戌	坤	乾、艮、丑、巽、壬、癸、乙、子、寅、甲
寅	坤、申、巳、亥、午、丁、辛、甲、戌	申	艮、乾、寅、子、巳、亥、癸、丑、乙
甲	午、巽、庚、丙、辛、丁、壬、乾、戌、亥	庚	乾、坤、甲、丙、壬、乙、寅、巽、卯、子
卯	子、午、巽、酉、庚、乾、丁、辛、亥	酉	艮、乾、坤、卯、子、丑、丙、巽
乙	丁、坤、癸、辛、申、壬、庚	辛	艮、坤、癸、乙、丁、甲、寅、午、丙
辰	子、午、戌、丑、坤、甲、戊、庚、申、壬	戌	未、坤、辰、丑、寅、丁、午、甲、巳
巽	子、癸、乾、坤、艮、壬、庚	乾	坤、未、巽、艮、巳、卯、辰
巳	癸、庚、寅、亥、申、辛、丑、亥	亥	未、坤、巳、申、寅、丁、卯

表4 二十四山所对应的吉利的门的朝向（表格来源：作者根据东井石匠王子明先生提供的手抄本总结）

座字	吉利的朝向	座字	吉利的朝向
壬	申、坤、丁、午、辰、乙、甲	子	庚、申、午、辰、卯
癸	午、庚、申、未、丙、申	丑	辛、庚、未、丁、丙、巳
艮	戌、庚、未、丁、丙、巳、巽、辛	寅	亥、乾、坤、申
甲	壬、子、戌、亥、庚、坤、未	卯	亥、乾、戌、酉、庚、申、辛
乙	申、癸、子、乾、戌、酉、庚	辰	子、壬、亥、戌、庚
巽	艮、壬、丑、庚、戌	巳	寅、艮、壬、庚、辛、亥、丑
丙	亥、辛、丑、酉、庚	午	甲、寅、子、乾、癸
丁	乙、艮、丑、卯、辛、戌、亥	未	辰、艮、丑、癸、亥、乙
坤	巳、巽、卯、甲、癸、子、亥	申	乙、甲、寅、癸、子、亥
庚	丙、巳、巽、乙、艮、丑、癸	酉	丙、巽、乙、卯、丑、艮
辛	丑、午、艮	戌	艮、寅、丁、辰、乙、甲
乾	坤、乙、甲、未、巳、辰	亥	申、丙、巳、巽

四 平面尺度与比例

当地民居平面的形式和功能基本是确定的，但是尺度和比例是由先生、石匠、木匠和户主经过协商来确定。设计尺度和比例时需要考虑的限制条件包括基地的实际情况、户主人的需求和财力。本节以测绘数据为基础，结合对风水先生、石匠和木匠的访谈，总结了当地民居平面尺度和比例的确定方式和基本规律。

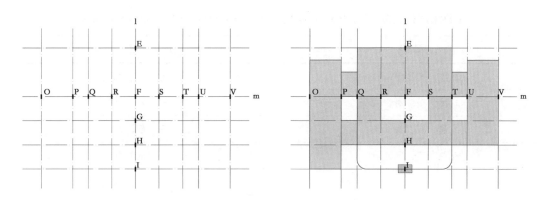

图12 平面的比例尺度关系示意（图片来源：韩晓斐绘）

建造活动的第一步是确定整个住宅的纵轴线，风水先生通过观察宅基地靠山的形势以及使用罗盘测算方位，并综合考虑宅基地的广狭和坡度，从而决定建筑上底边的中点E，然后由点E垂直于靠山确定出住宅的纵轴线1（图12）。

建造活动的第二步是确定正房的"一拼正栋"的高度，"一拼正栋"指的是正房明间的屋架中柱。"一拼正栋"高度的确定需要考虑靠山的高度和基地的广狭，如果靠山比较高并且宅基地比较宽阔，那么建筑高度可以做高一些；反之，如果靠山较矮或者宅基地较为狭窄，建筑高度便不适合过高。从建筑学的角度来看，可以解释为建筑与环境的比例关系不协调。当地民居的一拼正栋高度通常在一丈到两丈之间，具体尺寸一般是以一丈为基础数值，再根据住宅的座字推算压白❶。压白出自洛书的九宫图，是一种决定建筑尺度的方式，分为尺白和寸白，宫殿、庙宇和大型民居尺白和寸白都讲，普通民居只讲寸白[12]。但是在青水是尺白和寸白都使用的，以木匠王茂盛先生的住宅为例，这座住宅座字为巽，根据天父卦尺白，二、四、五、六、七尺为吉，根据天父卦寸白，二、四、五、六寸为吉（表5、表6）。王宅后面仅有3米左右的矮小土丘，并不适合建造过高的房屋，因此在符合条件的尺寸数值中选择的尺和寸都是比较小的，此宅正房的一拼正栋高度为一丈四尺四寸，约等于4.32米，对比其余测绘过的民居，此宅的高度相对较矮。

表5 二十四山对应的吉利的天父尺白（表格来源：作者根据光坑木匠王茂盛先生提供的手抄本总结）

座字	天父尺白
辰、申、癸、坎	三、五、六、七、八
未、亥、庚、震	一、五、七、八、九
丑、巳、丁、兑	一、二、六、八、九
甲、乾	一、二、三、七、九
乙、坤	四、六、七、八、九
戌、寅、壬、离	二、三、四、五、九
丙、艮	一、三、四、五、六
辛、巽	二、四、五、六、七

❶压白是一种流传于民间的将木工尺度与九星图的各星宫相配联系起来，用以确定建筑尺度的推算方法。于是尺度便有了一白、二黑、三碧、四绿、五黄、六白、七赤、八白、九紫，按堪舆所定的法则，其中的三白星属于吉利星，所以尺度合白便吉，如此决定出来的尺度用于建筑设计上，便称为"压白"尺法。九星中九紫星为小吉，也可以用，这就形成了紫白吉利尺度，故压白尺法又称为"紫白"尺法。"压白"分为"尺白"和"寸白"。尺白是决定尺单位的方法；寸白是决定寸单位的方法。尺白和寸白的使用方法都编成了口诀。口诀分为天父卦和地母卦。天父卦尺白、寸白是用于垂直向度（房屋高度）的尺度口诀；地母卦尺白、寸白是用于水平向度（房屋进深与面宽等平面尺度）的尺度口诀。尺白与寸白的推算数据是依据房屋的坐山而易的变数，不同的建筑朝向就有不同的吉利数据。

表6　二十四山对应的吉利的天父寸白（表格来源：作者根据光坑木匠王茂盛先生提供的手抄本总结）

座字	天父寸白
坎、癸、申、辰	五、七、八、九
离、壬、寅、戌	一、三、八、九
震、庚、亥、未	二、三、四、九
兑、丁、巳、丑	一、二、七、九
丙、艮	一、三、四、五
辛、巽	二、四、五、六
坤、乙	四、六、八
乾、甲	三、五、六、七

表7　二十四山对应的吉利的地母尺白（表格来源：作者根据光坑木匠王茂盛先生提供的手抄本总结，但手抄本缺少甲、乾、巳、兑、丑、丁六山的部分，故此表只有十八山）

座字	地母尺白
乙、坤	二、三、四、五、九
辰、申、癸、坎	一、三、四、五、六、九、十
戌、寅、壬、离	二、四、五、六、七
丙、艮	三、五、六、七、八
辛、巽	一、二、三、七、九、十
未、亥、庚、震	八、十

表8　二十四山对应的吉利的地母寸白（表格来源：作者根据光坑木匠王茂盛先生提供的手抄本总结）

座字	地母寸白
寅、戌、离、壬	一、三、八、九
巳、兑、丑、丁	一、二、七、九
坤、乙	四、六、八
辛、巽	二、四、五、六
亥、震、未、庚	二、三、四、九
乾、甲	三、五、六、七
申、辰、坎、癸	五、七、八、九
艮、丙	一、三、四、五

　　确定一拼正栋高度后便可以推测正房进深，通常正房的进深约是一拼正栋高度的两倍，具体的数值需要根据建筑的地母尺白和地母寸白调整（表7、表8）。决定正房进深后，沿纵轴线1画出正房的进深EF。对青水7座住宅的一拼正栋高度和正房进深的比例进行计算，得出它们的平均比例约为1∶1.9。天井深度FG数值范围在1/2QT至

1/2EF之间，倒座的进深GH约等于天井深度FG，外天井的深度HI约等于倒座进深GH（图9）。从实际测绘情况来看，EF：FG：GH：HI≈2：1：1：1的情况比较多，比如东兴祠的纵轴各部分比例为EF：FG：GH：HI≈2.58：1：1.16：1.17，大厝祠的纵轴各部分比例为EF：FG：GH：HI≈2.37：1：1：1，龙兴堂的纵轴各部分比例为EF：FG：GH：HI≈2.05：1：1.11：1（表8）。

在F点放定建筑的横轴线m，纵轴线l与横轴线m被称为"十字天机"，住宅平面各部分的尺寸都会在这两条轴线上做出标记。正房开间QT约等于正房进深EF的1.5倍到2倍，厢房的进深ST=QR≈1/4QT，在所测绘的民居中选择7座，对其厢房进深和正房开间的比例进行计算，得出平均比例约为QR：QT≈1：3.9。护拢台基宽度OP、护拢天井宽度PQ以及正房底边长度QT之间的比例大约为2：1：6或1.5：1：5，即OP：PQ：QT：TU：UV大致为2：1：6：1：2或1.5：1：5：1：1.5，这两种不同的比例关系的形成取决于宅基地的条件，在较宽的宅地基中可能会形成第一种比例关系，在较窄的宅地基中可能会形成第二种比例关系。实际建造过程中，要在此比例基础上根据地形和压白进行调整，如东兴祠的横轴各部分比例为OP：PQ：QT：TU：UV≈1.91：1：6.04：1：1.91，大厝祠的横轴各部分比例为OP：PQ：QT：TU：UV≈1.41：1：4.74：1：1.34，龙兴堂的横轴各部分比例为OP：PQ：QT：TU：UV≈1.8：1：6.29：1：1.8（表9）。

表9　各部分的比例关系（表格来源：作者根据东南大学青水测绘小队成果总结）

	EF：FG：GH：HI	QT/EF	QR：QT	OP：PQ：QT：TU：UV
理想值	2：1：1：1	1.5~2	1：4	2：1：6：1：2 或 1.5：1：5：1：1.5
东兴祠	2.58：1：1.16：1.17	1.76	1：3.86	1.91：1：6.04：1：1.91
大厝祠	2.37：1：1：1	1.76	1：3.78	1.41：1：4.74：1：1.34
龙兴堂	2.05：1：1.11：1	1.87	1：3.59	1.8：1：6.29：1：1.8
桂兰堂	2.16：1：1.19：1.24	1.95	1：3.74	1.84：1：6.05：0.86：1.72
长兴祠	2.27：1：1.02：1.5	1.83	1：3.77	1.8：1.38：5.61：1：2

注：EF为正房进深，FG为内院进深，GH为倒座进深，HI为外院进深，QT为正房面宽，QR为左侧厢房进深，OP为左侧护拢进深，PQ为左侧姑亭面宽，TU为右侧姑亭面宽，UV为右侧护拢进深。

五　结论

当地民居功能分区明确，祭祀空间居其中，居住空间居其侧，生产空间居于外，满足生活生产等的基本实用功能的同时又层次分明。建筑布局有机而活泼，因地制宜随形就势，平面设计表现出了秩序中的灵活性：核心强调宗族秩序但外围根据生产生活的需要灵活变通，设计建造有一定的规则但在框架之内因地制宜，讲究风水但针对当地实际情况对风水理论有适应性扩展。当地很多做法的传承由当地工匠在实际建造过程中，经过师徒父子现场教授传承下来，有大量的经验因素。其中有关于风水的内容小部分有一定的科学依据，但是大部分的内容只是玄学范畴，对于这些内容本文的目的仅是对传统做法做客观记录和整理。

参考文献

［1］薛力. **钟灵毓秀地 畲族客家乡——福建永安青水民居** ［J］. 室内设计与装修, 2015（1）: 120–123.

［2］顾海燕. **福建青水木构民居再探** ［D］. 南京: 东南大学, 2009.

［3］刘菲. **福建永安青水民居桂兰堂初探** ［D］. 南京: 东南大学, 2010.

［4］韩晓斐. **福建永安青水居民的选址与布局** ［D］. 南京: 东南大学, 2011.

［5］傅洁. **福建永安青水民居的构造研究** ［D］. 南京: 东南大学, 2011.

［6］刘茜. **福建永安青水传统民居与水的关系探析** ［D］. 南京: 东南大学, 2013.

［7］许东铁. **福建青水传统木构民居初探** ［D］. 南京: 东南大学, 2008.

［8］邹雨佳. **福建永安青水传统民居的更新与发展探讨** ［D］. 南京: 东南大学, 2011.

［9］（春秋）孔子等. **论语** ［M］. 北京: 中央编译出版社, 2011.

［10］王玉德, 王锐. **宅经** ［M］. 上海: 中华书局, 2011.

［11］薛力, 许东铁. **福建永安青水乡土建筑测绘七则** ［J］. 华中建筑, 2007（8）: 133–139.

［12］程建军. **"压白"尺法初探** ［J］. 华中建筑, 1988（2）: 47–59.

乡土社会视野下的蚕种场设计溯源
——以民国大有第三蚕种场为例

薛云婧

（南京大学建筑与城市规划学院）

摘要： 大有第三蚕种场曾是20世纪30年代浙江地区蚕种制造业盛极一时的象征。其蚕室建筑在当时规模化生产的驱动下发展成一种结合了场地、环境及建造为一体的乡土工业建筑。伴随着这一生产性建筑的建设与运行，它作为一个特殊的乡土工业场所亦发展出种种与乡村环境相互作用的微妙关系。由于近百年的社会递演及生产变革，该场虽然肌理尚存，但早已失去其巅峰时期的建筑风貌。本文将以乡土社会中的物质环境作为研究视角，依托现有的文献史料来解读该场的物理遗存，并对民国江浙地区蚕种场设计进行溯源。

关键词： 大有第三蚕种场，20世纪30年代，蚕室建筑，乡土工业建筑，环境

A Retrospective Study on the Design of Silkworm Breeding Factory from a View of Vernacular Society—The Case of Republic DaYou No.3 Silkworm Breeding Factory

XUE Yunjing

Abstract: Dayou No.3 Silkworm Breeding Factory was the symbol of prosperous silkworm breeding manufacturing industry in Zhejiang region in the 1930s. Its cocoon-breeding architecture was developed into the vernacular industrial architecture integrating with the site, environment and construction by the scale production. Accompanying with the construction and operation of the productive architecture, it also revealed the integrated environment adaptability as the vernacular industrial site with a specific type. With the social evolution and productive revolution for nearly 100 years, this site still has had the texture, but it has lost the architectural feature in the prosperity of the Republic of China. In this thesis, substantial environment in vernacular society is used as a research perspective to analyze the physical ruins and historical data of this site and the silkworm breeding factory design in Jiangsu and Zhejiang Provinces in the Republic of China will be retrospected.

Key words: DaYou No.3 Silkworm Breeding Factory; 1930s; cocoon-breeding architecture; vernacular industrial architecture; environmental

一　序言

　　近代蚕种场被定义为"乡土工业"的场所，是源于南京大学鲁安东与窦平平研究团队始于2010年以后针对江浙地区的民国蚕室建筑发起的一系列学术讨论。在这些讨论中，近代蚕种场被认为是一种中国本土"原生"[2]的对环境的建构范式[2]。"乡土工业"的概念最早由费孝通在20世纪40年代编纂的《乡土重建》中提及，他认为虽然乡土工业在过去被泛指为手工业，但是它终究会由手工业转变成具备乡土工业技术基础的"生产机器"，它可以是兼容手工性与工厂性的，且不能隔离于乡村❶。他同时指出，乡土工业应是从土里长出的民族工业，在乡村现代化过程中有变革性的作用。这一思路使南大团队在调研之初更关注蚕种场的"社会性"，但对于团队后期探索蚕室建筑本体至整体性的研究亦发挥了持续的影响。在上述语境下，笔者以民国

❶ 文献［3］: 141-142.

嘉兴的大有第三蚕种场为个案考察的起点，从建筑学的角度观察其遗留环境，并叠合1931年至1946年间该场的图像与文献材料，展开一次图纸、文本和建筑遗存之间的"对话"，对早期的规模化蚕种场设计进行深入剖析与还原。最后指出，在社会转型的特殊时期，从蚕种场这一建筑类型中艰难萌芽而出的现代性将如何在乡土环境和设计建造之间发挥作用，进而为乡土工业建筑的研究提供一个更为直观的样本。

二 消失的民国蚕种场

1. 历史性的开端

"民国15年（1926年），在曝书亭东一墙之隔的大片草地上，建起了一座蚕种场，这是当时的突破性建筑。农民养惯了土种和自留种，从未想到、听到、看到过养蚕制种需要这么高大宽阔的蚕室，一时成了当地的大新闻。"[4]

这段文字最早出自黄宗南❶在2000年之后一篇名为《王店蚕种场》的回忆录。1926年，在江苏省立女子蚕校校长郑辟疆的倡导推动下，以实业家陈大炬为首的一批蚕业精英主导了大有第一蚕种场（苏州浒墅关蚕种场，简称"大有一场"）的创办，并于同年在嘉兴王店镇建立了大有第三蚕种场（以下简称"大有三场"）。1953年，大有三场由国家代管，公私合营，改名为王店蚕种场。《中国实业志·浙江省》有记载："浙江改良种之制造，民十五以前，仅蚕业学校、省立蚕场少量制造。迨民十五江苏浒墅关大有蚕种场设第三场于嘉兴王店镇，为浙江私人经营改良种之嚆矢。"❷20世纪初，中国传统蚕种制造领域为了摆脱依赖天运的经验农学，从依托蚕学馆的设立到江浙各地兴建的蚕种改良试验场，在西学东渐的过程中逐渐淘汰了农村土种家养的自制生产，转而向私营制种场的模式过渡。回忆录中提到，大有三场的创建标志着蚕种生产已经发展到一个新阶段，而这个"新阶段"，既代表了以蚕室建筑为载体的蚕种制造业在规模化生产方式上所开启的革新之路，又意指它是民国蚕种场在今后十年建设高峰期（1926—1937年）的一个开端。

2. 场地与环境现状

嘉兴王店镇，古称"梅里"，始于后晋。据《梅里志》记载，此地至明中叶，"镇民之居，夹河成聚，为里者三"❸，此后成为嘉兴的四大镇之一。千年水乡的养蚕历史始于宋元，发展于明清，鼎盛于民国。而大有三场在民国中期的赫赫威名使其成为同时期嘉兴蚕桑业的标杆。蚕种场坐落于王店镇西南角，穿过镇子的市河，沿着花园街步行数百米，可以看到王店镇的省级文保单位，一座名为"曝书亭"❹的清初园林。黄宗南提及的"在曝书亭东一墙之隔"，非常准确地定位了大有三场的位置。从曝书亭北面的广丰路径直走到尽端，便是今天人们口中的"王店蚕种场"（图1）。

一个不起眼的入口，一块残损不堪的水泥场地，场地中央照例栽种了一颗高大松树，放眼望去，是多排近似厂房的建筑物不分彼此的

图1 王店蚕种场区位图（图片来源：作者自绘）

174

建筑史

第46辑

❶ 黄宗南先生出生于20世纪30年代，是60年代进入王店蚕种场工作，并担任该场技术生产主任，退休后一直致力于浙江蚕业史的搜集与梳理工作，他与王凤娇场长（86岁）是本文重要的口述史提供者，《王店蚕种场》一文事实上是他为该场专门撰写的"本场自传"。

❷ 文献[5]：486.

❸ 嘉兴王店镇古称梅里镇，天福二年（937年），嘉兴镇遏使王逵居此，王逵喜梅，以植梅著称，故镇名梅里，梅汇，梅会里。文献[6]：669.

❹ 曝书亭，原名"竹垞"，始建于康熙年间，是学者朱彝尊的故居，该园林因其《曝书亭记》而闻名于世，现为省级文物保护单位。

落寞站立，这种典型的20世纪80年代乡镇社办厂的建设风貌，伴随着水泥砂浆包裹的味道，让它们显得格外凝重和重复。值得注意的是，最为冲击视觉的"庞然大物"是几栋建筑南北两侧的硕大混凝土凉棚，这种遮阳结构是许多蚕种场的"统一标配"，而建筑的表皮内容简单而常规，如果不是凉棚结构的提醒，这里或许很难被定义为任何年代的蚕种场。整个场地的主要入口在西北面，六栋南北向的主楼呈两列对称式排布，周遭分布了许多体量较小的废弃用房。与主入口相对的第一栋建筑，北立面上的凉棚被颜色艳丽的铝板粗暴封堵（或者说是装饰），以便使用者得到更多的室内空间，同时也增强了这个"违章搭建"的公司所谓"门面"的标识作用。这个办公场所控制了南向三栋建筑及其附属空间的使用权，每个楼栋的间距空间将近300平方米的场地被加建为小商品加工车间，部分用房兼具仓储功能，外墙没有安装

图2 王店蚕种场现状照片（图片来源：作者自摄）

窗户，内部黑暗杂乱，安全生产问题堪忧（图2）。事实上，20世纪80年代重建的王店蚕种场在90年代中期以后就逐步放缓生产，最终全部关闭，再对外出租，成为今天的小商品加工工厂。在重建后的20世纪厂房与今天没落现状的映衬下，整个场地到处散发出混杂、废旧、凋敝的意味，令人很难将其与昔日的大有三场产生联想。

三 蚕室建筑的历史考证

20世纪30年代，随着推行蚕桑改良工作的日见成效，改良蚕种的需求大量增加，国民政府为了加强监管，防止制种业粗制滥造现象的泛滥，于1931年颁布了"蚕种制造取缔规则"[7]。规则的确立，促使有专业资质的制种场必须就场内建造细则、设备配置、桑园种植等情况上报蚕业监管部门，便于监管。现存嘉兴档案部门有关大有三场的记录中，包含了当年该场上交的部分材料，其中"大有三场场址平面图"、"有关设备房屋的施工图纸"（图3）、"大有三场设备调

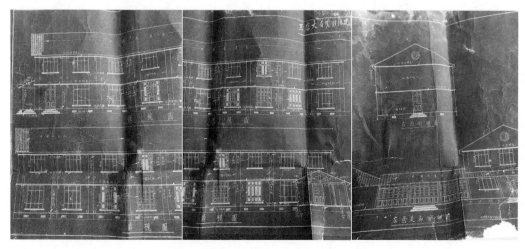

图3 王店大有制种场建筑蚕室楼房工程图式样[11]

查表”、“本场组织系统”、“桑园调查表”等图表资料，为笔者考证民国时期蚕种场选址与环境的关系，厘清该场在建筑设计与运作理念中的线索，推断在特殊背景下蚕种场与社会交融方式等问题提供了翔实的研究依据。

1. 场地的选择

窦平平对长泾大福蚕种场的描述中曾指出：“蚕室建筑不是一座脱离于场地的建筑，而是自身所处场地的一个环境片段，是自然与人工脉络的相互渗透。”[8]她认为，对场地环境的顺应与培育是建筑与环境调和的起点。而王店镇大有三场的“起点”可以说是在这种调和与选择中应运而生的。

王店镇的主要河流为东西贯通全镇的市河（古称梅溪），明清时期，市河上交通繁忙，有11座石桥来连接市镇的南北，再由市河的十二条支流组织了整个地区的水系网络（图4）。其中有一条南北向的雅吉河，一直向西南方向蜿蜒流淌，汇入嘉兴运河长水塘，最终进入钱塘江的入海口。雅吉浜（亦称雅吉港）河宽不足10米，流经蚕种场的东南两面，使得整个场区对外呈现出一种半围合状态，而园林曝书亭则控制了场地的整个西向边界，围墙内沿线种满了年逾百年的高大杉树。民国初年蚕桑专家赖晋僊主编的《蚕业丛书》在蚕室之位置的章节中写道：“西方不弱东南两方之为善，最不宜于开阔。盖夕阳返照。日难沉默，室内尚余有高温，于蚕之发育，难催速。然其高温能酿成蒸热不独于蚕之发育上妨害甚多，即于饲育上亦甚困难果其四方皆为开阔，蒸热可以四散，其害尚轻。若三方皆不开阔，独西方开阔，则其害更有甚也。难处不得已之时，亦可做厚壁于西方，而于夕阳返照之处栽植树木，以为预防。”❶他认为，由西晒引起的室内蒸热对于蚕室的影响之重，远大于另外三个方位包含的其他不利因素，利用自然环境进行准确的选址有助于建造者在设计蚕室的过程中避免一些明显的危害。大有三场的建设者在选址意图上继承了文中观点，而所谓的“一墙之隔”，事实上可以理解为园林中大量栽种的巨型水

❶文献［9］：175.

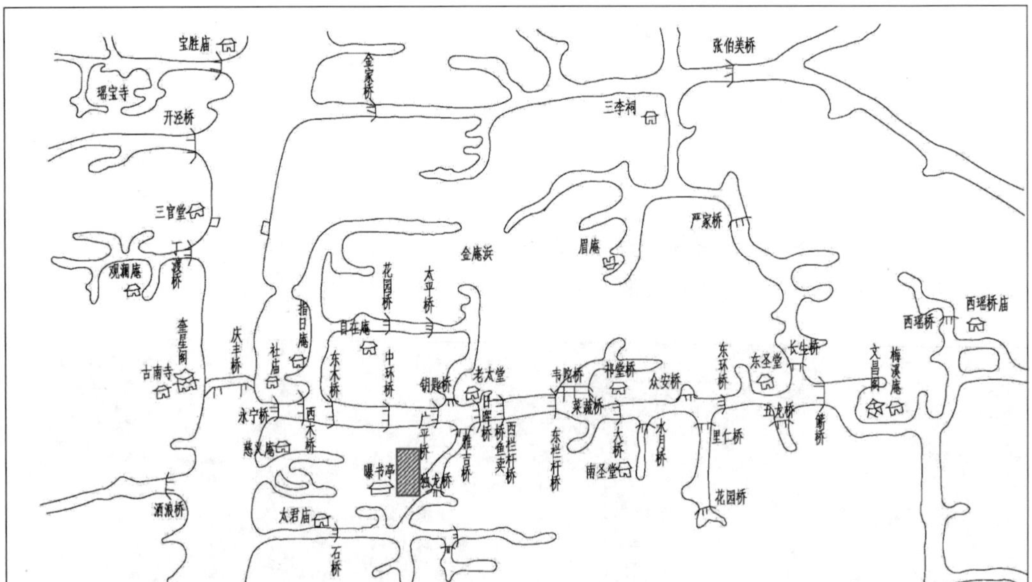

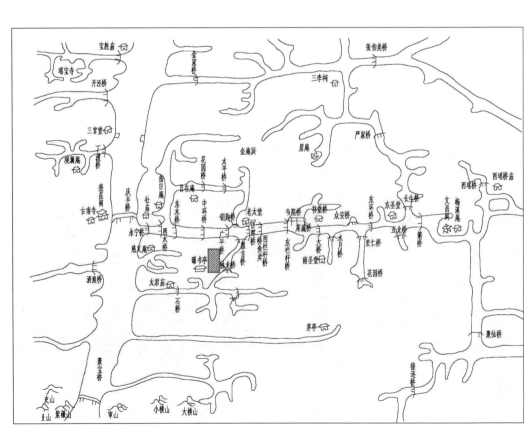

图4 梅里全图[14]

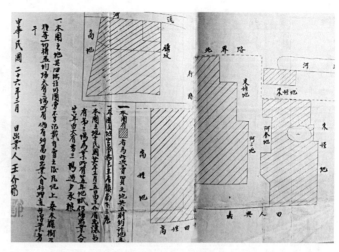

图5 民国大有三场场舍平面图（图片来源：作者根据文献［11］改绘）　　　　　　图6 民国大有三场地契（图片来源：作者根据文献［11］改绘）

杉为蚕种场的正西面架起了"隔墙"，是一道天然的绿色屏障。有关大有三场资料中绘于1940年的场区平面图（图5）上显示，蚕种场东面的建筑群名为师姑庵，村民介绍该宗教场所在民国以前香火旺盛，人丁往来络绎不绝，断定此地为"风水宝地"。民国时期，师姑庵荒废，成为蚕种场的配套用房，零散错落的老旧建筑由南至北分布，现存8幢，东西跨度30米，正好阻隔了生产建筑，避免其东面直接滨水而导致的周边空气湿度与蓄热量增高[10]。场外桑园隔河而治，沿着河道分布在其对岸的东南两边，在为蚕种场提供相当规模桑地的同时，也为场区周边增加了大量的绿化面积。民国26年（1937年），地主王介眉将大有三场所在地块正式卖给该场经营主，地契平面图上阴影部分为本场所占土地，周边地块上标有高姓地、朱姓地、阿三地、阿奎地等字样，均表示为私人持有土地，在民国乡土社会中，这是一张明确了土地划分归属的典型地契。而这一标记详细的用地格局体现出当时的经营者对于蚕种场选址及其未来发展的考量与野心，场区及周边，人均占有土地相对较多，便于日后购买土地以扩建生产厂房，发展自备桑园（图6）。

总体而言，建造者对于土地和空间的占有，使得他们从一开始就密切关注了自身与自然的关系，即同乡土环境的共存与发展。而水杉屏障与环绕的水系，桑地以及预留土地，作为构成环境的各方要素，共同为蚕种场的建设谋划了一个精妙的场地策略。

2. 不完全标准蚕室

现在的大有三场在20世纪80年代经历了一次较大规模的重建❷（图7），由传统砖木混合结构转变为钢筋混凝土结构，从民国蚕室一跃成为现代化工厂，导致当时的建筑风貌也消亡殆尽。议起改造原因，仅仅是因为当年从日本进口的杨松木地板年久失修，损坏严重，索性将建筑全部移除，仅保留老地基，仿制其原有体量，重新设计与扩建，给予建筑所谓的"二度生命"，但它作为民国蚕种场的特殊"成长过程"却随之封存。民国24年（1935年）春，该场编制了建场以来的首本"场志"，即"大有第三蚕种场蚕种计划制造书"[11]，其中"略史及设备概况"的内容附有部分建筑技术图纸、设备表格等，包含了具体的建筑信息。笔者试图从混杂的史料中找出线索，还原建筑及场所的原本面貌。

场区平面布置图（图8）中，主体生产建筑的格局呈东西行列式排列，西面三栋楼从南至北均匀布置，分别是第一至第五蚕室，其东侧由类似封闭式连廊的建筑串联而成，外侧附加了廊棚，整体呈现出一个E字形的排列结构，三幢建筑与封闭连廊，三面围合，形成两个进深为14～20米的大天井，在布局上具有一定民居院落的特色。南面E字形第一幢建筑为第一蚕室，建于民国17年（1928年），一层楼，是场区内最早的蚕室建筑，主要作为催青室使用。催青室主入口设置在

乡土社会视野下的蚕种场设计溯源——以民国大有第三蚕种场为例

❷由黄宗南先生口述史中提到，20世纪80年代王店蚕种场的重建，是1985年由农经局上报中央审批，翌年中央下拨经费，再由农经局与王店蚕种场共同主持重建该场。

图7 大有三场的部分蚕室建筑（摄于1980年）[4]

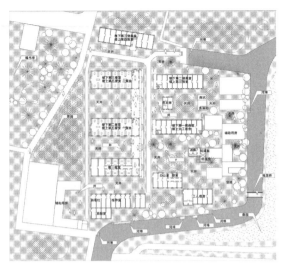

图8 大有三场平面布置图（图片来源：作者根据文献［11］改绘）

建筑史

第46辑

建筑东侧，分7个开间，面宽与进深是4.5米×10米，进入准备室后，一条内部走廊把室内划分成9个空间（两侧8个房间与尽端大房间），部分房间的分割并不是一成不变的，可以根据对空间大小的不同需求而做出临时调整。

第一蚕室北面的两栋二层建筑是本场最主要的蚕室，分别是第二与第三蚕室。《环境的建构在乡土工业建筑中的设计具现》中总结了对标准蚕室的理解："标准的蚕室建筑都是三层半格局——半地下室阴凉稳定，用于贮藏桑叶；一层环境较二层更为稳定，用作饲育室；二层用作上蔟室；阁楼用作隔离层兼作器具贮藏"[2]。"三层半段式"的说法概括了蚕室的基本特征，但本场的主要蚕室并没有设计地下室，取而代之的是一层架空0.8米的处理方式，在表皮上以每个面宽对应两个矩形铁网出风洞的设计来达到底层干燥与防潮的目的。建筑的一、二层依旧作为饲育室与上蔟室使用，阁楼堆放养蚕器具，屋顶无老虎窗❶，东西有通风的圆形玻璃窗，而原本应设于半地下的储桑室被分离出去。建筑南北立面上的圆出风洞直径均为9寸（0.3米），以两层每个开间上下八个洞口对称排列，均匀设置在每扇窗户四角。在开窗设计方面，对比其他江浙蚕种场的建造，不难看出，大有三场的"九宫格"型开窗方式在对室内环境调节和生产需求上做了折中，除了每个开启扇（平开与推拉相结合）可以分别控制室内外风压流通外，底层开启扇在每个奇数开间上单独设置了除沙口（排污），这种多功能合一的表皮设计与同期的浒墅关蚕种场（大有总场）如出一辙，一定程度上体现了"连锁品牌"影响下设计理念的异曲同工（图9）。

封闭式连廊作为连接三幢蚕室的室内通道，不仅能够有效组织蚕室间的水平交通，也极为便捷地补充了部分生产任务。连廊的宽度占据了蚕室的一个开间（4.5米），两侧均有可分别开启的排门，顶端设有单独控制的气窗，能够基本（不精确）满足室内干燥通风以及采光的需求，窗户每六扇为一组，形成一个狭长的虚实两用空间。当蚕室需要整体消毒的时候，做过处理的蚕具可以堆放于此，便于使用，在生产力供不应求的繁忙时节也可作为临时的饲育室。

与E字形建筑（其中二、三两座蚕室）东

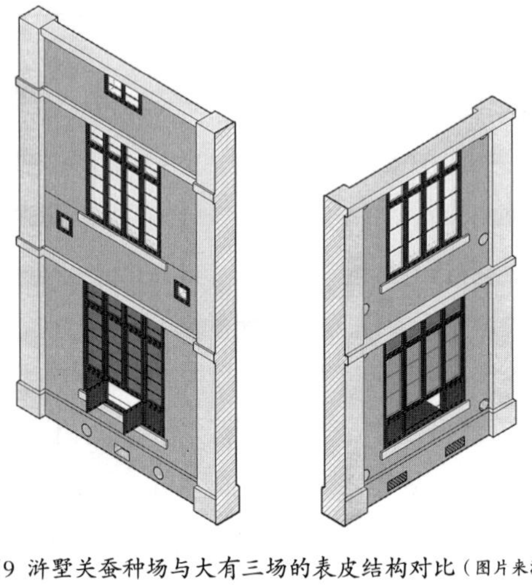

❶30年代后期的"标准蚕室"阁楼大多具备大老虎窗设计，用以完成建筑垂直通风的最后环节。同时在各层楼板设置多个小拔风洞口，配合建筑整体垂直风压的运作。但大有蚕种场与镇江蚕种场大都缺乏此类设计，大有技术主任黄宗南认为，老虎窗设计会一定程度上破坏房屋的整体保温效果。环境控制在设计上的差异需要笔者在今后的分析研究上做进一步实验与论证。可参考长泾大福蚕种场的其他相关论文。

图9 浒墅关蚕种场与大有三场的表皮结构对比（图片来源：作者自绘）

面相邻的两栋建筑是本场主要的储桑室和上蔟室。储桑室位于整体层高2.8米的半地下室（下挖1米），楼上为九个开间的上蔟室，部分上蔟室可间隔为女工宿舍使用。建筑主入口在西侧，外部设有廊棚，二、三蚕室的两个饲育室（E字楼）与两个储桑室的入口分别对应，中间相隔一条六至七米的场内道路。第一蚕室东侧的建筑为冰库，这是同时期蚕种场中较为先进的设备室，室内的冷气机由上海慎昌洋行于民国29年（1940年）从美国代理采购。回忆录中对冰库也有过这样的描写："经理陈大炬在建场之初自建冰库一座，购置三亩低田，让其寒冬结冰，挑入内库，到制种时冷藏雄蛾。"冰库的"内库"位于地下室，地上三间"外库"是低温室，也是主要存放机器的设备间。冰库旁栽有常青树、淡竹，墙上有爬山虎，帮助冰库遮阳保温。厂区最南面的房屋主要作为浸酸间使用，直接临水，沿河对应浸酸间设置了脱酸专用埠头，并在河面上架起两间简易棚架作为脱酸棚，利用河内流水脱酸，简易有效地利用了滨水资源。其他配套设施包括宿舍、办公室、洗衣间、盥洗室、茧灶等辅助用房零星分布在由主体建筑围合出的各个天井区域内。天井里栽种的树木多为30年代后期植入，品种繁多，有宝塔松、罗汉柏、黄杨、冬青、枫、桂、樱、广玉兰等树木，围墙外栽种火桑、乔木等。其中，树龄近百年的白皮松与金桂保留至今，已成为挂牌保护的古树名木。

大有三场属于较为早期的大型蚕种场，在白墙黑瓦、院落天井等传统元素的包裹之下隐晦又略显特殊地融于乡土环境，正如《发现蚕种场》一文中对长泾镇大福蚕种场概貌的形容："它整齐挺拔，给人的感觉既熟悉又陌生，熟悉的是粉墙黛瓦的江南民居风貌，陌生的是巨大的体量和复杂的窗洞排布。"[1]在乡土环境与技术变革的角力之下，大有三场提前开启了一条通往科学的、现代性的、经济化的蚕室建造之路。尽管在建筑个体上，它们缺乏后期的诸如屋顶通风（垂直风压）、一体化生产空间等标准化配置，但在调节建筑内外环境、生产功能的整合上已经非常接近后期被称为"养蚕的机器"的精确化蚕室。值得思考的是，典型的"三层半段式"蚕室在大有三场的建设中并没有得到实现，而这种"不完全标准蚕室"本身的使用效率以及场地运行能力究竟如何，笔者需要结合蚕种场内特定的生产运作流程来找出答案。

3. 蚕种场的运作日常

距离嘉兴南部约20公里的王店镇，历来河网纵横、交通便捷。宣统二年（1910年）通车的沪杭铁路也经过此地，并在王店设站，一度增强了这里的经济地位。大有三场位于王店火车站南侧直线距离约300米处，地理位置可谓得天独厚。顺着铁道一路延伸而来的雅吉滨（水系），作为民国时期进入蚕种场的主要交通线路，亲历了这一时期的特定背景下，乡土工业生产的繁忙与日常（图10）。

大有三场在刚开办的头几年，竞争者较少，盈利巨大，黄宗南也曾这样写道："每年早春到蚕种场来订种的外地种贩的小船，从场门口一直停到雅吉桥河边。"[4]他对该场昔日繁荣景象的描绘是否略有夸大，现已无从知晓，但对于今天了解大有三场的真实运作却十分重要。从现状考证得知，雅吉河靠蚕种场沿岸共设有六个河埠头（水乡小码头），有些被河边植物覆盖遮蔽，多已废弃，其中居于场地南北两端的淌水型埠头，宽度达10米，体量相对较大，推测为蚕种场的主要水路入口，其余四处多为单坡或双坡落水型河埠，沿河均匀设置，属于场内私用取水处。20世纪二三十年代，外地商贾大多由王店火车站下车来到本地，步行百米到达雅吉桥下，搭乘等候于此的小型蚕船，顺流南下不过一里，途经独龙桥，行至场地最南端的大埠头处，上岸，进入临河的检种室（鉴别室），然后穿过南边第一个天井，一路向北参观内场，最后回到临河的办公室完成交易。整个流程完整却费时，虽然理想化，但更多情况可能会像文章里描写的那样，蚕船到达场区入口处，依次顺流排开，贩商们排着队，在检种室门口称斤论两，高效地完成买卖❷。此时，蚕船、埠头、河岸、检种室，它们互为风景，形成了某种"生活"，忙碌而

❷笔者从大有三场20世纪60年代工人顾雷成先生所提供的口述史中找出相关线索，加以对场地周边环境的考证，得出了较为准确的30年代蚕种场的对外交易路线。

图10 民国大有三场的生产日常情景复原（图片来源：作者自绘）

稳定，成为蚕种场对外的媒介。

桑叶的运输往来是蚕种场运作的重要环节。大有三场占据平原良田，土地资源相对紧张，据民国35年（1946年）的桑园调查表所记录，本场自备桑园总共2746公亩（约400亩），其中附近桑园占893公亩（133亩），剩下的两百多亩桑地来自在五里以外的迎春港，可见本场的桑园储备较为匮乏[11]。除了河对岸桑园的使用尚算便利之外，大量桑叶需要从远处运输。因为水路的运力有限，场内雇佣了一批挑夫，通过陆路人力运输桑叶。他们通常从迎春港出发，一路沿着王店铁道旁的泥路步行，穿越金庵河、市河，来到雅吉桥，顺着雅吉浜的河岸，从北侧进入蚕种场。蚕种场东北角的大河埠，是后勤与货运的主要出入口，这块北向的场地较为开阔，40年代还扩建了第三储桑室，场内职工的日常通勤、桑叶运输（水路）都需经过这里。桑叶进入场地后，可以直接运送进船埠旁的第一、第二储桑室，以及扩建的第三储桑室，整个运桑流线十分优越。

储桑室在建设上需要开挖土方，数量多则浪费成本，而数量少则影响产量。因此在规划阶段就需要根据生产规模计算储桑室的多少。基于此，反向归纳调查表储桑室的占比也能够反映本地采桑的难易[12]。与大部分处于山地丘陵地带的镇江蚕种场相比，平原市镇上的蚕种场在桑叶储备上往往需要更多的考虑。根据研究指出，镇江山地蚕种场的饲育室、储桑室和上蔟室数量基本按照3∶1∶2的比例配置，而大有三场的对应比值为2∶1∶1.5，很显然在储桑室恒定的情况下，后者在饲育室与上蔟室的建造数量上做了相应的减少。基于这个配比，本场总平面采用了储桑室与饲育室东西一对一的布局，即第一、第二储桑室对应第二、第三蚕室。这种"一一对应"模式在运桑至喂养的过程中体现出"水平运作"的流线，与"三层半段式"蚕室的"垂直运作"流线相比，它的明显缺陷在于场内运桑流线会使被处理过的桑叶短暂暴露于室外，影响其清洁度，但在必须保证储桑室建造数量的情况下设置了这种相对便利的送桑流线，则是对规模化蚕种场生产流线的一种"折中设计"。

在蚕种场的生产环节里，运桑路线和洁污路线有着绝对严格的区分。蚕室南北两侧的凉棚下，通常被当作除沙的半室外操作空间，运送蚕沙的小板车会停靠在建筑一侧的除沙口下，最后从天井西侧运出，到达场地最西边的菜园，作为肥料消化掉一定量的蚕沙。设于本场西南角的茧灶室，实际上被划分出空间用作饲养家畜，既是豕舍也是羊棚，为周围桑园提供了良好的绿肥。整个场区的日常运作有序、生态、自给自足，可看作是一个有机的整体（图11）。

四 从"纸上蚕种场"到理论模型

在1930年至1946年的大有三场相关资料中，有一张没有图名的"空间示意图"（图12）绘制了蚕种场全貌。全图画工并不精致，手法接近于白描，且缺乏具体的细节处理，并有明显的透视问题。尽管如此，它还是竭力表达了作者所能联想到的"有关蚕种场的一切"，例如对环境的挑选，蚕室形制的考虑，场区各功能的运作等。虽然图中的蚕室和环境都被符号化了，但对设计意图的真实求解却暗含其中，譬如在某些现实性的情境里，生产建筑成为一种理想之物，赋予建筑后的"图纸"以灵性，让它代替平凡的生产与日常发声：这是一个极具理想色彩的"蚕种场世界"。

画面由一支环绕蚕种场四周的水系开始，河流被颇具指代意味地命名为西河、东河、漾河（现实中并不存在），它们把主体建筑包裹成一个整体，但不是"护城河"，并无阻断之意，东侧两座大门板桥可以通向外界陆路。河岸边是一片荒芜的稻草堆场，越过泥泞的乡间小泥路，来到象征速度的"汽车马路"便可直达"集市"。留给蚕种场最重要的对外设施仍是船埠，埠头依据它不同规模及位置，承担相应的功能。画面上的"箭头"记录了运桑、储桑、烘干、切桑，以及最后进入调桑室的完整路线。需要指出的是，这里对外的另一座小桥被标记为"蚕沙出口小板桥"，作为一条独立的洁污（退沙）路线，它与主要的饲育室形成对位，并配合场内其他运桑路径，在蚕种场内部形成一套完整的运输系统。

主体建筑中，蚕室与储桑室的分离

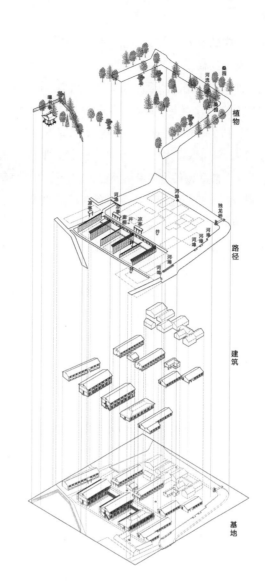

图11 民国大有三场的轴侧分解图（图片来源：作者自绘）

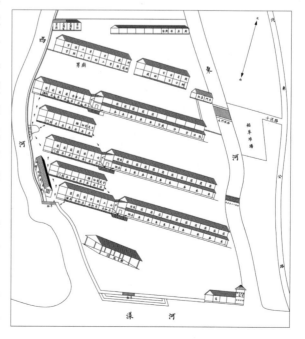

图12 蚕种场的"空间示意图"
（图片来源：作者根据文献［11］改绘）

依然是图中的最大看点。三幢蚕室皆为两层楼，有十一个开间，一层饲育二层上蔟，南北外立面均搭有一层楼高的廊棚，其西侧主入口与几幢储桑室的东侧相对应，横向每两栋建筑的室外连接处都设有凉棚。西面储桑室一楼储桑，地基被阴影填充，说明建筑具备半地下室，二楼的空间被平均划分为上蔟室和女工宿舍，男工宿舍设置在基地北侧的十开间建筑中，与办公室、储藏室、膳房等功能混合。场地最南端留下的大片空白地是一个理想的大型晒场，晒场上临西河建了一个看似临时性的构筑物——浸酸棚，棚下挖了浸酸池，可通河水，棚前的大码头也是脱酸埠头，脱酸设备也架设于河边，这与现实中大有三场的脱酸设计并无二致。

剩余的大部分配套建筑都设置在场地的边界上，例如女工生活用房（女厕、女浴、洗衣）与男工用房、厨房、厨宿等，这些屋舍皆临河而筑，以获取生活上的最大便利。有趣的是，画中东南角处设计了一个防卫型岗楼，这是江苏丘陵地带蚕种场的特有配置（地广人稀）。江浙平原上的蚕室一般位于市镇边缘且与周边村舍有着较好的融入，人流相对密集，而在此设岗楼，又在板桥入口处设立门房茶歇，加之一条"护城河"，可见设计者对场区有着超乎寻常的保卫意识。

事实上，"示意图"的设计者对建筑本身并不在意。他只规划了场内各个功能与建筑布局方式，省去了对实为主体的蚕室的精确刻画，尽管此图具备鸟瞰的视角，但它并不是真正意义上的"鸟瞰图"，而是一种表达建筑"理想关系"的模型，在对环境做出一一回应的同时也强烈地提醒着观看者，这个"蚕种场世界"是立体的。但值得注意的是，"空间示意图"里几乎所有的场景都对真实存在的大有三场有所投射，却又不尽相同。设计者把蚕种场的"身份"在一定程度上独立化了，在场内实行严格的男女分制，扩大生产建筑的整体规模并脱离常规配比（储桑室的大幅增加），在功能配置上有更细致和清晰的规划（生活设施齐备），尽量追求环境与建筑之间科学合理的结合，但在场地的选择中又体现了乡土社会里即被隔离又向往交流的复杂心理。设计者对理想化的蚕种场有自己的理解，因此"示意图"更接近设计者先验主义的建构思维，亦可称之为一个初步的乡土工业建筑的理论模型。

五 结论：蚕种场作为浓缩的乡土工业建筑生态

大有三场周围河网密集，能把场内的改良蚕种推广给周边村镇的蚕农、作坊以及蚕种指导所。而之后的蚕茧也将经过各个茧站的加工处理后进入附近城镇的机械缫丝系统（各个纺纱厂），进而成为商品（纺织品）进行贸易，完成蚕桑丝绸工业生产的最后环节。可见，江南农村地区的产业性建筑承载着近代都市工业化扩散中心的作用，而蚕种场则是这条工业链中可以沟通的符号。它虽然被乡镇隔离开来，看似站在了都市的对立面，但也正因为此蚕种场才能真正植根于乡土环境，这是一场科学的规模化生产协作，而不是犹抱琵琶半遮面般一砖半瓦的垒砌。科林·威尔逊在评论约翰·夏隆对环境与有机建筑的探索中曾经指出，一个针对具体地段、地理环境、邻里关系、朝向和气候等因素做出的设计，会在每一个元素的形式、平面布局以及其实用的方式上有所反映[1]。规模化的蚕种场不仅仅是生产的机器，也是有机的综合体，正如民国大有三场所抛出的启示，我们透过对其历史图像的追踪以及对衰败现状的剥离后，得出它不可逆的现代性。事实上，它在建造完成之初便具备了自我的社会属性，更为在意环境的证明力，将场地、建造、生产、贸易以及日常自然地聚集在一起，与乡土社会进行深度融合，形成一个浓缩的乡土工业建筑生态（图13）。

❶ 文献［13］：48.

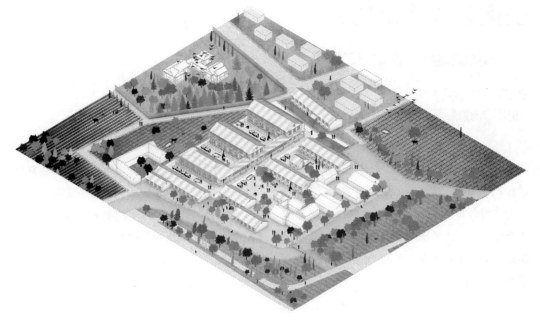

图13 民国时期的大有三场整体鸟瞰图（图片来源：作者自绘）

参考文献

[1]鲁安东，窦平平. 发现蚕种场——走向一个"原生"的范式 [J]. 时代建筑，2015（2）：64-69.

[2]窦平平，鲁安东. 环境的建构——江浙地区蚕种场建筑调研报告 [J]. 建筑学报，2013（11）：25-31.

[3]费孝通. 乡土重建 [M]. 长沙：岳麓书社，2012.

[4]黄宗南. 曝书亭：王店蚕种场 [J]. 综合文艺期刊，2014（1）：56-60.

[5]实业部国际贸易局编著. 中国实业志：全国实业调查报告之二浙江省 [M]. 1933.

[6]杨谦撰. 梅里志//中国地方志集成：19卷 [M]. 上海：上海书店出版社，1992.

[7]实业部蚕种制造取缔规则. 全宗号309，目录号2，卷号82. 嘉兴档案馆.

[8]窦平平. 回应与调和：环境的建构在乡土工业建筑中的设计具现 [J]. 建筑学报，2015（8）：67-71.

[9]赖晋儇编. 庄景仲校. 蚕业丛书 [M]. 上海：新学会社，1909.

[10]殷传福，胡岩良. 我国南方蚕室建筑及隔热通风措施 [J]. 蚕业科学，1964（3）：183-190.

[11]大有第三蚕种场有关房屋设备资料. 全宗号309，目录号2，卷号81. 嘉兴档案馆.

[12]方飞. 民国时期镇江地区蚕种场的建设活动研究 [D]. 南京：南京大学，2018：25-27.

[13]（美）佩德·安克尔著，尚晋译. 从包豪斯到生态建筑 [M]. 北京：清华大学出版社，2012.

[14]《王店镇志》编纂委员会编. 王店镇志 [M]. 北京：中国书籍出版社，1996.

云南近代建筑历程
——以滇越铁路始末为线索

陈蔚　严婷婷

（重庆大学建筑城规学院）

摘要： 16—19世纪西方殖民者向东扩张，亚洲部分地区沦为殖民地，开始全球文化殖民化的复杂进程。本文基于全球殖民化背景下的西方建筑传播至云南的路径，分析法国在东南亚及中国的势力空间分布的动态特征，分层级对比不同势力空间对云南近代建筑影响的程度。基于实地调研与史料整理而形成的云南近代建筑空间分布，本文从殖民者视角和云南本地建设者视角对滇越铁路沿线不同地点、不同类型的近代建筑进行形态分析，探析云南近代建筑在殖民建筑语境下近代化的历程。

关键词： 近代化，近代建筑，殖民性，滇越铁路

The Course of Modern Architecture in Yunnan—Taking the Beginning and End of The Yunnan-Vietnam Railway as Clues

CHEN Wei, YAN Tingting

Abstract: During the 16th and 19th centuries, the western colonizers expanded eastward and some parts of Asia were colonized, beginning a complex process of global cultural colonization. Based on the route that western architecture spread to Yunnan under global colonization, this article analyzes the dynamic characteristics of the spatial distribution of French power in Southeast Asia and China, and compares the degree of influence of different power spaces on the modern architecture of Yunnan at different levels. Based on the spatial distribution of Yunnan modern architecture formed by field research and historical data collation, this article analyzes the morphology of modern architecture of different locations and types along the Yunnan-Vietnam Railway from the perspective of colonialists and local builders in Yunnan, and explores the course of alienation and modernization of Yunnan modern architecture in the context of colonial architecture.

Key words: modernization; modern architecture; colonialism; Yunnan- Vietnam Railway

一　前言

16世纪大航海时代，造就了以西班牙和葡萄牙为首的世界历史上首批近代殖民国家，海外贸易与扩张促进资本主义的形成和发展。18世纪是殖民主义持续发展的时期，工业革命与启蒙运动推动了殖民帝国、殖民文化与殖民体系的建立。19世纪西方殖民者思维的改变与国际垄断组织的出现标志着资本主义国家已经向帝国主义国家转变，以文化作为一种政治策略，技术作为最强推动力成为这一时期帝国主义殖民扩张的典型特征（图1）。欧洲中心论以及种族差异为主的文化导向是帝国主义对殖民地教化与管理的主要理论支撑。在此语境下，西方殖民者对被殖民地区灌输西方中心论思想以及对被殖民地的文化建立不平等的认识与想象。

中法战争后，法国通过条约开埠云南蒙自、广西龙州与广州湾，这三者与东南亚法属殖民地在地理空间上形成法国势力共同体与经济圈。本文以滇越铁路建设始末为线索，以法国在东

研究对象所处时间段（云南沦为半殖民地）

| 15世纪 | 17世纪 | 18世纪初19世纪初 | 18世纪末19世纪初 | 19世纪末20世纪初 | |

西班牙、葡萄牙
开启海外殖民之始
特征：
1.海盗式掠夺；
2.无资源再生产

荷兰
第一个资本主义国家
海上马车夫
特征：
1.海外市场的扩张与形成

英国崛起
特征：
1.海外贸易掠夺；
2.国内商品生产；
3.圈地运动：形成市场、劳动力、资金
结果：
1.第一次工业革命；
2.世界性扩张（三角贸易）

法国等其他资本主义国家形成
特征：
1.掠夺与扩张；
2.资本主义；
3.殖民主义
结果：
1.整个世界卷入资本主义市场中；
2.第二次工业革命

帝国主义阶段
特征：
1.垄断资本主义；
2.资本主义矛盾出现
结果：
1.新资本主义国家与老牌资本主义国家对峙；
2.世界大战、重新瓜分世界

民族主义运动
特征：
1.民族意识觉醒；
2.武装反抗
结果：
1.民族独立；
2.殖民地逐渐减少

图1 15～20世纪时间轴（图片来源：作者自绘）

南亚与中国的势力空间动态特征为背景，以滇越铁路沿线聚落空间演变为基础，分析云南近代建筑近代化的时间历程。云南近代建筑虽非近代建筑史研究主流内容，但是其对环北部湾经济圈、中国与东南亚区域交流合作、中国"一带一路"倡议等都有重要意义，有助于研究边疆少数民族聚集地近代建筑"冲突与吸纳"的变化过程。本文以"风景"政治作为整体研究范围，为中国近代建筑史提供一种研究新范式。

二 近代西方殖民空间扩张政策

1. 帝国主义殖民路线

工业革命后，欧洲国家在技术、材料、经济上都得到实质性进步，生产效率与发展动力都得到增强，这也促进了海外市场的扩张与殖民体系的建立。殖民空间从海权时代的兴起逐渐转向海上贸易争夺，设立东印度公司，向印度洋、太平洋、亚洲等地入侵。

2. 法国在东南亚与中国的势力范围

19世纪中叶，法国开始武力入侵东南亚，越南、老挝、柬埔寨相继纳入法属印度支那版图。通过对殖民地的政策裁决、殖民机构设置、城市与建筑的制度建立，法国开始进一步扩大印度支那版图。19世纪90年代形成的法国在印度支那的殖民政治体制具有如下特点：第一，总督的集权统治。宗主国赋予殖民地国家极大的独裁能力，总督是印度支那最大的决策者，拥有最高的权力。第二，在总督集权统治下实行"分而治之"的殖民政策。法国殖民者对越南、老挝、柬埔寨三者隶属城镇实施不同的政策独立管理。第三，军事上的严密控制。这是法国殖民统治的重要支柱（图2）。

近代中国为顺应世界体系经济一体化潮流，开放了两种商埠，一种是约开商埠，一种是自开商埠。1840年鸦片战争后，中国开埠广州、厦门、福州、宁波、上海五处通商口岸，以英法为首的帝国主义开始掀起瓜分中国的狂潮。短短几十年时间，在中国境内开埠16个通商口岸，设立了30多个租界[1]。商埠口岸与租界主要分布在中国东北、东南与东部沿海，呈现出由东北、东南与东部沿海向长江流域与西南内陆发展的空间趋势。

近代中国铁路网的分布与口岸、租界分布呈正相关关系，一般在租界和商埠口岸城市都会有铁路网的铺设。因此，铁路网也呈现由东

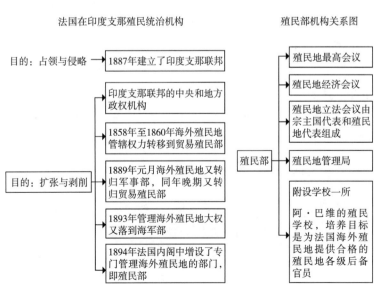

图2 法属印度支那管理机构（图片来源：作者自绘）

北、东南与东部沿海向长江流域和西南内陆发展的趋势。

19世纪，法国曾多次进入云南测绘与探险，其对云南乃至中国的野心可见一斑。19世纪末，法国将主要兵力逐渐移至越南北部。1881年至1899年法国修建一条贯通越南南北的大通道，北至临近中国边境的老街。法国殖民者拟修建一条从越南老街始发，连接中越两国的铁路[2]，其目的是为进一步扩张印度支那帝国的势力。法国人以掌控印度支那联盟作为政治行动的基础，力图经过云南进入川黔等省，深入至长江流域，建造横越中国的铁路，达到与俄国由铁路交通直接联系的目的。法国与中国签署一系列不平等条约后，开埠蒙自、腾越、蛮耗作为通商口岸，1910年，滇越铁路建成通车。

3. 边界模糊的区域——法国政治"风景"的形成

从法国在中国所做的铁路与交通建设中，可以看出法国势力范围主要分布在中国西南与沿海区域。以广州湾、北海、琼州、龙州、蒙自、梧州、思茅、河口等通商口岸与法属印度支那的殖民地越南、老挝、柬埔寨形成了新的殖民空间领域[3]。此空间模糊传统意义上的地理边界，是政治与权力推动形成的一个地理空间和意义系统交叠的空间，即"风景"❶。在云南境内，形成以沿海—长江流域—西南和东南亚—云南—西南—长江流域的文化传播带（表1）。

❶ 米切尔（Witchell, W. J.T）在《风景与权力》一书中提出政治力量和政治格局对"风景"的塑造起到很强的影响作用，同时社会和主体性身份（subjective identities）也可能在这个过程中形成。

表1　法国攫夺中国铁路权益（表格来源：作者自制）

时间	名目	起讫地点	经过地区	特权类别
1896 年 8 月	龙州铁路	睦南关—龙州	广西	承办权
1898 年 4 月	滇越铁路	云南边界—昆明	云南	承办权
1898 年 5 月	北海铁路	北海—南宁（或至别处）	广西、广东	承办权
1899 年 11 月	广州湾铁路	赤坎—安铺	广东	承办权
1911 年 5 月	汉粤川铁路（部分）	宜昌—成都间 3/8 里程	湖北、四川	投资承建权
1913 年 7 月	同成铁路	大同—成都	四川、陕西、山西	投资承建权

三　滇越铁路与近代沿线聚落空间演变

1. 滇越铁路沿线区域

1899年，法国获得铁路修筑权后，开始进行线路勘定，经过多次对云南的实地考察后，提出"西线"与"东线"方案。法国当局认为西线海拔上升高，地质承载力差等，采取了东线方案。东线从越南老街跨过南溪河大桥抵达河口，取道南溪河西岸，经由距离蒙自11公里的碧色寨，穿过阿迷州，然后沿八大河、大成方河山谷，再经宜良抵云南府（图3）。

滇越铁路位于云南哀牢山脉东侧，跨越滇中红土高原、云贵高原，滇东喀斯特高原，滇南河谷三大区域，沿线自然景观丰富多样。近代云南的开埠，经济贸易的崛起使滇南马帮繁荣兴盛，通往西南各地的古驿道系统逐渐发展。滇越铁路是基于历史时空中的民族文化走廊与跨国文化线路，将越南北部和中国云南东南区域各个分散的自然环境连为一体，使之转化为一个更大的人文环境（图4）。

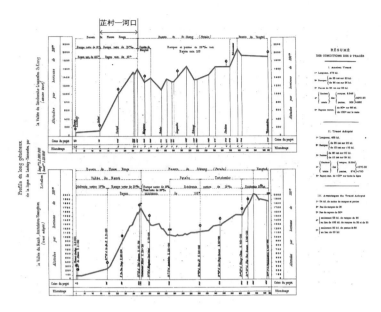

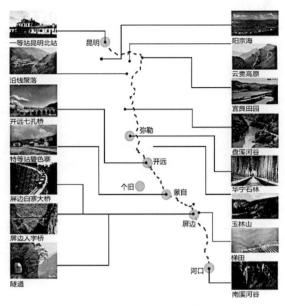

图3 法国滇越铁路工程纵剖面图（图片来源：作者改绘自文献［12］）　　　图4 滇越铁路沿线文化景观分布关系（图片来源：作者自绘）

2. 沿线聚落——城镇网络的形成

　　云南地区一个较完整的一体化城市体系的出现是近代以后的事情，该区域的城市体系在1843年时充其量只是刚刚形成而已[4]。在滇越铁路的影响下，滇东南城市结合自身的发展特征，打破明清时期均质化发展的乡村聚落模式，而形成线性分布的城市—城镇—集镇—集市的近代化雏形。不仅造就了碧色寨、个旧、开远、宜良等新兴城镇的瞬间崛起，昆明、建水、蒙自等进一步发展为中心城市，也使沿线的许多小站与小站临近的村落形成固定的社会商品集散地。因此近代云南分布在交通沿线和商业贸易孔道的小城镇进一步发展，形成县、镇、以站点为中心的节点、相关自然村落的四级城镇网络格局[5]，城镇逐渐趋于一体化（表2）。滇越铁路沿线在不同环境下形成不同类型、不同规模和性质的中小城镇，总体来说分为七大类型，即政治文化中心型、边境贸易型、交通枢纽型、商业贸易型、工矿业主导型、特色产品型、综合性城镇[4]。

表2　滇越铁路沿线城镇网络分析（表格来源：作者自制）

区域	以站点为中心的节点	城镇	相关自然村落
滇东南、昆明	碧色寨、盘溪、官渡、宜良、呈贡、澄江、芷村	个旧、开远、河口、昆明、蒙自、弥勒、宜良、建水、石屏、华宁、路南	河口南溪村、新安所

3. 沿线近代建筑空间分布

　　滇越铁路滇段包含了滇中、滇南以及滇东南大部分区域，由于历史发展等因素，现存的殖民建筑、近代建筑较少，大部分已毁或者改造得面目全非。本研究从云南省图书馆、重庆大学图书馆、云南省档案馆等处对清末民初的相关志书、史料、书籍❷及部分相关档案进行查阅收集，从早期的云南游记、方苏雅影像到后来学者发表的关于云南近代建筑相关文献与书籍、近代文物调查报告❸以及实地调研测绘数据❹得到目前较全的滇越铁路沿线地区的近代化建筑统计数据[6-9]（图5）。

❷1993年出版的《中国近代建筑总览·昆明篇》中将铁路车站及其附属建筑分幢计算，统计出云南近代建筑共90处，其中滇越铁路沿线城镇83处，占总数的92%。

❸根据《滇越铁路个碧石铁路文物调查报告》的统计与近年来新增的近代建筑遗产名录，将铁路站房及其附属建筑作为一处计算，统计出滇越铁路沿线近代建筑共160处。

❹除了现存的近代建筑还有已毁的建筑统计，史料记载统计蒙自外国洋行共27处，昆明外国洋行共24处，河口外职人员住宅遗存图纸共12处。

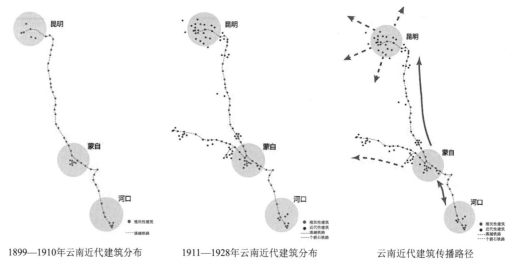

1899—1910年云南近代建筑分布　　1911—1928年云南近代建筑分布　　云南近代建筑传播路径

图5　云南近代建筑分布图（图片来源：作者自绘）

四　云南近代建筑演变

1.　租界的建立

由于条约制度和通商租界制度的建立，西方人获得了在特定区域租地建房、自由携眷及永久居住的特权，其掠夺性的自由贸易和土地租赁得到了前所未有的保护。他们或经商，或投机房地产，进而带动建筑业的繁荣兴旺。在西方商人和建筑师主导下，西方建筑文化在条约口岸得以迅速传播。1889年蒙自开埠通商，是云南开埠第一关，在东城门外建立了法租界区域。1895年河口开辟为商埠，设立法国领事署与海关。

为配合快速"占领"与殖民的需要，早期西方人建筑活动多采取技术简便、造价低廉的营造策略[10]。蒙自海关与领事馆虽以中式风格为主，但是其建筑平面与殖民外廊式建筑类似（图4）。蒙自租界现存法式建筑体量大小不均质，建筑空间大面宽、方盒子样式，建筑装饰简单，并不追求华丽和精美的建筑细部，依然体现了快速占领、技术简单与造价低廉的特点。这也体现出云南地区近代化并未开始，仍处于一个相对落后的状态。

2.　租界空间的发展

租界的正式建立吸引国内外的商人与西方势力入驻蒙自，红河航运与马帮贸易也繁荣一时。随着租界内的"稳定性"建立，在租界内逐渐形成领事官署、海关、外籍人住宅、洋行等新类型建筑。蒙自租界有著名八大外商洋行与法、意、德、美、日五国领事馆等。现存的哥胪士洋行、法国监狱与法国花园为典型的殖民式建筑，哥胪士洋行的立面为连续券拱的装饰方式（图6）。

云南早期的西方建筑建设者为法国殖民者以及在华外商，殖民者在云南建设的主要目的是快速占领与权力象征，因此建设的建筑风貌特征主要分为三类：一是由东南亚及中国开埠地区传入的殖民外廊式风格，二是殖民者为适应当地建造方式，采取折中主义手法建设的建筑风格，三是沿中国开埠通商口岸及长江流域传入云南的新古典主义风格，新古典主义风格在近代中国盛极一时，是西方中心论者作为身份与象征的建筑符号。在华外商在云南建设的主要目的是谋取最大化的经济效益，因此多选择以造价低廉的外廊式及其衍生模式为主的券柱式外廊建筑、作为身份象征的古典主义风格以及对当地街面店铺空间适应性改造，获得更多的商业空间类型。

蒙自海关

法国花园

哥胪士洋行

蒙自法国领事馆

法国监狱

哥胪士洋行立面

图6 蒙自法租界示意图及现存法式建筑（图片来源：作者自摄）

殖民者向东扩张的过程中衍生出"殖民外廊式"建筑类型。殖民地外廊式样不加区分地用于洋行、领事官署、海关、俱乐部、住宅等不同功能类型的建筑物，建筑物一般不超过三层，有地库或架空层；多为方形平面，一面、两面、三面或四面围廊，其组合方式也多种多样；长方形立面以连续柱廊或券廊所构成，上为西式四坡屋顶。河口对讯办公署、副领事署与海关为典型的殖民外廊式类型建筑（图7）。

河口外籍人员住宅类型、形式多样，装饰从简单到复杂，根据房主职业以及社会地位的不同，可将住宅分为三种类型。类型一一般为外籍高级职员的府邸，连续券、柱式样式、线脚雕刻等细节装饰显示的建筑的等级与地位，且都配备有独立的佣人房。类型二为外籍助手或者助理的住宅，在入口处、屋顶烟囱、门窗等细节有装饰，整体立面简洁朴实，功能性较好，

河口对讯办公署

河口副领事署

河口海关官署

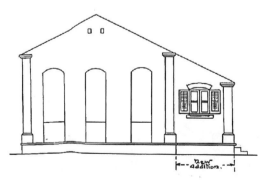
河口办公建筑

图7 河口外廊法式建筑（图片来源：项目资料）

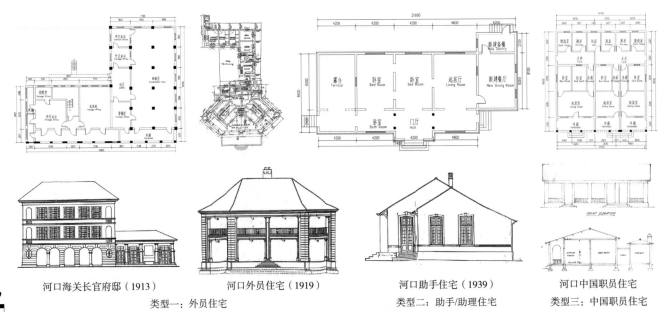

河口海关长官府邸（1913）　河口外员住宅（1919）　河口助手住宅（1939）　河口中国职员住宅

类型一：外员住宅　　　　类型二：助手/助理住宅　　类型三：中国职员住宅

图8 河口不同等级职员住宅（图片来源：项目资料）

独立式。类型三为中国职员的住宅，这种类型的住宅一般会有天井或者院落，为满足中国人的居住习惯而设计。一栋建筑入住有数户人，为公寓式宿舍，更加经济化，且几乎无细节装饰（图8）。

3. 铁路站房类建筑风格传播

滇越铁路的修建，使得在云南出现最早的站房建筑群，铁路沿线的站房建筑包括：客运候车室、货运室、业务办公室、仓库、警卫楼、住宅、医院。可以看出，铁路站房建筑从生产、管理到生活，已构成一个综合性的独立系统。从建筑风格来看，铁路交通作为城镇近代化的重要标志，除了联系沿线各城镇，促进城镇近代化发展的同时，各站点站房建筑也成为一种新的产业建筑类型[6]。作为城镇近代化和城市门户的象征，这些法式站房建筑成为影响该地区建筑发展的重要因素。铁路站房建筑是社会生产化中沿线居民接触最为频繁的法式建筑，是法国权力的象征。从建筑技术、建筑材料、建筑装饰以及建筑色彩上来看，车站类建筑都具有典范式的作用（图9~图11）。

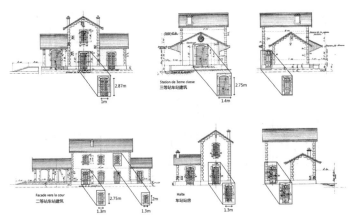

图9 标准化站房图纸（图片来源：作者改绘自文献[13]）

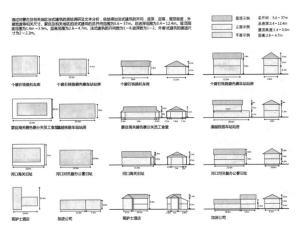

图10 现存法式建筑数据（图片来源：作者自绘）

海防站（越南始发站）

碧色寨站房（特等）

云南府站房（一等）

芷村站（四等）

图11 滇越铁路车站站房建筑[11-13]

4. 以昆明为中心的近代建筑深化与转型

19世纪末，昆明传统商业已有相当程度的发展，滇越铁路的修建更使得昆明成为交通枢纽与云南近代化的先驱城市。1905年，昆明辟为商埠，是云南地区由殖民化转向近代化的重要开端。1921年昆明省城外籍人数达到953人，多国合作越来越普遍。城市的近代化发展推动了城市建设、旧城改造与新型建筑建造，昆明的政府领导者、乡绅、商人与留学生开始主动吸纳西方先进技术与欧洲古典主义思潮。

18世纪下半叶和19世纪上半叶，欧美国家在建筑学领域最突出的特点是古典复兴运动的开展。巴黎美术学院在艺术审美和技巧训练等方面强化了这种官方建筑形式的正统性，使古典复兴成为当时最时髦和流行的建筑样式。随着西方殖民势力在全球的拓展与深入，新古典主义建筑被引申为西方文明的物化象征，并最终影响殖民地建筑活动的基本定位。云南近代建筑也受此风格影响，但是受发展政治改革、城市规划与建设、技术改良等本土因素影响，此阶段西洋化建筑的形态主要表现为"中西合璧"或"中西混杂"，本土文化意识与审美观念较强。

到1910年，共出现以下新建筑类型：教会建筑、商埠（租界）建筑、铁路沿线站房建筑、商业和金融建筑、旅馆和会馆建筑、工业建筑、科教文建筑、行政办公和会堂建筑、医院建筑、居住建筑、其他建筑[6]。新建建筑风格形成以新古典主义为主，多种建筑风格并存的局面。根据建筑受法式风格影响程度，主要分为两种类型，一是原质原型法式建筑，二是相互融合的法式建筑。

（1）原质原型法式建筑

早期的古典主义建筑几乎全部由西方建筑师设计，但1901年后向国外派遣的留学生相继回国，中国建筑师也推动了古典主义在云南的发展，并开始将古典主义中国化或本土化。1922年设计云南大学会泽院的张邦翰，就是留法归来的留学生。他把法国古典主义建筑风格移植到昆明，会泽院成为昆明率先模仿的西洋风格的建筑，至今也不愧为一座带有里程碑性质的"榜样式"建筑（图12）。甘美医院是在法国外交部驻云南交涉员公署和滇越铁路公司的支持下，租用了昆明市巡津街35号为院址，于1926年修建完成，法式建筑风格明显。"甘美医院"设计者与建造者不详（图13）。1941—1942年建造的卢汉西山别墅，设计者是兴业建筑事务所李伯惠，施工者是陆根营造厂，为典型的法式风格别墅（图14）。从昆明不同时期的典型法式建筑对比可以看出法式

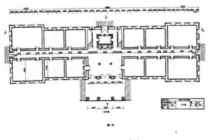
图12 会泽院[6]

图13 甘美医院[12]

图14 卢汉西山别墅[6]

古典主义的影响程度深远，施工技术逐渐成熟，建筑行业逐渐形成体系。

（2）相互融合的法式建筑

云南土地辽阔，少数民族聚集，以古典主义为主多种西洋建筑风格在向不同区域传播的过程中，有与地方传统融合的趋势。传统文化与西洋化建筑融合的建筑类型主要分为两类：一是官方的、公共的建筑物，二是民间的、民用的住宅建筑物。

云南官方的、公共的建筑西洋化主要是对古典主义建筑的模仿与再创造，模仿过程可能由于建筑材料与施工技术的不完备导致中西风格糅杂，再创造过程会加入本地文化，使建筑中国化或者本土化，通过实践逐渐形成一种综合表达民族性与现代性的技术模式，最后形成"中国固有式"的现代中国建筑。建筑风格自上而下传播，主要受殖民外廊式建筑样式与政治权力象征的新古典主义风格影响。建筑类型主要为公共建筑物，象征着国家权力。军阀统治时期，公馆建筑兴盛，使得"洋房字"的概念深入民间，成为权力的象征，引起民间的模仿与想象风潮，也促进了中西结合的建筑样式产生。

云南民间的西洋化建筑极大表明了其地方性特征，这些建筑多属于民间和工匠的创造。它们或中或西，中西混合，在数量及规模上远超前述符合西方建筑学理论框架的正规的、官方的、公共的建筑物。中西融合的方式没有系统的模式，多是民间自发的、主动创造的过程。鉴于此，研究应该从民间建筑固有的传统出发，在观念、方法、应用等方面探索民间建筑发展的西化轨迹。军阀时期公馆建筑作为权力象征，影响民间建筑、民间医院、学校等公共建筑物对西式建筑的模仿（图15）。

个碧石铁路连接碧色寨、个旧、建水等沿线城镇，是滇越铁路的横向延伸，并且与滇越铁路在碧色寨交汇，促进了云南铁路交通网络的发展。个碧石铁路是云南第一条工商集资修筑的民营铁路，运行期间有官股的投入与迁出，运营背景复杂。铁路沿线修建的站房由本地官绅出资，法国工程师设计参与的中西风格杂糅的建筑群，是上述两种类型的综合运用[15-17]（图16）。站房建筑及附属建筑群将西方技术、法式风格本地化，也促进沿线城镇的民间建筑西洋化与本地化进程（表3）。

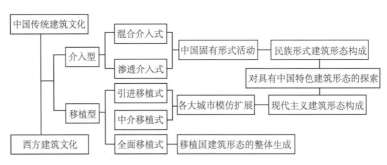

图15 中国近代建筑发展及演变过程的线索[14]

| 个旧站 | 临安站 | 石屏站 | 乡会桥站 |

图16 个碧石铁路站房建筑[15-17]

表3　不同类型的中西融合法式建筑（表格来源：作者自制）

类型	说明	举例	分析
以中为体，兼以西式	正立面或入口处西式化，平面形制与室内装饰为中式。西式门楼的使用成为民居入口的主要设计手法，在门口上雕刻有中西杂糅的图样	巡检司萧家大院、昆明石屏会馆、弥勒张冲故居	
	以门窗、角隅、线脚等建筑装饰西化为主。有的出现西式门楼的设计，平面形制与室内装饰为中式。此种风格受铁路站房建筑影响	坝心王氏宅院、得意居、王九龄旧居、灵源别墅	
以西为体，兼以中式	建筑平面形制与外形设计的构图、元素等为西式，但是局部使用中式屋顶、中式元素装饰等手法	陆军讲武堂、个碧石铁路临安车站、乡会桥站	
	平面形制与造型设计的构图、元素等为西式，但是运用本土的砖木建筑材料代替西式建筑的材料，整体风格中西杂糅	昆明鼎新街基督教青年会	
中西建筑群体组合	原中式院落组合的民居建筑加建一栋法式建筑，并用园林设计手法连接两区域	严子珍故居、周家旧宅	
	西式建筑单体与中式建筑单体通过园林设计手法组合在一起，在建筑组群中两种风格建筑类型皆存在	昆明震庄宾馆、耀龙电力公司石龙坝水电站	

通过对云南近代建筑统计分析，笔者认为相互融合的法式建筑出现以上现象的原因主要有以下几点：①建筑材料的运输与建造技术的进步。建造法式风格建筑所需要的水泥、石灰、钢铁、生活物资、机具等均由滇越铁路运输过来，在铁路未开通之前云南几乎只有本土材料建造。②虽然早期接触西方建筑文化，铁路沿线民间拒洋心态却十分浓厚。③建筑的地方性倾向挤压了古典主义的发展空间，云南人民自发地建造中西结合的建筑，体现了极大的地方性倾向。④缺乏真正的建筑师，在云南的建筑师少之又少，没有文献记载过在云南的建筑师名单，早期的铁路站房多为工程师建造，因此对本地化建筑与西方建筑文化的了解深度不够，产生了中西建筑杂糅的现象。

五　总结

霍米·芭芭（Homi Bhabha）认为，全球化过程创造了一种文化杂交性的第三空间，这种空间使其他立场的出现成为可能。近代云南以滇越铁路的建设为发展契机，与东南亚、欧洲之间形成一条以铁路为主的贸易扩张的建筑文化传播带。西方的建筑文化与云南本地传统文化、少数民族文化之间互相排斥又互相借鉴，经历了复杂的过程形成多种文化空间与建筑类型。

参考文献

[1]陈振江. 通商口岸与近代文明的传播［J］. 近代史研究，1991（1）：62–79.

[2]和中孚. 中国与东南亚的链接——滇越铁路［M］. 昆明：云南人民出版社，2014.

[3]宓汝成. 帝国主义与中国铁路1847~1949［M］. 北京：经济管理出版社，2007.

[4]（美）施坚雅. 中国封建社会晚期城市研究——施坚雅模式［M］. 吉林：吉林教育出版社，1991.

[5]王明东. 民国时期滇越铁路沿线乡村社会变迁研究［M］. 昆明：云南大学出版社，2014.

[6]蒋高宸，张复合等. 中国近代建筑总览. 昆明篇［M］. 北京：中国建筑工业出版社，1993.

[7]朱云生. 滇越铁路、个碧石铁路文物调查报告［M］. 昆明：云南民族出版社，2017.

[8]红河州文物管理所. 红河州不可移动文物大全［M］. 昆明：云南民族出版社，2015.

[9]红河州文化局. 红河州文物志［M］. 昆明：云南人民出版社，2007.11.

[10]彭长歆. 现代性·地方性——岭南城市与建筑的近代转型［M］. 上海：同济大学出版社，2012.

[11]赵海翔，陈迟. 云南古建筑地图［M］. 北京：清华大学出版社，2018.

[12]杨大禹等. 云南古建筑上下册［M］. 北京：中国建筑工业出版社，2015.

[13]（法）法国滇越铁路公司. 滇越铁路. 第2册［M］. 巴黎：法国巴黎出版，1910.

[14]（英）董黎. 中国近代教会大学建筑史研究［M］. 北京：科学出版社，2010.

[15]彭桓. 文化线路遗产：滇越铁路影像志［M］. 昆明：云南人民出版社，2016.

[16]昆明铁路局. 滇越铁路全景图［M］. 北京：中国铁道出版社，2014.

[17]王耕捷. 滇越铁路史画［M］. 昆明：云南美术出版社，2010.

清华大学主楼营建史考述（1954—1966）[1]

刘亦师

（清华大学建筑学院）

摘要： 清华主楼的选址与建设不但决定了清华大学校园的发展，也与北京西北区城市面貌形成密切有关。这一工程的设计和建设长达12年，可分为3阶段：主楼于1954年被列入校园规划后，对其选址和基本形制进行了最初的讨论，确定了若干重要原则；继之，1955年底当时清华大学校长蒋南翔访问莫斯科大学后要求设计人员参照其校主楼进行设计，于1956年至1961年相继确定了配楼和中央主楼的方案，但中央主楼施工到9层时被迫停工；第三阶段是1963年至1966年间对中央主楼层数和造型的三次修改，前一阶段施工中的混凝土标号过低等问题和当时的政治经济形势是导致反复修改的主要原因。在综核史料的基础上，研究主楼工程设计及建造的历史过程，着重分析中央主楼的历次设计修改之时代背景及不得不然的原因，并比较辨析清华大学主楼与莫斯科大学主楼及同时代相关建筑在设计手法上的异同。

关键词： 清华大学主楼，校园规划，设计与施工，清华大学建筑系，莫斯科大学主楼

A Historical Investigation of Design and Construction of the Main Building at Tsinghua University, 1954—1966

LIU Yishi

Abstract: Siting and Construction of the main building at Tsinghua University not only relates to the development of the campus, but also played a vital role in shaping landscape of the developing Northwest part of Beijing since the 1950s. This project lasted 12 years between 1954 when it was first prescribed into the 1954 campus plan and 1966 upon completion. This paper studies three phases of its construction: 1) initial development in deciding the location of the main building and its possible forms, and 2) after President Jiang Nanxiang returned from his visit to Moscow State University in late 1955, he asked designers to produce a scheme remodeled from the high-rise main building at MSU. The design came out in a course of several years between 1956 and 1961, for both wings completed in 1958 and 1960, respectively, and the central part, but construction came to a halt because of economic difficulties at the time. 3) When the project was resumed in 1964, fatal structural flaws were found due to rapid construction of the previous phase, which, in combination of political and economic causes, enacted several rounds of revision of original design, ending up with an unsatisfactory facade. Based on various sorts of materials including interviews with chief designers, this paper attempts to restore the historical process of its building processes, with an emphasis on the revisions of previous designs and reasons why they were made so. It also traces the construction history of the main building at MSU and other relating buildings in the Eastern Bloc, to better understand design techniques and characteristics in comparative terms.

Key words: the main building at Tsinghua University; campus design; design and construction; Department of Architecture of Tsinghua University; the main building at Moscow State University

　　清华大学主楼指的是清华大学校园东区的中央主楼及其东西配楼，建成时总建筑面积逾78000平方米，是清华大学校园最高大的建筑物，"盖主楼是建设共产主义清华大学中最重要的一项"[2]。主楼建成后，和老校园闻名遐迩的二校门、大礼堂一样，成为代表清华大学形象的标志性建筑（图1）。主楼的设计工作从1954年就已开始，1956年方案基本确定，随后两翼配楼于

❶ 本研究受国家自然科学基金（51778318）、清华大学学科发展史编纂工程（160310001）资助。

❷ 蒋南翔. 在土建毕业设计动员大会上的讲话［A］. 1959-10-23. 清华大学档案馆文书档案.

建
筑
史

第
46
辑

图1 清华大学主楼鸟瞰
图，1980年代（图片来源：清
华大学建筑设计研究院提供）

❶ 文献［1］：82.

1956年和1958年相继兴建，而中央主楼则建成于1966年，整个工程持续了12年。

实际上，清华大学主楼不但是1949—1978年大学校园建筑的范例，全国各地高校以之为模板建造了各自的主楼，成为一时代的象征；而且，"以主楼为中心，形成了一条南通长安街的轴线"❶，这条轴线与东西走向的成府路共同构成了当时北京西北郊"文教区"的基本骨架。主楼因其高大、宏伟，成为统率这一新区域的地标性建筑。今日在清华南路上由南向北行进，赫然遥见作为这条城市干道对景的主楼雄踞北端。

主楼自50年代初列入建设计划以来，历来备受各界关注，但因建成后不久"文化大革命"爆发，资料散佚，至今未见对其设计及建造的历史做系统的整理和研究。例如，清华大学主楼与建成于1953年的莫斯科大学主楼有何种关联、具体参考了哪些设计手法？在长达12年的设计和建造过程中，主楼的设计经历了哪些变化、原因何在？主楼的施工建造是怎样进行的、产生了哪些意外的后果？此外，关肇邺先生负责主楼的设计，无疑居功至伟，但还有一批清华大学土木、建筑等系师生先后在这一工程做出了各自的贡献。因此，稽考叙录各种文献，围绕上述这些方面探讨主楼设计和建造的历史过程，考察其设计手法并缕述它对清华大学校园建设及至对北京城市建设的意义和影响，就十分必要。

一 "主楼"建筑及其设计范式

❷ 以"主楼"为关键词在"晚清民国报刊全文数据库"搜索，无一有意义的结果。

❸ 纪念十月革命节［N］.人民日报，1949-11-9.莫斯科之春［N］.人民日报，1950-4-23.

"主楼"一词见诸国内的报纸杂志成为人们接受的词汇，还是20世纪50年代以后的事❷，当与国内报道26层楼的莫斯科大学主楼（Главное здание МГУ，the main building of Moscow State University，后文简称莫大主楼）的建设进程有关❸（图2）。莫斯科大学主楼建成于1953年，其中央部分高达210米、26层（其上还有4层设备层，总高30层），设计者是苏联著名建筑师列夫·鲁德涅夫（Lev V. Rudnev，1885—1956）。这幢建筑和同时代在莫斯科建成的其他6座高层建筑并称为"七姊妹"，是苏联当时向全世界展现社会主义建设成就及制度优越性的国家意志的体现。莫大主楼位于列宁山的最高处，是莫斯科大学和该市西南区的中心，它正面朝向的东北方与远处拟建设的苏维埃宫和更远处的克里姆林宫更构成莫斯科的城市主轴线（图3、图4），对城市发展和建构首都乃至

图2 莫大主楼外景，1953年（图片来源：北京市都市计划委员会资料研究组编译.关于莫斯科的规划设计 [M]. 北京：建筑工业出版社，1955.）

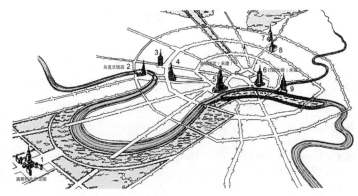

图3 莫斯科1950年代初高层建筑分布，莫大主楼与未建的苏维埃宫构成了城市主轴（图片来源：https://ru.wikipedia.org/wiki/Сталинские_высотки）

图4 莫斯科西南区中心设计模型，莫大主楼位于轴线端头，1953年（图片来源：北京市都市计划委员会编.莫斯科的规划设计问题 [M]. 北京：华北财经委员会，1954.）

图5 苏联明斯克市政府大楼，1929年（图片来源：文献 [3]: 236）

苏联的形象至关重要。莫大主楼的形象及其设计手法广为社会主义阵营国家所仿效。

　　国内对莫大主楼的介绍[4]，也使"主楼"这种特殊的建筑形象逐渐为人们所熟悉。如《人民日报》最早在1952年8月就报道过"哈尔滨工业大学校舍主楼建筑"的施工[5]，之后报纸和杂志上接连报道各地的党政机关和医院等单位主楼的建设情况[6]，范围渐次扩展到高校之外。可以认为，"主楼"是指某一政府机关或生产单位的空间范围内，无论功能还是形式都最显要、最隆重的一组建筑。它们是一个单位的"首脑"，常集中了主要行政办公部门，且一般都位于"大院"建筑组群的主轴线上、面向主要入口或街道。例如，1955年在北京西郊建成的建工部主楼，代表了当时机关单位办公建筑的建设模式。

　　主楼在建筑布局中通常居中布置在主轴的端部。就建筑设计而论，主楼形制有一定之规，如平面虽有变化但均工整对称，外观庄严厚重，正面舒展宽大，主入口凸出的大雨篷常作为装饰的重点。在造型上，中部高起于两翼，构成等级分明的形式秩序。附建配楼时，主楼与配楼通过过街楼相连。此外视情况在檐口、窗间墙等部位点缀传统纹饰，赋予一定的民族特色。这种处理本质上就是经过简化过的古典主义设计手法，当时也被称为"社会主义条件下的现实主义风格"（socialist realism）。而不论哪种叫法，都与法国巴黎美院的布扎体系（Bueax-Arts）同出一源，讲究布局的轴线关系、主从序列以及均衡、对称、比例等形式美的原则，并且都在主入口前通过凸出的两翼围合出一个巨大的三合院作为入口广场（图5），以壮观瞻。

　　清华大学主楼建成时间虽较晚，但相对化工学校、工业学院、钢铁学院等校主楼规模更宏伟，并且和莫大主楼一样，不仅是一个顶尖大学新校区的中心，也决定了北京西北城区发展的新轴线，因此更加重要。

❹ 彼得洛夫斯基.莫斯科大学的一九五二年新校舍 [J]. 人民教育，1952（12）：54-55. 邓仲.莫斯科大学一瞥 [J]. 世界知识，1952（44）：19-20.

❺ 常静.推广先进经验必须进行充分思想准备、怎样推广工业的先进经验？[N]. 人民日报，1952-8-26.

❻ 北京苏联红十字医院建成开幕 [N]. 人民日报，1954-2-17. 杨芸.北戴河东山休养所 [J]. 建筑学报，1956（06）：1-12. 叶祖贵.北京射击场设计中的几个问题 [J]. 建筑学报，1956（02）：16-24.

二 初创阶段：清华大学校园东扩与主楼的初步设计

清华大学主楼的选址与建设与清华大学校园东扩有直接关系。清华大学在中华人民共和国成立之后的校园基本建设中，一度强调因陋就简，建造了一批低标准的学生和教职员宿舍。又因受东侧京张铁路的限制，曾主要在发展余地不大的西北方向建筑新校舍。1952年底蒋南翔校长到任后就亲自抓校园基本建设，"确定学校要扩过铁路线向东发展"[1]，促成了京张铁路东移800米，明确了清华大学校园的向东发展的建设方向。蒋南翔批评了前一阶段校舍建设中采用过低标准的做法，提出学校的建筑物是百年大计，要从学校长远发展入手[2]。

在蒋南翔的领导下，清华大学基本建设委员会于1953年5月成立[3]。又于1954年6月在其下设立建筑规划组，由张维、吴良镛分别担任正、副主任，组员包括建筑系的汪国瑜等人，"负责学校总平面的设计、建筑任务分配及组织，并监督基建工作之进行"[4]。在1954年底基建委员会上报清华大学校党委的总体规划报告书中，已明确列出"教学部分应设主楼，其中包含校行政、各公共教研组、各公共上课教师、总绘图室、讲演厅等，层数规定自12～16层。该主楼要成为全校的中心。"[5]这是清华大学主楼第一次出现在官方文件中，说明其被正式列入建设计划，在内容及层高上也做了具体规定。

由于当时京张铁路以东尚为荒地，拆除校园原东墙后，首先要确定的是主楼的位置及其与已建成校区间联系等问题。从建筑规划组成立后，其主要工作之一就是围绕主楼的选址及其平面形式展开，从1954年10月到1955年5月，总共形成了上百种方案。如吴良镛先生所说，主楼作为"全校的中心"，由此形成的南北轴线不但是东校区的主要轴线，其向南延伸也将构成当时正在逐步建设的北京西北城区的一条主干路。

主楼的选址的选择无非正面朝南或朝东（图6），据此发展出不同的规划方案进行比较。在主楼朝南的各种方案中，考虑过位于与西校区二校门前已有大路的端头，兼为南北和东西轴线的对景，但不利的是阻隔了与主楼以东校区的联系。也有方案将主楼放在更靠北或靠南的位置，但最后确定下来的主楼选址，是将已有的东西主道向东延伸，使主楼位于这条主路以北。其结果既能在主楼以前形成足够气派的广场和轴线，而在主楼南北同时布置教学楼及实验楼，同时也使东西校区顺畅相连（图7）。纵贯主楼的轴线向北迄于校园规划中的大运动场，向南延伸到长

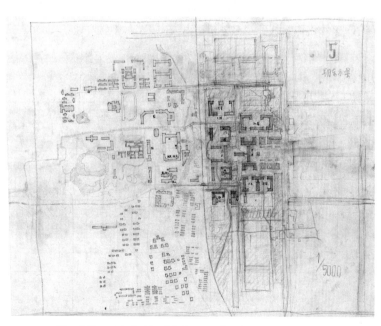

图6 主楼正面朝东的规划方案，1954年（图片来源：罗森先生提供）

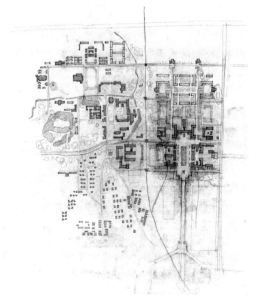

图7 主楼位于东西干道延长线以北的规划方案，1955年
（图片来源：罗森先生提供）

❶ 文献［1］：82.

❷ 蒋南翔对清华校园的总体规划工作非常关心，经常指示具体项目的建造"要从全校的基本建设考虑"，改变遭遇战、没有全局规划的情况。详第八次书记工作关于主楼基建平面设计方案的讨论［A］.1963–11–24. 清华大学档案馆文书档案.

❸ 文献［5］：203.

❹ 第23次校务行政会议［A］. 1954-6-10. 清华大学档案馆文书档案.

❺ 清华大学总体规划任务书［A］. 1954-11. 清华大学档案馆文书档案.

安街（后局部得以实施），确实体现了"社会主义的宏大气魄"的规划原则。

在发展规划方案时，汪国瑜等人同时开始着手主楼的建筑设计。因这时尚无任务书明确其规模、功能及面积分配等问题（任务书至1956年6月才和初步方案同时确定），这一阶段的设计将重点放在外观造型上。1954年前后正值以"民族的形式，社会主义内容"为口号的社会主义现实主义风格大行其道，而此前在西区刚建成的第二教室楼和学生宿舍第1至4号楼都有较丰富的传统装饰，后者甚至还安上了带鸱尾的大屋顶[6]。因此，在民族形式似乎将成为清华大学未来校园主流风格的形势下，汪国瑜先生绘制的各种主楼方案都将绵长的立面分段处理，其配楼有的是重檐歇山顶，有的是在角部升起的攒尖顶。中央部分是装饰的重点部位，在中央部分升起塔楼，形制类似中国古代楼阁式塔，"塔刹"部分显著高起，甚至有的方案在顶端放一带圈的五角星，与莫斯科大学主楼中央塔楼的顶部处理无异（图8）。

在历次规划方案中，主楼的平面形式虽有区别，但已逐渐显露出中央主体附带两翼配楼的格局，多数方案在中央主楼后还附加了方形或半圆形大厅。从现存的模型照片看，当时确定下来的主楼方案的平面与图7所示规划方案大致相符，仿效莫斯科大学主楼呈俄文字母"ж"型[7]（图9）。其两边的配楼都采用单门洞、庑殿顶的城楼形式，中央主楼部分平面呈"卅"型，四角布置重檐攒尖顶的小亭子，中央部分升起各层带批檐的塔楼。塔楼面积相对主体较小，设计手法类似莫大主楼和当时已建成的罗马尼亚火花大厦。主楼底部的出入口，也仿照古代建筑琉璃门或三座门的形式来设计，和当时正在建设的四部一会大楼及距清华大学不远的中央党校大楼的底部处理类似。

1955年初随着反浪费运动的兴起，全国带大屋顶的建筑工程都受到批评，清华大学主楼这种民族形式的方案未再深入下去。但在这第一阶段的设计中，确定下主楼在校园规划中的位置无疑是重要进展，而且平面形制已经过反复推敲，确定了一些基本原则（如集中布局、由主体和配楼构成等），为之后的设计奠定了基础。

❻ 负责建设项目审批的北京市都市计划委员会曾一度在清华校内的工字厅办公。汪国瑜先生回忆"我爱人赵为钊1949年毕业后就在他（梁思成）领导下的都市计划委员会工作，在清华工字厅上班。"详文献[2]：175.

❼ 国内当时对此平面形式称为"蛤蟆式"，最早见诸张开济. 反对"建筑八股"拥护"百家争鸣"[J].建筑学报，1956（07）：57-58。

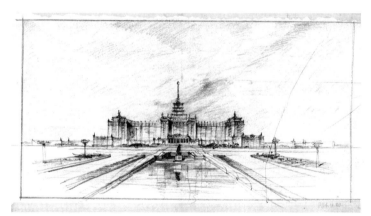

图8 汪国瑜先生绘制的主楼透视，1954年11月（图片来源：罗森先生提供）　　图9 主楼方案模型，1955年（图片来源：罗森先生提供）

三　主楼设计方案之发展、修订与施工

1. 设计背景及两翼配楼的设计与建造

清华大学建筑系的一些年轻教师常被抽调进行校园建设，1953年基建委员会建筑规划组成立后更是如此，例如吴良镛、汪国瑜等负责制定校园规划，周维权被调入建筑组并设计了第二教室楼、新水利馆等建筑。此举是对青年骨干教师的培养，在校内建成了一批高质量的校舍建筑。

❶ 指包含塔尖及五角星的总高度。

❷ 关肇邺访谈. 2018-8-31. 清华大学建筑学院.

❸ 教学大楼设计任务书及初步设计方案［A］. 清华大学档案馆文书部.

❹ 建成后用的是三孔平梁和单孔拱券的做法。

❺ 我们学校未来的教学大楼［N］. 新清华. 1956-5-26. 第139期.

1955年9月蒋南翔校长为创办原子能等新专业率领中国高等教育代表团访问苏联，在莫斯科大学等地考察。蒋南翔回京后即将主楼的设计任务交给刚被调入基建委员会的关肇邺。关先生回忆当时的情况：

"我去（基建委员会）的时候是25岁，暂时不去系里。当时基建委员会的办公室是校委领导的，里面有建筑组，还有结构组、水暖设备组、电力组。我去了建筑组以后就让我做组长。我们有5、6个人，比如高亦兰、周逸湖、唐益绍等。殷一和是后来去的，做副组长。

"我去了以后第一个任务就是要盖主楼。当然这个工程大的方向也都定了。蒋南翔校长特别找我谈了一次话，他说要给清华做一个最主要的楼，因为他也是刚从苏联回来，他去看了莫斯科大学，他简直激动得不得了，因为莫斯科大学确实是了不起的。当然他知道没有那么多钱，而且各方面技术力量也没有准备，但他说'我要求你做一个标志性的建筑，成为新区最中心的建筑，将来我们大门就对着它。'

"他还特别说现在我们盖房子是适用、经济，在可能的条件下就看你的做法了。所以在他这种授意之下，我基本上没有花太多的时间就把这个大的框架定下来了。这个（方案）确实是受了莫斯科大学的影响，跟这个大同小异……莫斯科大学有8个过街楼，我们主楼有4个，整个小了一号。我们这个主楼大概有400米长，和莫斯科大学大概600米相比，差不了太多。但是莫斯科大学主楼最高的地方280米❶，这个我们没法比。"❷

关先生说的"大的方向都定了"，指的就是主楼设计前期的各种讨论中已确定的原则性内容，如选址等。领受任务后，关肇邺领导建筑组同事开展设计工作，"先做西区，然后东区，然后中央"。这一轮的设计方案在1956年5月第7次校务委员会上得到批准，草绘的透视图就登载在5月底的校报上，之后在1956年6月公布了《教学大楼设计任务书及初步设计方案》，指明西配楼和东配楼分别交由电机系和无线电系使用，中央主楼当时计划分配给机械制造系和即将设立的工程经济系。该设计总建筑面积59400平方米，最多可同时容纳4000～5000名学生，"原则上有较重设备或较大震动设备的实验室均放在底层，二、三、四层为一般的实验室、教师及行政用房，五、六、七、八层为各种设计教室。"❸从《新清华》上登载的手绘效果图上看（图10），两旁配楼为4层，中央主楼为6层，其最高处为8层，可见设计正是按照这一设计指导思想进行的。在此方案中，主楼的各部分"都用四孔及三孔的过街楼连接❹，成为一个环抱的、由5部分构成的整体。……通过甬道及20座电梯，可以到达楼内各处。八层楼部分还准备安装电梯。"❺主楼共设8个主要出入口，"每个入口上都有适当的装饰"。

针对开间问题，建筑师等与结构工程师反复商讨后采取了4米×7.5米的尺寸，配楼和中央主楼部分都沿用了这一尺度，当时主要考虑的是用钢量问题："3.6米的这种预制梁，开间要再

图10 1956年公布的主楼方案透视图，1956年（图片来源：我们学校未来的教学大楼［N］. 新清华. 1956-5-26. 第139期.）

比4米大的话，用钢量一下就上去了。那时候很讲究：用钢量是多少，混凝土类的跟钢占的百分之多少，那时候一寸一寸的来算钢。后来我们就定了4米。……（一边）的进深是7.5米，走廊是3米。那时候很少有3米宽的走廊，一般是2米或2.5米。所以加在一块（总进深）是18米，然后再想办法在楼跟楼之间的接头的地方，把跨度稍微改小一点。因此出现了一个比4米小的一种开间，就用作厕所或者办公室，总之没浪费一点。"❻实际上，采用4米×7.5米的柱网也适应了五六十年代学苏期间教学用房的要求，"每间轴线尺寸30平方米，三间正好是一间大班（90平方米）的讲课教室，布置扶手椅，又可作为一个小班（30人）的绘图课教室。两间正好是一个小班习题课教室（布置小课桌）。"❼

1956年的方案中有关东、西配楼的部分基本未加改动就被付诸实施。其中，配楼的4个角部升起成为采光亭，这种设计手法仿自莫斯科大学主楼。这些光亭仅高出配楼平屋面一层，但与底部的竖向线条密切配合，使转角部分从底到顶成为独立的体块，与莫斯科大学那种由基座和尖顶两部分分开的构图方式显然不同（图11）。关肇邺先生回忆："后来我又见了蒋南翔一次。我想模仿莫斯科大学，在配楼的四个小角楼上面搁一个小塔，向他请示。他说你做一个试试看。他就是有这么一种思想，希望有气派。……这个方案做好了确立下来是1956年。"❽

1955年底在设计还在进行中时，北京市城市规划管理局批准了清华大学在当时的西柳村征地141亩，作为主楼的建设用地❾。西配楼方案完成后，设计组成员于1956年暑期到各地考察调研，秋后开始东配楼和中央主楼的设计❿。1956年12月西配楼动工兴建，1959年竣工；1958年东配楼也开始施工，1960年竣工⓫。

图11 西配楼入口及其上光亭（图片来源：作者拍摄）

2. 中央主楼方案的比选与定型

中央主楼是主楼工程的关键部分。从图10看，配楼与后来建成的样子相去无几，但中央部分显然比后来的历次方案低得多，说明中央主楼方案刚有雏形，尚在完善和修改过程中。

1956年6月的任务书规定除各系的教学、办公用房外，还拟建300座的各系公用图书馆，"开架式藏书10万册机电类的新书"，以及150平方米的工会俱乐部和合作新公社各一间⓬。但之后在功能上加入500多座的大阶梯教室、300座的图书阅览室和240人的大教室。这体现了蒋南翔对清华大学长远发展的高瞻远瞩，他坚信清华大学必将举办大型国际学术会议，需要有容纳500多座的大报告厅⓭，这些大教室都被设计得"明亮而畅快"。

在捉襟见肘的经济条件下，关肇邺与建筑组同仁精心设计了中央主楼室内的丰富空间，最精彩的是入口层（二层）轴线的空间序列：主楼所处因较校门低了近3米，在正门处设一大台阶直上二层，这也是很多清华大学老系馆的惯常做法（如20世纪30年代的机械馆、化学馆、生物学堂等）；从室外大台阶上到门廊，经过尺度较矮小的横向排布的小过厅进入扁长型的主门厅，再经过一小截穿堂到达两层高的纵向的进厅，而后是尺度更大的圆形后厅，空间形式纵横变化，

❻ 关肇邺访谈. 2019-8-31. 清华大学建筑学院. 另见：教学大楼中央［A］. 清华大学档案馆基建部. 档卷号11-3-16. 1956年.

❼ 高亦兰. 30年后的回顾［J］. 建筑师，1995（12）：17-20.

❽ 关肇邺访谈. 2019-8-31. 清华大学建筑学院.

❾ 建筑用地许可证. 教学大楼中央［A］. 清华大学档案馆基建部. 档卷号2-2-168. 1955年.

❿ 高亦兰访谈. 2018-9-28. 清华大学东区住宅.

⓫ 文献［5］：224.

⓬ 清华大学总体规划任务书［A］. 1954-11. 清华大学档案馆文书档案.

⓭ 高亦兰. 30年后的回顾［J］. 建筑师，1995（12）：17-20.

❶ 关肇邺访谈. 2019-8-31. 清华大学建筑学院.

❷ 清华大学团委办公室. 建零为主楼新立面而战 [A]. 1960-1-23.

❸ 高亦兰访谈. 2018-9-28. 清华大学东区住宅. 高先生提到1960年的设计施工图除结构完整出图外, 水、暖、电等尚未完成, 设计团队因工程停止而解散.

❹ 教育部. 请即时做好主楼和9003工程的施工准备工作 [A]. 1963-10-31. 教学大楼中央. 清华大学档案馆基建档案. 档卷号2-2-168.

❺ 关于中央主楼的混凝土强度问题 [A]. 1963-1-23. 教学大楼中央. 清华大学档案馆基建档案. 档卷号2-2-168.

❻ 关于主楼中央 (九层) 设计资料亟待整理的报告 [A]. 教学大楼中央. 清华大学档案馆基建档案. 档卷号2-2-168. 1963年.

空间感受丰富多彩,"像这样空间上形式和高矮的变化, 当时在北京是第一个"❶ (图12)。

中央主楼的设计一直持续到1961年, 期间曾作为清华大学土建系建零班的毕业设计题目, 在1960年初"一天内做出96个 (立面) 方案", 并征求了各类使用者的意见❷。主楼高度和立面造型是最主要的问题。上报校委会的方案将原设计中的主体部分6层改为11层, 并在中央升起3层带尖顶的塔楼 (图13)。简而言之, 此方案与汪国瑜等人前期的塔楼方案有异曲同工之处,

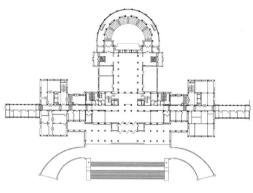

图12 中央主楼入口层 (二层) 平面 (图片来源: 清华大学建筑设计研究院提供)

同样是模仿莫大主楼的产物。但此方案不久就被否定, 因为塔楼部分除安装电梯等核心筒外, 可供利用的面积太小, 此外结构上也较难处理。并且其外观造型与1952年建成的罗马尼亚火花大厦太类似, 而后者在建筑界的评价并不高 (详见后文)。因此, 这一方案被否定, 而最后核准的方案是主体部分12层, 在中部突起正面宽大的14层楼房, 增加利用效率。这种手法在建工部主楼和中央党校主楼等处已被证明行之有效, 因此这一阶段主楼"设计即按此方案出施工图"❸ (图14)。

虽然之后这一方案还经历了多次修改, 但都主要关于高度和立面造型, 而结构形式和平面布局基本保持不变。

图13 带尖顶塔楼的方案效果图 (图片来源: 清华大学土木建筑系. 建筑设计渲染图集 [R] 北京, 1964.)

图14 最终选定的14层方案效果图 (图片来源: 清华大学土木建筑系. 建筑画的构图与技法 [M] 北京: 中国工业出版社, 1962.)

3. 中央主楼的改建与施工

但1958年9月以后清华大学建筑系的师生投入到国庆工程的各个项目中, 继之又为贯彻毛主席提出的"劳动"的"教育大跃进"思想, 参加了校内外各种建厂和支援工业的活动, 中央主楼的施工图设计进展迟缓。1959年中主楼项目重新提上议程, 建筑系、土木系一批老师被派往基建委员会协助剩余的施工图出图。1960间5月北京建筑工程局第三建筑公司开始开挖地基并进行主体混凝土工程的施工。至1961年8月, 受当时国内经济形势影响, 主体部分只施工到9层 (包括3层后厅) 就被迫停建, 一直搁置到1963年底才重被列入次年的基本建设计划, 正式由教育部通知清华大学校方准备恢复施工❹。

实际上, 1961年停工后就发现"在一层及九层大量发现较多裂缝"❺, 结构安全产生问题。清华大学校方曾在1962年10月组织清华大学土建设计院、三建公司和清华大学基本建设委员会会商, 确定裂缝的产生是由于梁、柱等"结构构件强度标号有40%左右没有达到设计强度标号", 同时由于1960年施工时多处于雨季和冬季, 为赶工期而未采取蒸汽养护, 导致混凝土强度不够❻。

1962年11月至1963年6月底期间，三建公司和清华大学进行了大量回弹仪的混凝土强度鉴定，"并于1963年8月再次邀请北京市有关专家开会进行鉴定，参观了现场"。会后，"清华同意可以考虑按照中央部分复建时减少二层（原设计为十二层，中间有一夹层，现复建为十一层）重新复核柱混凝土所需标号。"❼可见，实际施工中的问题是导致主楼变更设计、削减层数的主要原因之一。

因中央主楼工程复工在即，在土建系（清华大学的土木系和建筑系于1960年6月合并为土木建筑工程系，简称土建系）提出具体的梁板强度试验方案并试验成功后，确定了降低楼层，在适当利用后期强度的前提下，除补强标号较低的柱子，无需大范围地补强加固面，以便尽快完工❽。后经与教育部有关部门多次协商，从最初的12层主体、中部14层缩减为主体9层、中部11层的方案（图15、图16）。新方案"中央部分处理成两层高的柱廊，形成有表现力的阴影。据此方案又出了一遍施工图。"❾当时，高亦兰先生被任命为工程负责人（关肇邺先生担任专业负责人），协调各工种出施工图，她回忆当时的情况：

❼ 关于主楼中央工程结构构件混凝土标号不够要求进行补强加固和进行实验问题［A］．1963-11-14．清华大学档案馆基建档案．档卷号2-2-168．

❽ 清华大学．清华主楼结构砼强度检验报告［A］．北京市档案馆．档卷号47-1-289．1963年．

❾ 高亦兰．30年后的回顾［J］．建筑师，1995（12）：17-20．

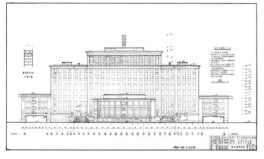

图15 修改后的11层方案北立面图，1964年9月（图片来源：清华大学档案馆基建档案）

图16 修改后的11层方案效果图（图片来源：高亦兰.30年后的回顾［J］.建筑师，1995（12）：20.）

"1963年来了消息主楼还要继续盖，把我从（土建系）教研组派调到主楼工程上，当时还有一批教师如王玮钰、梁鸿文、王志霞、胡绍学等先后都参加了这项工程。9层大平头怎么往上盖？我们第二次出图是以9层为基础，中央11层，顶部前面是柱廊，房间在后面。这次是建四班的毕业设计，把施工图出完了。

这时校领导要求将中央部分减为10层并取消顶部的柱廊。我们根据这个指示重新修改方案，又出了一遍施工图。但这次只对局部进行修改，让建五班做毕业设计。我们要求顶层要高一点，使中部突起形成立面构图上比例较好的收束，层高定的是6米，底下的普通层都是4.1米。

❿ 此处回忆有误，按设计图纸女儿墙上皮最高点为45米．

⓫ 高亦兰访谈．2018-9-28．

施工进行到顶部时，校领导考虑到政治影响，又指示主楼最高点不得超过40米❿。我们只得忍痛将已加工好的三节钢窗砍去一节。最后的竣工图是建6的学生画的。"⓫

可见，1964年调整后的新方案虽然没有原方案气势宏大，比例尚称匀称。但此后又一再削减顶部的高度和装饰，最后的方案因顶部缺乏有力的收束而比例失调（图17），建成后的中央主楼外观颇显委顿呆滞（图18）。直至20世纪90年代末，才又由关肇邺先生主持再次改建主楼，将中部升高为12层（图19）。

主楼高度的反复修改虽然影响立面造型关系甚重，但由于柱网结构早已确定，内部空间

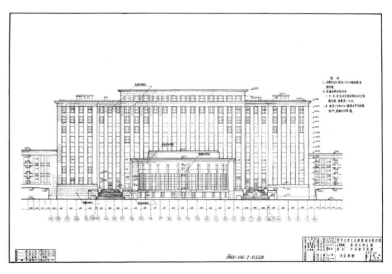

图17 10层方案北立面图（最终方案），1965年1月（图片来源：清华大学档案馆基建档案）

图18 中央主楼建成后外观，1966年（图片来源：文献［6］：129）

图19 改建后的中央主楼外观，2001年（图片来源：清华大学建筑设计研究院提供）

调整不大。主管主楼建设的行政技术室反复讨论的是主楼面积如何分配的问题。蒋南翔曾指示二、三层作为全校公用，"空下一些较好"，并学习莫大主楼的先例将专业展览、校史馆和档案馆放在上层❶。最后的面积分配方案见表1。

❶ 第12次书记工作会议记录［A］. 1963-12-15. 清华大学档案馆文书档案.

表1　主楼面积分配表（表格来源：作者整理自清华大学教学主楼面积分配的说明［A］. 1964-1-16. 清华大学档案馆基建档案. 档卷号2-2-168.）

系别／名称	总使用面积（平方米）	具体内容	楼层	说明
电机系	451	基本电工技术基础课	三	
无线电系	150	370 电视实验室	十	发射塔高出屋面 13 米
数学系计算中心	672	机房及计算数学专业教室等	六	
动力系	1482	热工测量及自动控制专业	一、四	
自动控制系	2927	精密仪器实验室等	四、六、七	
自控系计算中心	1765	机房及实验室等	一	
土建系	4925	工程结构实验室、建筑物理实验室等	一	
		专用教室及教研室等	八、九	
		图书室	九	存书 4 万册，阅览室面积 360 平方米
		测量学室及晒图、照相等	十	
三系图书室	1542		五	
校史资料档案	320		十	
阶梯教室	480		二	
毕设专用教室	1373		二、三	
校党政办公	612		二	后改作教室
公用会议室	1240		二、三	
设备机房	1635		一	

主楼前的广场设计也是在1965年确定的，"采用草坪方案，留一群众露天会场"[❷]。1956年的方案中已明确楼前形成一个大广场，"广场中央有宽阔的林荫大道直通中央的正门，这条路一直通向五道口，将是我校的主要出入口"[❸]。中央主楼和两翼的配楼在主入口的大台阶前形成环抱三合院式广场（图1），在南面的主轴线上对称布置三组教学和科研建筑，但迟至20世纪80年代末才按照修改后的规划渐次兴建，北侧则为大片树林。

因为主楼工程位于校内，在"教育大跃进"的背景下，在清华大学土建设计院成立（1958年）后，土木系和建筑系（1960年后合并为土建系）均依托设计院，以主楼为毕业设计的课题，实行"真刀真枪做毕业设计"，以及会同建、结、水、暖、电等各专业实行"大兵团作战"[❹]。前后共有四届毕业班（建零、建四、建五、建六）参与了中央主楼的设计和施工图绘制，当时的校务委员会也多次讨论主楼的毕设问题[❺]，在主楼的建设过程中锻炼了大批学生。

四 清华大学主楼设计的思想来源及其比较研究

和全面学苏时期的其他很多例子一样，清华大学主楼的设计并非直接套用莫大主楼的方案，而是在苏联样板的基础上进行了很多调整，其中一些是被迫为之，如后几轮高度的修改，但也有在借鉴其他经典范例基础上的积极创造。

清华大学主楼设计的主要参考对象是1953年建成的莫斯科大学新校区主楼。莫斯科大学的旧址位于克里姆林宫对面，用地狭促。"二战"结束后，苏联政府为庆祝莫斯科建城800周年（1947年）和展示国力，计划建设一批代表国家形象的宏伟的高层建筑。之后不久，在斯大林的授意下，选定莫斯科西南一带167公顷的区域作为莫斯科大学的新校区，并将拟建于此地的一座32层高的旅馆建筑改作新校区的主楼[❻]，"这一大厦的建设是党、政府和斯大林同志关切苏维埃科学进步的动人表现。"[❼]

苏联建筑师对高层建筑的设计和建造并不陌生，1932年著名建筑师伊欧凡（Boris M. Iofan，1891—1976）赢得苏维埃宫国际竞赛，其方案总高415米（图20）。苏维埃宫原拟在拆除了的主诞教堂原址上建造，但因卫国战争爆发而中止。战后，联共（布）中央决定暂不建造苏维埃宫而代之以另8座高层建筑（实际建成7座），其中莫大主楼工程于1947年夏被委任给伊欧凡领导下的苏维埃宫设计团队，至1948年3月正式立项[❽]。

伊欧凡曾在1930年代和1940年代多次访问美国，考察纽约、芝加哥等地高层建筑的设计和施工。他发现美国高层建筑在顶部以下的平面形式几乎没有变化，立面也缺乏装饰，但在顶部被冠以大量虚假的古典主义装饰线脚或柱式，以此形成与众不同的外观特征，"苏联建筑师不应沿袭这种做法"[❾]。伊欧凡在苏维埃宫的设计创造性地将建筑按合适的比例进行收分，并在顶部安放100多米高的列宁塑像，形成显著区别于资本主义国家高层建筑的形象，这种将现实主义风格雕塑融合到建筑中的设计手法也

❷ 第22次党委书记工作会议记录［A］. 1965-6-13. 清华大学档案馆文书档案.

❸ 我们学校未来的教学大楼. 新清华［N］. 1956-5-26. 第139期.

❹ 大兵团作战是蒋南翔在贯彻中央要求"教育生产劳动相结合"的指示下提出的新教育思想，指凭藉清华学科设置齐全的优势，联合相关专业共同攻关重大项目的做法。

❺ 63-64学年第八次书记工作会议记录［A］. 1963-11-24. 清华大学档案馆文书档案.

❻ 文献［7］: 72-75.

❼ 纪念十月革命节. 人民日报［N］. 1949-11-9.

❽ 当时为建造苏维埃宫成立了以伊欧凡为首的苏维埃宫管理局设计部。苏维埃宫在斯大林时期虽未建成，但其基址一直保留，处于城市轴线的重要位置。文献［7］: 80-84.

❾ 转引自文献［7］: 82.

图20 苏维埃宫与埃菲尔铁塔及帝国大厦的比较（图片来源：https://library.artstor.org）

图21 1937年巴黎世博会的苏联馆外观及平面，伊欧凡设计（图片来源：文献［3］：262）

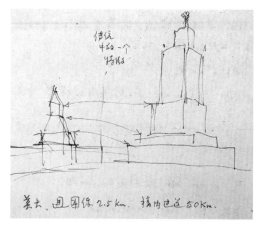

图22 梁思成工作笔记中对莫大主楼比例与俄罗斯传统教堂关系的分析，1953年（图片来源：梁思成工作笔记［A］．清华大学档案馆．）

被他运用在1937年的巴黎博览会苏联馆（图21）及1939年纽约博览会苏联馆的设计中。苏维埃宫内部包括可容纳2.5万人和6万人的大会堂，以及一系列会议室、俱乐部、美术馆、博物馆、档案馆等多种功能。

伊欧凡所做的莫大主楼设计体现了他一贯使用的建筑手法：建筑中央部分按比例收分上升，最上部安放巨大的雕像；建筑装饰丰富，而内部功能复杂多样而分区得当。伊欧凡采取了著名的"ж"形平面，并以俄罗斯东正教堂为原型，在主体部分的四角各升起一座小塔楼，与中央塔楼共同形成一大四小5座尖塔的形态，回应了斯大林在主楼中体现俄罗斯民族特色的要求。梁思成先生当年访问莫大主楼时，也注意到中央部分的收分比例与传统俄罗斯教堂的相似性（图22）。

由于伊欧凡的设计选址于列宁山濒临莫斯科河的悬崖地带，结构安全性产生争议，苏共（布）中央于1947年7月决定将选址由河岸后移700米至列宁山的最高处，并将设计任务交给鲁德涅夫进行修改。最终的方案延续了伊欧凡设计中的平面形式和5塔楼造型，但立面更加宽大舒展。原先顶部的雕像被代之以高60米的尖塔和五角星徽标，与克里姆林宫的尖塔遥相呼应。立面高度和比例均经过仔细推敲（图23）。实施方案的总建筑面积达104000平方米，其中中央部分高26层，包括"地理系和土壤地质系教学用房，机械和数学系礼堂，以及1500座的会议厅、23个讲演厅、125个教室、30个实验室，还有各系附属的一系列图书馆和博物馆"❶，两翼配楼各高18层和9层，分别是本科生和研究生的6000间单人宿舍，最外两端则是高12层的教师公寓，附带食堂和健身房。除此以外，中央主楼的九、十层为大学行政办公楼层，八层为设备转换层并可

❶Николай Кружков. Проектные решения: Высотное здание Московского государственного университета. 作者提供的未刊稿．

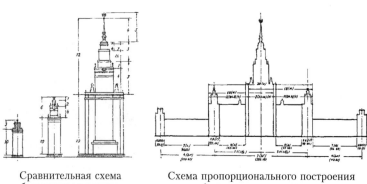

Сравнительная схема
башенных элементов
главного корпуса

Схема пропорционального построения
фасада главного корпуса

图23 鲁德涅夫对莫大主楼塔楼及尖顶的比例分析（图片来源：Николай Кружков. *Высотки сталинской Москвы*, издательство Центрполиграф［M］. Автор: Николай Кружков, 2014: 101.）

通过过街楼将各部分连通起来。虽然莫大主楼最终建成于1953年8月，建筑师鲁德涅夫等人于1949年4月已因此荣获斯大林奖章。

1950年代的校园中出现高层建筑尚属首次，莫大主楼因容纳各种复杂功能而实现了将办公、教学和生活合而为一的新教育建筑设计模式，并可看作是19世纪初美国弗吉尼亚大学水平铺陈的"学术村"（Jeffersonian Academical Village）❷的垂直表达。"在这一幢建筑中，本科生和研究生的宿舍成为他们的日常学习和社会生活的一部分，从而获得新的含义——它们与研究机构有机地相连，宿舍不再仅是学生的起居室，每个房间都是他们的工作室和学习室，营造出热烈的学习氛围。"❸（图24）

莫大主楼这种功能上的复杂性是清华大学主楼不能相比的。清华大学主楼虽然一度也将图书馆和阅览室布置在五层，但始终未将校级行政办公用房迁入主楼，还曾要求"教室不要太多，否则人挤，保护不好"❹。此外，因清华大学主楼楼层相对不多，没有像莫大主楼那样单独设置设备层，而代之以设备墙（图25），电梯也一再精简到只用6部❺，而莫大主楼的中央部分就布置了14部电梯（图26）。

莫大主楼方案确定后，1950年初由鲁德涅夫等人又为波兰首都华沙设计了高达230米的科学文化宫。这一建筑平面布局也采用"ж"形平面，"包括主楼、四翼和礼堂等六个主要部分"❻。从平面形式看，这一建筑的中央部分空间序列由正门柱廊进入方形的门厅，再进入"T"形的电梯厅，三边环绕布置展厅，再在两侧由进厅与半圆形的大会议室相连（图27、图28）。这一设计在莫大主楼的基础上作了改进，使空间感受变化更多，端部的圆形大厅是空间序列的高潮，象征着共产主义的胜利❼。清华大学主楼的平面设计与华沙科学文化宫颇为类似，但取消了圆形大厅前的内院，使流线更加紧凑。

当时受莫大主楼及其他莫斯科高层建筑影响而建的还有位于罗马尼亚首都布加勒斯特的火花大厦，同样也是社会主义现实主义风格的建筑。但它与莫大主楼不同，其面宽更阔大，中央部分平面为"H"形，也仿效莫大主楼采用5座尖塔的造型。其入口和顶部均添加拱券柱廊为装

图24 莫大主楼两翼的单人学生宿舍室内。莫大主楼共有6000多间这样的宿舍（图片来源：Николай Кружков提供）

❷ 美国第3任总统杰佛逊（Thomas Jefferson）设计的弗吉尼亚大学将礼堂（兼作图书馆）、教室、教授住宅和学生宿舍布置成围绕大草坪的三合院形式，试图以此促进师生焦虑和教学效率。这种空间布局开创了美国式大学校园设计的先河。详刘亦师. 清华大学校园的早期规划思想来源研究［C］// 中国城市规划学会. 2013中国城市规划年会论文集，2013：14.

❸ Николай Кружков. Проектные решения: Высотное здание Московского государственного университета. 作者提供的未刊稿.

❹ 第八次书记工作关于主楼基建平面设计方案的讨论［A］. 1963-11-24. 清华大学档案馆文书档案.

❺ 主楼竣工会议记录——教学大楼中央［A］. 1966-5-30. 清华大学校档案馆基建档案. 档卷号6-2-168.

❻ 华沙科学文化宫［N］. 人民日报. 1955-9-27.

❼ 刘亦师. 清华大学建筑设计研究院发展历程访谈辑录［J］. 世界建筑，2018（12）：119-125.

图25 中央主楼5层技术墙施工总结报告，1965年（图片来源：姚娟娟. 清华大学主楼五层技术墙施工总结［A］. 清华大学档案馆基建档案. 档卷号28-3-171）

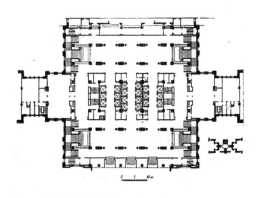

图26 莫大主楼中央大厅平面图（图片来源：Николай Кружков提供）

图27 华沙科学文化宫鸟瞰，2015年（图片来源：https://library.artstor.org）

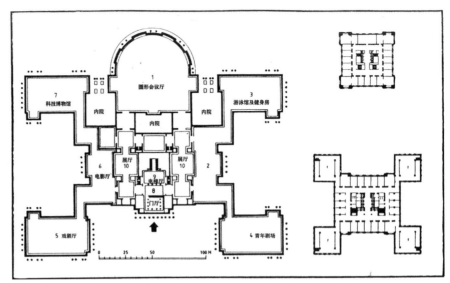

图28 华沙科学文化宫平面图（图片来源：文献［8］：134.）

图29 火花大厦（用于新闻出版等办公，建成于1952年）（图片来源：文献［8］：134.）

❶ 文献［8］：140-141.

❷ 63-64学年第12次书记工作会议记录［A］.1963-12-15.清华大学档案馆文书档案.

❸ 土建系下设美术教研组，配合各项工程做了大量工作，1963年吉隆滩设计竞赛中塑像就是重要内容，使得清华方案在国内选拔中脱颖而出。但清华校内校舍中除学生宿舍1-4号楼等少数例子外，颇少将雕塑融入建筑。详刘亦师.1963年古巴吉隆滩国际设计竞赛研究——兼论1960年代初我国的建筑创作与国际交流［J］.建筑学报，2019（8）：88-95.

饰，局部升起的塔楼则采用双柱柱廊（图29）。其缺点是中央部分未能强有力地统率两边合院式的配楼，以及背立面缺乏吸引力等，1955年以后东欧国家的现代主义派建筑师对之批评尤烈❶。但火花大厦立面以竖向线条为主的构图方式以及顶部的处理手法曾为清华大学主楼设计所参考，不过后者顶部升起的面积要宽大得多，因而更经济。同时，中央主楼虽也是"H"形平面，但未在四角做过多装饰，而将稍为升起的光亭布置在配楼上使整体更加统一。

实际上，由于蒋南翔等人的坚持，清华大学主楼的规模在国内而言是最大的，但远不能和莫大主楼相比，甚至比总高百米以上的火花大厦也低矮一半以上。然而，这些建筑通过建筑样式及尺度宣示意识形态意涵的设计意图是完全相同的，它们的设计手法也基本一致，如严谨的对称布局、凸显中心的构成原则、重视平面和立面的主从关系（图30）、反复推敲比例等，惟在体现"民族的形式"的装饰程度上区别颇大。清华大学主楼设计于1956年，斯大林时期那种堆砌民族装饰主题的风格已受到严厉批判，1960年代后更竭力降低室内装修标准，如把门廊改小、"建筑系不要搞虚浮装饰"，但"考虑到主楼还是学校中心，必要的装修还是要。"❷实际上，清华大学主楼的装饰效果主要是靠立面上简单的竖向线条和不同体块之间的相互关系来实现的。

此外，莫大主楼的最终方案虽然取消了中央顶部的雕像，但在入口、室内及周边环境中仍融入了众多现实主义风格的雕像或浮雕（图31），成为重要的装饰和建筑的有机组成部分。我国20世纪50年代建成的公共建筑也多模仿这一手法，如中央党校大楼等。但当时清华大学土建系美术教研组虽然实力雄厚❸，但由于经济条件所限，取消了主楼及其周边的全部塑像，这是其与莫大主楼等建筑的另一重要区别。

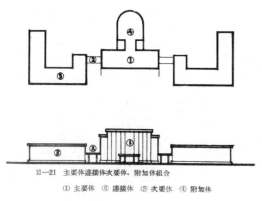

图30 清华大学土建系编写的教材中，以主楼为例解释
"主从关系"（图片来源：文献 [9]：150.）

图31 莫大主楼前的塑像，正门前立像为莫大创始人罗门诺索夫（Михаил Васильевич Ломоносов, 1711—1765）（图片来源：Николай Кружков提供）

五 结语

中外著名建筑的建造过程大多颇为复杂、传奇，如莫大主楼就经历了重新选址和建筑师的更替。相比之下，清华大学主楼的设计与建造过程更加曲折，在其长达12年的时间内经历了3个阶段：最初是东校区规划时期就其选址和东区轴线位置及空间形态进行的推敲，并草拟了大屋顶风格的方案；其次是在此基础上，到1956年制定出剥离了民族形式装饰的方案，进而逐渐完善中央主楼的高度和造型。西、东配楼按此设计相继建成后，中央主楼在主体施工到9层时被迫停工；由于政治、经济以及施工技术等问题，原设计在1963年以后又经过了第三阶段的数次修改，一再削减高度，外观效果差强人意。但它终究是那个时代最有名的主楼建筑之一，成为一个时代的象征。

由于主楼工程持续经历时间较长，而建成后又适逢"文化大革命"爆发，没来得及做总结，资料也散落各处，一些设计过程逐渐湮没不闻，如第一阶段的方案比选，以及1963年以后修改方案的复杂过程。但是，主楼方案的演进有很强的沿承性，如第一阶段设计中所确定的选址和平面布局就是此后设计的基础，而1963年以后修改的本质是局部调整即顶部处理，结构形式和主要楼层的空间布局均未改动。本文一方面梳理了与之相关的档案资料和各种出版物，辅以对先后主持该项工程的老先生的访谈，在对史料搜罗遗佚、稽考叙录的基础上，力图再现在时代变局的动荡中主楼建造的完整的历史过程，考察不同设计阶段的前后关联及影响。

可以看到，建成的主楼的最终外观的背后，隐含着对城市发展的宏观考虑，以及那个时代对设计的限制和建筑师们的顽强努力。主楼是清华大学东校区的中心，其选址与建筑形象不但对校园新区也对正在发展的北京西北城区都意义重大。同时，从1960年开始，主楼工程作为"真刀真枪"的毕业设计题目，锻炼了四届毕业班的学生，"在实地的战斗中学生们受到极大的锻炼，思想上业务上都取得了丰硕的成果"❹，毕业后能很快适应各单位的工作要求。不仅如此，主楼工程还锻炼了一批清华大学的教师，如关肇邺先生所说："（清华大学主楼的设计）对我来说学习到很多东西，因为这个过程是真正地跟搞土木的人、结构的人一起工作，比如决定房间的开间，我们一起反复研究，……建筑师平常不太会注意这些，经验很难得。"❺高亦兰先生也提到这些经验"不仅在于增加了我的实践知识，而在于是我真正懂得了什么是建筑"❻。这是主楼工程在中国建筑界的另一重要影响。

另一方面，本文通过梳理莫大主楼的建造历史和设计手法的研究，以及位于东欧国家的其他斯大林时期的代表性建筑，从而比较清华大学主楼与它们的异同。例如，莫大主楼的平面形制是其他建筑的模板，但在空间处理上，清华大学主楼更多地仿效了华沙科学文化宫的例子，

❹ 63-64学年第12次书记工作会议记录 [A]. 1963-12-15. 清华大学档案馆文书档案.

❺ 关肇邺访谈. 2018-8-31. 清华大学建筑学院.

❻ 高亦兰. 设计院是建筑系师生的重要实践基地 [M]//文献 [10]: 127.

而立面形制则与火花大厦接近，等等。总之，通过这一研究，我们考辑出诸多丰富有趣的历史细节，不但跳出"清华主楼模仿自莫大主楼"等传闻的束缚，能更深刻、清晰地认识主楼的设计手法及其特征，同时厘清了不同阶段设计和建造的异同与联系，切实感受到那个时代对设计风格和创作方式的深刻影响。作为案例研究，细致地梳理清华大学主楼的建设过程无疑有助于我们深刻认识中华人民共和国成立初期的建筑设计和施工营造的具体情况。

参考文献

[1] 吴良镛. 良镛求索 [M]. 北京：清华大学出版社，2016.

[2] 汪国瑜. 汪国瑜文集 [M]. 北京：清华大学出版社，2003.

[3] Н.П.Былинкина. Всеобщая история архитектуры: Архитектура СССР [M]. Под редакцией Н.В. (зам.отв.едактора)，1975.

[4] 北京市都市计划委员会编. 莫斯科的规划设计问题 [M]. 北京：华北财经委员会，1954.

[5] 清华大学校史研究室. 清华大学一百年 [M]. 北京：清华大学出版社，2011.

[6] 清华大学校史馆编. 清华大学图史（1911—2011）[M]. 北京：清华大学出版社，2019.

[7] Николай Кружков（Nikolai Kruzhkov）. Высотки сталинской Москвы (Stalin's Moscow skyscrapers)，издательство Центрполиграф [M]. Автор: Николай Кружков，2014.

[8] Andres Aman. Architecture and Ideology in Eastern Europe during the Stalin Era [M]. New York：The Architectural History Foundation, INC., 1992.

[9] 清华大学土建系民用建筑设计教研组. 民用建筑设计原理（初稿）[M]. 北京：清华大学印刷厂，1963.

[10] 庄惟敏等编. 清华大学建筑设计研究院成立五十周年纪念文集 [M]. 北京：清华大学出版社，2008.

"禁樵采"

——中国古代对名人墓葬的保护

王依　吴葱

（天津大学建筑学院）

摘要： 古墓葬是一类重要的文化遗产，属于不可移动文物的一类，被《中华人民共和国文物保护法》保护，本文的研究对象名人[1]墓葬属于古墓葬中的一类。回溯中国古代，名人墓葬也一贯受到统治者和知识阶层的重视，得到了一些实质性的保护，并且有大量相关诗文传世。名人墓葬包含历代帝王、圣贤、忠臣（士大夫）、名士、孝子、烈女等几类人的坟墓。实施保护行为的主体包括帝王、士大夫阶层，甚至民众中也有保护的风气；针对名人墓葬的保护措施主要包含"禁樵采"、设置陵户、修缮或重立祠庙、记录这几项，其中"禁樵采"[2]应用得最为广泛。本文除了挖掘古人对名人墓葬的保护措施以及实施保护的主体外，更试图对这些保护行为的动因进行分析，以求从一个侧面反映出中国古代的保护观念。

关键词： 名人墓葬，禁樵采，修缮，表彰，教育

Prohibition of *Qiaocai* —Traditional Chinese Conservation Measures of Celebrities' Tombs

WANG Yi, WU Cong

Abstract: Ancient tombs are an important kind of cultural heritage, belonging to the category of immovable cultural relics, which are protected by the Law of the People's Republic of China on Protection of Cultural Relics. The tombs of the celebrities as the research object belong to the category of ancient tombs. Back to ancient China, celebrities' tombs, as a type of cultural relics, have also received the attention of rulers and intellectuals, and also have received some substantial protection. At the same time, a large number of related poems have been composed and circulated. Celebrities' tombs contain the tombs of emperors, sages, famous scholar-officials, litterateurs, loyal minister and martyrs, filial son and chastity women. Emperors and scholar-officials issue some measures and guide some protection projects; among the people, there is also the germination of protection consciousness. The protection measures mainly include prohibition of *qiaocai* (wood cutting), tomb guardians, repairing/re-establishing and recording. Among them, prohibition of *qiaocai* is the most widely used measure. Regarding celebrities' tombs as a kind of cultural relics, in addition to excavating its protective measures, this article tries to analyze the motivation of these protection behaviors in order to reflect some traditional Chinese thoughts of cultural relics.

Key words: tombs of ancient celebrities; prohibition of *qiaocai*; conservation; commendation; education

清军入关后，并未像我们固有观念中认知的那样，将前朝的宫殿夷为废墟，反而对前朝的宫殿及陵寝都实施了一些有效的保护措施，沿用并持续维护紫禁城，对明代陵寝也进行了修缮。而在1909年清民政部关于酌拟《保存古迹推广办法》[3]的奏章中明确提到"接收工部划归事宜案卷，各省每于年终造具古昔陵寝、先贤祠墓，防护无误，册结报部"，说明有清一代，名人墓葬也是唯一一类受到具体并持续保护的古迹。那么这种针对名人墓葬的保护，是清代的首创还是具有悠久历史呢？

---

[1]《汉语大词典》中对"名人"有两个定义，一是著名的人物；二是有名籍的人。本文讨论的主要是第一个含义的"名人"。文献［1］：3570.

[2] 在此以"禁樵采"代表与之类似的一系列禁令如禁止耕种、放牧等。

[3] 我国第一部文物法令。文献［2］，第八册：16.

一 从"不封不树"到"封比干之墓"

《周易·系辞下》中写道："古也葬者，厚衣之以薪，葬之中野，不封不树，丧期无数。""不封不树"或许是人类历史上最初的墓葬形式，关于这一点，在《白虎通义·崩薨》中解释得很清楚，即"丧葬之礼，缘生以事死，生时无，死亦不敢造"。太古之时，人们穴居野处，生活设施简陋，因此墓葬也不加封树，取"葬者，藏也"之义，藏起来自然就不加标识。中古之时，人们就有了宫室、衣服，因此可以"藏以棺椁，封树识表，体以象生"。"封"和"树"包括"坟"都是为了识别墓葬在那里❶，其中"封"的甲骨文作 ，本义就是植树于土堆之上以为封域。因此可以看出，原始的墓葬，地面构筑物包括树木构成的边界、坟以及坟树。对墓葬划定一个边界，对这个边界内的构筑物以及边界本身的保护措施最直接的就是对这些树木的保护，也就是"禁樵采"。

根据文献记载，针对名人墓葬，历史上最早的接近保护的行为发生在西周建立后，武王入殷，随即便"封比干之墓，靖箕子之宫，表商容之闾"，以表现对前朝贤臣智士的尊崇。另一个著名的事例发生在战国时期，秦国军队在攻打齐国时，下令"有敢去柳下惠垄五十步樵采者，死不赦"❷，这是文献记载中，设定一定的保护范围，并制定保护措施的范例。从此"禁樵采"成为保护山林、墓葬的代名词，在以往研究中，大部分是从林业保护的角度研究"禁樵采"政策❸，本文试图将其作为中国古代名人墓葬保护的一条线索，梳理出相关的保护主体、保护措施及动因。

二 保护的主体

1. 历代帝王

自汉代始，几乎历代统治者都有发布类似的诏令❹来保护古代帝王墓葬。如汉高帝十二年（公元前195年）发布诏令❺保护秦皇帝、楚隐王、魏安厘王、齐愍王、赵悼襄王等的陵墓，设置守冢户，并免除守冢户其他徭役，专职守陵。

至南朝宋武帝，"格其名贤先哲，见优前代，或立德着节，或宁乱庇民。坟墓未远，并宜洒扫"，此时的保护对象由仅保护前代帝王山陵扩展至将明贤先哲墓葬一并保护。唐贞观四年（630年）九月，唐太宗发布诏令称，自上古至隋代的明王圣帝和贤臣烈士，凡是地方官寻访"丘垄可识，茔兆见在"的就要逐条申奏，然后"每加巡简，禁绝刍牧。春秋二时，为之致祭。若有毁坏，即宜修补"，这条诏令进一步明确了保护对象的范围。保护措施也进一步增加至"禁绝樵牧"、"春秋致祭"、"即宜修补"三项。宋至明清，保护的诏令越来越频繁和具体，清代与保护明陵相关的诏令在1644—1881年这段时间里被发布了13次之多。通过表1我们看出，自汉代始，历代统治者发布诏令的频率有上升趋势，而诏令的内容也越来越具体，同时保护对象的范围也有扩展的趋势。

与诏令相配合，作为统治者意志的体现，对墓葬的保护在律令中也有体现。在《唐律疏议》《大明律》中均有对盗墓罪和盗取、破坏陵园或者他人墓茔内树木的处罚措施。

❶ "封、树者，所以为识。故《檀弓》曰：古也墓而不坟，今邱也。东西南北之人也，不可以不识也。于是封之，崇曰尺。"

❷ 文献［3］：408.

❸ 如王丽在《宋代国家林木经营管理研究》（2009）中提到宋代对于墓地林的保护，以及马泓波在《宋代植树护林的法律规定及其社会作用》（2007）中论述的对于砍伐坟墓上的树的禁令等。

❹ 文体名。古代帝王、皇太后或皇后所发命令、文告的总称。包括册文、制、敕、诏、诰、策令、玺书、教、谕等。文献［1］：15489.

❺ "汉高帝十二年十二月，诏曰：秦皇帝，楚隐王，（师古曰陈胜也）魏安厘王，齐愍王，赵悼襄王，皆绝亡后。其与秦皇帝守冢二十家，楚魏齐各十家，赵及魏公子无忌（师古曰即信陵君也）各五家，令视其冢，亡以与他事。"文献［5］，卷15.

❻ 文献［8］，方舆汇编·坤舆典·陵寝部·艺文.

❼ 文献［8］，经济汇编·祥刑典·赦宥部·汇编.

❽ 文献［8］，明伦汇编·官常典·贤裔部·列传.

❾ 文献［8］，方舆汇编·职方典·兖州府部·汇考.

表1　历代代表性诏令汇总表（表格来源：作者自制）

颁布时间	颁布者	主要措施	保护对象	出处
约公元前 1046 年	周武王	封植	比干墓	《荀子》卷十九
约公元前 320 年	秦王	禁樵采	柳下惠墓	《战国策》卷十一
公元前 195 年	汉高帝	设守冢户	前代帝王	《日知录》卷十五
220 年，238 年	魏文帝、魏明帝	设守冢户、禁樵采	前代帝王	《陵寝部·艺文》❻
420 年	宋武帝	洒扫	前代帝王、名贤先哲	《日知录》卷十五
496 年	南齐明帝	修葺、设守卫	前代帝王；晋帝诸陵	《陵寝部·艺文》
508 年	梁武帝	令有司守卫	前代帝王；晋宋齐三代诸陵	《日知录》卷十五
566 年	陈文帝	修葺、禁樵采	前代帝王；贤臣；忠烈；前代侯王，自古忠烈	《日知录》卷十五
495 年，496 年，517 年	魏高祖、魏肃宗	禁樵采	前代帝王、贤臣	《日知录》卷十五
607 年	隋炀帝	设守冢户	前代帝王	《陵寝部·艺文》
630 年，637 年，706 年，744 年，747 年，748 年，869 年	唐太宗、唐中宗、唐玄宗、唐懿宗	禁樵采；定时致祭；修葺；明立标记	前代帝王、圣贤、贤臣、烈士、士大夫、孝妇、烈女	《日知录》卷十五
690—705 年	武后	禁樵采	王浚云墓	《杜工部草堂诗笺》卷三十八
925 年	唐庄宗	定时致祭；设守陵户	前代帝王陵	《册府元龟》卷一百七十四
948 年	后汉隐帝	禁樵采；修葺	两汉帝王陵	《册府元龟》卷一百七十四
951 年，954 年	后周太祖、后周世宗	定时致祭；设守陵户	前代帝王陵；名臣坟墓	《赦宥部·汇考》❼
961 年，963 年，966 年，970 年	宋太祖	定时致祭；设守陵户；禁樵采；修葺	前代帝王、忠臣、贤士	《宋大诏令集·褒崇先圣》
		守陵 5 户；春秋致祭（奉祀）	太昊、高宗、武丁陵	《陵寝部·艺文》
1004 年，1007 年，1012 年，1017 年	宋真宗	禁樵采；修葺；定时致祭	圣贤、前代帝王、名臣、贤士、义夫、节妇、无主坟墓、唐故孝子潘良瑗及子季通墓、周朝葬冠剑处	《宋大诏令集·褒崇先圣》
1092 年	宋哲宗	禁樵采	颜盛墓	《贤裔部·列传》❽
1114 年	宋徽宗	墓旁建庙	孟子墓	《兖州府部·汇考》❾
1124 年，1129 年	金太宗	禁盗墓、禁樵采	辽代诸陵	《日知录》卷十五
1368 年，1369 年，1370 年，1376 年，1464 年	明太祖、明英宗	禁樵采；设陵户；定时致祭；修葺	历代帝王陵寝	《太祖实录》《大明会典》
1644—1881 年（共 13 次）	清顺治至光绪	禁樵采；设陵户；定时致祭；修葺	明孝陵、明十三陵	光绪朝《清实录》《清会典》
1729—1831 年	清雍正至道光	禁樵采；设陵户；定时致祭；修葺	女娲陵、黄帝陵庙、帝尧陵、周康王陵寝、汉光武帝陵、齐高帝陵、唐太宗陵寝、宋孝宗理宗陵、金朝陵寝等历代帝王陵寝	光绪朝《清实录》《清会典》

2. 士大夫阶层

除了历代帝王持续下达的保护命令，最晚至唐代，士大夫阶层也已经有了对于古代名人墓葬保护的自觉性。在李白去世之后50年左右，宣歙观察史范传正出于对李白才学的仰慕，几经周折，按图在当涂寻得李白墓，于是命令"禁樵采，备洒扫"，采取了一定的保护措施[1]。

宋代这样的例子也有很多，如著名的孟子林庙的兴建并不是孟子逝世后，而是一千多年后的宋仁宗景佑四年（1037年），由孔子45代孙孔道辅出于对孟子功德的钦佩，在就任为孟子故里邹城的属邑后，就积极地寻找孟子墓地，"于是符下俾其官吏博求之"，后来果然在邹城东北三十里找到了，寻得墓后他就展开了一系列的保护措施，如申请资金在墓旁兴修孟庙，加立了戟门，并且为孟子墓申请了守陵户。胡宿[2]任职湖州知州时，曾上表申请为谢安墓置守冢户，下达禁樵采的命令。到了宋末，在文人士大夫阶层中，几乎达成了这样一个共识：到达一个地方任官，寻访当地圣贤之墓并保护起来是一项基本的职责。

"墓之有志何，贤者衣冠之所藏也，东西南北之人也，是故可以系百世之感，焉志之匪躄也，晦翁守南康，访先贤墓垣之，禁樵采，君子以为仁，是故有任其责者矣。"[3]

通过士大夫阶层主动或者被动的贯彻实施，保护名人墓葬的命令得以更好的实现，有记载的明代保护实例见表2。

表2 明代士大夫阶层对名人墓葬的保护（表格来源：作者自制）

发起者	措施	保护对象	墓主成就	出处
湖州知府岳璇	禁樵采、修葺坟茔、重立祠庙	北宋胡瑗墓	理学家	《国朝献征录》卷六十三
丹徒知县杨珊	禁樵采、修葺坟茔；上疏请建祠、设陵户、定时致祭	南宋宗泽墓	名将	《嵩渚文集》卷八十五
县令陈某、俞公	修葺祠庙、维持祭祀资金、祭田数量	唐代许远墓	名将	《茅鹿门文集》卷二十一
知府姜昂、御史常熟徐公	禁樵采、修葺坟茔、修葺祠庙、恢复祭田	北宋范仲淹墓	思想家、政治家、文学家	《谦斋文录》卷二
惠安知县叶春及	禁樵采、修葺坟茔；上疏请设守冢户、有司致祭	唐代王潮墓	名将	《石洞集》卷八
御史武陵杨公	禁樵采、重立祠庙	明代于谦墓	名臣	《媚幽阁文娱二集》卷三

3. 大众意识的觉醒

当一些观念试图对普罗大众产生影响时，往往会包装成因果报应的传奇故事来引导大众的行为。关于名人墓葬也存在大量类似的传说故事，从而让人们产生敬畏心理，间接起到保护的作用。

《录异记》中记载，唐代的钟传初入洪州筑城时，有军吏挖掘了坟墓拿墓砖来使用，于是钟传就梦到一古装老人传旨前来道："将军何得暴我居处。今我不安，速宜修之"，钟传于是赶快命人查找本州岛地方图志，才发现是破坏了战国时子羽先生的坟墓，于是"即命瓷砌修饰，立亭于其上，以表古迹"。

这样类型的故事广为流传，从反面对民众保护意识的觉醒起到了一定的作用，于是对名人

① 据范传正撰写的《唐左拾遗翰林学士李公新墓碑并序》中言，寻访到李白后人后，他依从李白遗愿将李白墓由初始的龙山东麓迁到了青山西麓。

② 在北宋仁宗、英宗两朝为官，位居枢密副使，以居安思危、宽厚待人、正直立朝著称，死后谥文恭。https://baike.baidu.com/item/胡宿/4059738?fr=aladdin.

③ 文献［7］，卷7.

墓葬的保护有了相对广泛的群众基础。北宋时蜀地建铜壶阁[11]，因木材不够，于是伐乔木于蜀先主惠陵、江渎祠，又毁了后土及刘禅祠，导致当地民众不满，从侧面说明了当时名人墓葬保护意识已经比较深入民心。

从帝王到士大夫阶层，对名人墓葬的保护从有功利性目的的强制政令逐渐内化成一种自发自觉的行为；另一方面文人们又以诗文甚至传奇故事的形式向普罗大众输出着一些保护思想。

三 保护措施

历代针对名人墓葬的保护有多种干预程度不同的保护措施，其中也包含法令中对盗墓行为的禁止，禁止盗墓的法令，针对任何一座坟墓，是针对死者人格以及私人财产保护的措施，因此在本文暂且存而不论。本文主要讨论针对名人墓葬一些特有的保护措施。

1. 以"禁樵采"为代表的禁令

对名人墓葬保护的禁令往往包含对采樵、放牧、耕种等行为的禁止，其中"禁樵采"❹使用的最为广泛，因此笔者以"禁樵采"来代表这一类的禁令。为了更具有可操作性，"禁樵采"往往会在一个明确的保护范围内实施。这一类禁令均是对坟茔上一草一木的保护。在中国绘画和诗作中，坟茔上的常用植物如"松楸"等，具有强烈的象征意味，这使得坟茔周边的草木和墓葬本身产生了关系，就有了如"爱护墓木者，所以爱护其祖宗也"这样的表述。加上万物有灵的思维影响，使得名人墓葬附近的一草一木都是珍贵的，需要保护的（图1）。另一方面墓葬旁边的草木因为其本身的美感，成为墓葬艺术感染力的重要组成部分，草木为主体的周边环境是其墓葬艺术价值的重要组成部分，如太康的高柴遗冢即与其周边环境一起被作为太康八景记载在县志中（图3）。禁止樵采直接保护了陵墓的周边环境，也就是保护了墓葬的艺术价值。而植物的象征意义也使得植物成为人们抒发情感的凭借和对象。诗人往往从草木而比兴，把草木和人物有机地结合起来。各种艺术形式对草木的阐释，也使得草木身上蕴含的艺术价值得到累加。因此，这一类禁令也逐渐成为针对墓葬保护行为的代称。这一点在历代的诗歌中也有所体现，例如乾隆在1751年南巡经过南京谒孝陵时，把这一保护措施写进诗中，"*常禁里民阑采木，还教卫护谨巡陵*"，并刻碑立在孝陵（图2）。其他的反映此措施的诗歌还有很多，如：

> 樵苏封葬地，喉舌罢朝天。秋色凋春草，王孙若个边。❺
> 位极君诏葬，勋高盈忠贞。宠终禁樵采，立嗣修坟茔。❻
> 乡党敬前辈，朝廷尊大儒。公无念丘墓，人自禁樵苏。❼

2. 设置陵户、墓田

比"禁樵采"更进一步的保护措施是给墓葬设置专职守陵人员，即陵户。陵户❾在汉代就已经出现了，而陵户的多少往往能反映出墓主人的地位。以宋代为例，陵户一般选择近陵小户担当，由本地的地方官负责管理。他们的职责主要是"*庙宇常须洒扫，无致摧圮，坟陇林*

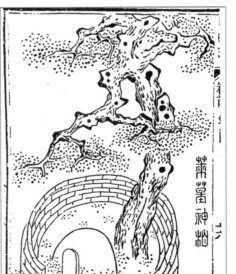

图1 莱墓神柏❽（图片来源：(清)陈嗣良，孟广来.（光绪）曹县志［M］清光绪十年刻本.）

图2 南京明孝陵所立御制诗碑（图片来源：作者自摄）

❹ 有时也被表达为"禁樵牧""禁樵苏"。

❺ 文献［9］，卷34.

❻《適思》颜胄，见文献［8］，卷138，62册：42.

❼（宋）晁公溯. 闻虞参政至玉屏山.

❽ 莱墓指莱朱墓，莱朱为商汤左相。

❾ 针对皇家陵墓的一般称为守陵户，而针对一般的名人墓葬的则称为守冢户，在本文中为了行文方便，统称为陵户。

木，常禁侵伐，无林木者，常令栽植"，可见他们是陵墓本体日常维护、"禁樵采"以及草木培育的实际执行者。陵户还有一个重要的职责是负责陵墓的日常祭祀活动，并辅助重大祭祀活动。作为回报，统治者给予陵户陵旁的土地耕种，并且往往会免除他们的其他徭役。

3. 修缮

对名人墓葬及附近的祠庙的日常维护、修缮是必不可少的。唐玄宗的诏令"**自古圣帝明王陵墓，有颓毁者，宜令管内，量事修葺**"代表着一种比较普遍的情况。日常维护由守陵（冢）户负责，修缮则多由地方官主导。然而清代以前的修缮似大都存在在诏令中，真正实施的记载较少，仅有宋开宝年间"**发厢军千人**"修缮一批帝陵等出现在史书中的粗略记载，因此清雍正才发出"**朕见历代帝王皆有保护古昔陵寝之勅谕而究无奉行之实**"这样的感叹。清代关于修缮名人墓葬的记载就非常丰富了，详见表3。其中，修缮的资金也有明确的来源，或来自于陵墓附近的田地出租收来的租金，或从本省存公银中出，或由修缮的发起者募集得来❶。

❶ "故有表思堂、碧洞菴乃祀先生之所，亦皆废，乃又捐俸为倡，而僚佐以下洎郡中士大夫皆乐为之助，立神道门，开淤塞路，构堂六楹，追踪表思、碧洞之制，以严先生之祀。" 见文献[10]，卷63.

表3　清政府对名人墓葬的修葺情况（表格来源：根据文献[15]，[16]，[17]中内容整理）

时间	保护对象	方式	资金来源
顺治元年（1644年）	明代诸陵	修理	
顺治四年（1647年）	明代诸陵、历代帝王陵寝、名臣贤士坟墓	修理	
顺治十四年（1657年）	金朝陵寝	酌量修整	
康熙三十八年（1699年）	明孝陵	修理倾圮	
康熙四十一年（1702年）	会稽禹陵	修葺	地方积年节省钱粮
雍正元年（1723年）	明代诸陵	岁加葺治	本省存公银
雍正七年（1729年）	历代帝王陵寝	修葺	
乾隆元年（1736年）	帝尧陵（谷林、东平）	即旧址加修	动项兴修
乾隆元年（1736年）	少昊陵、帝尧陵庙；周公、颜子、曾子、孟子、闵子、仲子、南宫子各祠庙	报部兴修	
乾隆元年（1736年）	帝舜陵	修葺	本省存公银
乾隆五年（1740年）	尧母陵庙	修理	动项兴修
乾隆六年（1741年）	山西邑县舜陵、守陵大云寺	修整	存公银
乾隆九年（1744年）	明孝陵	堪估、兴修	藩库存公项
乾隆十一年（1746年）	陕西诸陵	筑围墙	
乾隆十六年（1751年）	金朝陵寝	增修葺治	
乾隆十七年（1752年）	蒲城县唐宪宗陵	修整神路	
乾隆二十五年（1760年）	喀什噶尔所有旧和卓等坟墓	修葺	
乾隆二十六年（1761年）	陕西中部县黄帝陵庙	修理	库贮陵租银
乾隆二十八年（1763年）	少昊陵	堪估、兴修	
乾隆三十二年（1767年）	江苏武进县齐高帝泰安陵	修葺	动项修葺

时间	保护对象	方式	资金来源
乾隆三十二年（1767年）	明孝陵	如式修整	藩库存公项
乾隆三十六年（1771年）	会稽禹陵	修复	
乾隆三十九年（1774年）	会稽宋孝宗理宗陵庙	修葺	于藩库程费项内支给
乾隆五十年（1785年）	明十三陵	修复	
乾隆五十年（1785年）	醴泉县唐太宗昭陵	修葺	
乾隆五十三年（1788年）	望都县尧母陵庙、帝尧陵	增建	动支藩库银
道光三年（1823年）	江苏省新阳县孔圣衣冠祠墓	修葺	司库存公银
道光十一年（1831年）	山东嘉祥县宗圣曾子庙林	修理	司库银
道光二十六年（1846年）	唐太宗祠、周康王陵寝	修葺	
同治三年（1864年）	明孝陵	修理倾圯	
咸丰三年（1853年）	明孝陵	缮治	
咸丰八年（1858年）	明十三陵	粘补墙垣、培护树株	
光绪五年（1879年）	河南孟津县汉光武帝陵	修防稳固	
光绪七年（1881年）	明十三陵	腾出一百步内所垦地亩	

4. 重修祠庙

重建祠庙表达了对墓葬最高程度的重视。为名人墓葬重建祠庙的记载从唐代开始。唐玄宗天宝六年诏曰："其历代帝王肇迹之处，未有祠宇者，宜令所隶郡，量置一庙，以时享祭"，而后宋代孔道辅在四基山访得孟子墓后，便随即于墓旁建庙；知州胡宿发现谢安墓后，也"移置佳处重建祠堂"。

名人墓葬作为古迹的一种，其核心属性是透物见人，透过物质实体系以人事，赞以人品，感以人情。而物质实体的重建，无疑会加强名人墓葬在社会生活中发挥的这些功能，因此为墓葬重建祠庙，现在看来谈不上是一种保护措施，但是在古代，也是保护名人墓葬的一种重要措施。

5. 记录

遗产记录是遗产保护的基础工作，记录的重要性在《威尼斯宪章》《中国文物古迹保护准则》《文物保护法》等文件中都有强调，事实上，我国大量的古代文献都有对名人墓葬这一类古迹的记录。早期的记录散落在史书、地理书中，在《史记》《汉书·地理志》都有零散的关于名人墓葬的记载，在我国第一部大型类书《皇览》中更有专门的"冢墓"类部。在方志里，对名人墓葬的记载可追溯至《越绝书》，而后的隋唐时期的《沙州都督府图经》中有专门的"冢"门，进入两宋，方志的内容、体例逐渐定型，大部分方志中均设陵墓（或冢墓）门（目），与古迹门并列。元代以降，方志中专列陵墓已渐成惯例和定制，到了明代颁行规范全国修志活动的《纂修志书凡例》，陵墓目也在其中，和古迹、城郭故址、宫室、台榭等目并置，并且很多县志

图3 太康八景——高柴❶遗冢（图片来源：（嘉靖）太康县志10卷.太康县志文集目录.明嘉靖刻本.）

图4 贾岛❷墓（图片来源：（清）张松孙，朱绍兰.（乾隆）安岳县志8卷.卷二.清乾隆五十一年刻本.）

图5 饶双峰墓园❸（图片来源：（清）项珂，刘馥桂.（同治）万年县志12卷.卷首.清同治十年刊本.）

建筑史

第46辑

❶ 高柴，孔子门生，齐国人。

❷ 贾岛，与孟郊共称"郊寒岛瘦"，唐代诗人。

❸ 饶鲁，人称双峰先生，南宋大教育家，理学大家。

中还给这些陵墓配有插图（图3～图5）。在整个历史中，对名人墓葬不间断的记录使之流传久远，被普罗大众所认识，充分发挥着其文化价值和社会功能。

四 保护动因试分析

在中国古代社会，人们相信灵魂不灭，且灵魂具有强大的功能，这种观念与血缘观念相结合，就产生了祖先神崇拜。对祖先加以祭祀，祖先神就会庇佑后人，于是墓葬就成为后嗣子孙及臣仆瞻仰敬祀的圣地之一，即如东汉刘熙《释名·释丧制》所谓"墓，慕也；孝子思慕之处也"，因此墓葬被作为敬祀祖先的场所而被保护。如果要对名人墓葬的保护措施分级的话，最初级的就是"禁樵采"，然后是设置陵户，最后是修葺甚至重建。而这三级的保护，往往都与定期的祭祀相配合。历代关于保护的诏令中被提及最多的活动也是祭祀，祭祀的频率和用什么祭品反映了墓主人的地位❹，祭祀活动主要由地方官主持完成。针对墓主人的祭祀活动看似与名人墓葬的保护无关，但是祭祀活动使与之相关的历史深入人心，是融入了生活的历史教育，潜移默化地宣传和普及了历史知识，塑造了人们的历史观，本质上是对关于墓主人的记忆和仪式等非物质因素的延续，也是对名人墓葬历史价值的一种认可和保护。

❹ 以宋太祖干德四年诏令为例，祭祀的频率被分为了一年两次、一年一次、三年一次、不强制祭祀四个等级。

祭祀功能作为墓葬普遍具有的一般意义，前人的研究已相当丰富，在本文中不作为重点，本文重点讨论针对名人墓葬的一般意义之外的动机。这些动机在诏令、艺文和方志记载中都有所涉及，可大致分为以下四类。

1. 对墓主人的表彰

❺ 文献［27］，卷38.

名人墓葬的核心属性是人，墓主人能做到"立功、立德、立言"之一，即"虽久不废，此之谓不朽"，既然"不朽"，就应该受到表彰，所以"生而敬其人，死而护其兆"❺，墓葬被保护也就是理所当然的了，这种"不朽"是跨越了朝代的；在"三不朽"理论中，"保姓受氏，以守宗祊，世不绝祀"是被作为"不朽"的对立面的，因此这种表彰并不像祭祀，是出于祈福等功利目的，是局限于血缘的。由于先认可了墓主人的不朽，对墓及相关祠庙进行保护，显示出对墓主人文化价值的认可和传承下去的愿望，不局限于朝代和血缘，这种认知非常接近现代的文化遗产的概念了。从各种形式的文献中可以阅读出，一大批名人墓葬的保护理由都可以概括为表彰墓主人的"三不朽"。如在唐太宗的诏书中强调"诸有明王圣帝，盛德宏功，定乱弥灾，安民济物，及贤臣烈士，立言显行，纬文经武，致君利俗，丘垄可识，茔兆见者，各随所在，条录申奏。每加巡简，禁绝刍牧。春秋二时，为之致祭。若有毁坏，即宜修补……"。在胡宿写的为谢安墓寻求官方保护的表里，也明确提到"春秋之记，太上立德，次立功，谓之不朽，圣人之制，能御大灾，能捍大患，则必见祭。至于封表间墓，禁止樵苏，寻所来而慕繁，盖难得而疏举……"❻。在嘉靖朝编纂的《山东通志》的陵墓志的叙中提到"古之君子，生则人仰之，死则人哀之，远则人思之慕之，故虽去之千百载，坟垄屹然，历代表章崇护之者，弗替（衰废）焉。道德功业之不朽，此非其验哉？"❼这些表述明确指出了对名人墓葬的保护是为了保障墓主人的"立德""立功"或者"立言"。

❻ 胡宿. 湖州乞为太傅谢安置守冢禁樵采表//文献[13]，卷10.

❼ 文献[28]，卷19.

2. 昭示帝王正统性

对名人墓葬的保护能够昭示统治的正统性。正统观念是判定一个政权统治是否合法的重要原则。历朝历代对正统观念的解读的侧重点不同，但是正统问题涉及王朝授受源流、占有区域和纲常道德这个已经成为共识，欧阳修提出，"正者，所以正天下之不正也；统者，所以合天下之不一也"，"统"即占有区域，是王朝功业的表现；"正"显然包含接受源流正宗以及王道之"仁德"两层含义。而统治者对具有正统地位的前代王朝的帝王陵寝予以保护，对"正"所包含的两层含义都是有益的。一方面对前代帝王陵寝保护昭示着统治源流正宗，另一方面，这项举措也显示了君主施政仁德，进一步巩固了正统性。

君主在诏令中，通过保护前代帝王陵墓暗示统治的源流正宗的表述如下：

"魏明帝曹叡诏：昔汉高创业，光武中兴，谋除残暴，功昭四海，而坟陵崩颓，童儿牧竖践蹋其上，非大魏尊崇所承代之意也，其表高祖、光武陵四面各百步，不得使民耕牧樵采。"❽

"梁武帝诏：命世兴王，嗣贤传业，声称不朽，人代徂迁，二宾以位，三恪义在，时事寝远，宿草榛芜。望古兴怀，言念怆然。"❾

而凸显在施行仁政的表述如下：

《册府元龟·帝部·修废》序言："盖夫兴灭修废者，仁政之攸先也，古之哲后未有不先于兹道而天下归心焉……缘（由）是增饰园寝、申器、庙貌，谨樵苏之禁，给扫除之户，秩以纪典，垂于令甲……"❿

"宋太祖诏令：历代帝王，国有常享，着于甲令，可举而行。自五代乱离，百司废坠，匮相乏祀，岂谓德馨？"⓫

中国史学观念中，正统的观念非常重要。通过以上分析，我们认为保护名人墓葬对统治王朝的正统性有正面作用，这也是历代帝王几乎不间断地保护历代帝王陵墓的重要动因。

❽ 文献[5]，卷15.

❾ 同上.

❿ 文献[18]，卷一百七十四·帝部·修废.

⓫ 文献[19]：585.

3. 名人墓葬的教育意义

名人墓葬通过纪念逝者，也可以鞭策教育现世的人民，是以史为鉴的具体化。自唐代以来，注重对忠臣、义士、孝子等的陵墓的保护，也是看中其伦理价值。著名理学家、教育家胡瑗的墓在元代被毁后，当地的儒生发出了"守土之职，风化宜先。先贤之墓未复，事有大于此者乎"这样的感慨，而后明代湖州知府岳璇恢复了对胡瑗墓的保护，重立了祠庙后，得到了"君子以为有裨风教"这样的评价，"风化"或者"风教"，突出的都是墓葬所代表的墓主人的价值观，对社会风气、习惯、人们的行为的影响和教育作用。

许多地方志冢墓部分的叙述对墓葬的教育作用表述得很明确：

"冢墓，昔人过墟墓而生悲，倚松楸而凭吊，封殖之施，樵采之禁，岂徒增荣逝者，亦以策凡庸、戒无闻也。"⓬

"古今丘墓之在闽者不可胜计……可歌，亦示劝诫之道，也乃志丘墓。"⓭

⓬ 文献[20]，卷2.

⓭ 文献[21]，卷79.

219

『禁樵采』——中国古代对名人墓葬的保护

4. 名人墓葬的艺术感染力

名人墓葬具有强大的艺术感染力，即"未施哀于民而民哀"[22]的感染力，这种墓葬艺术感染力带来的"恻隐之真，忠厚之至"是古今上下相通的，因此墓葬能在周边环境变迁的情况

❶文献［31］，卷3.

下被保存下来。"过墟生哀，仁人之心也"❶这种仁人之心也部分促成了对于名人墓葬的保护。"古君子，生为民所依，殁为民所思，百世而下，望其丘陇，犹百肃然敬，忾然悲者，遗泽在

❷文献［32］，卷9.

人心。"❷这种敬意和悲怆使得名人墓葬经常被作为创作的素材、原型，出现在相关的文学作品中。以诗歌为例，怀古诗中一个重要的主题就是拜谒历代帝王与名人的陵墓，有数量巨大的传世作品。

五 结语

通过以上的分析，可以得出这样的结论，除了元代等少数几个朝代没有关于保护名人墓葬的记载，其他朝代对于名人墓葬的保护都是比较积极的。而保护行为的主体也很广泛，从帝王至士大夫再到普通百姓，都具有一定的保护意识。形成了禁樵采、设置陵户、修缮等几项相互配合的极具中国文化特征的多维保护措施。最后通过分析可以看出，对名人墓葬的保护动因比较复杂，统治者利用名人墓葬的保护宣示正统性，是最表层的功利因素；而更深层次的因为对名人墓葬的纪念性、伦理价值、历史和艺术价值的认可而进行的保护则已经非常接近现代的遗产保护理念。通过揭示出古人如何保护以及为什么保护名人墓葬，有助于厘清具有中国特色的保护理论和方法，取其精华，将对传统的保护理论现代化以及外来保护理论的本土化大有裨益，帮助更好地指导中国的遗产保护实践。

参考文献

［1］罗竹风主编；汉语大词典编辑委员会，汉语大词典编纂处. 汉语大词典［M］. 上海：汉语大词典出版社，1992.

［2］（清）民政部. 大清宣统新法令：民政部奏保存古迹推广办法另行酌拟章程，第4版［M］. 商务印书馆.

［3］（西汉）刘向. 战国策 卷十一［M］. 上海：上海古籍出版社，1985.

［4］许维遹. 吕氏春秋集释（上）［M］. 北京：中华书局，2009：357.

［5］（清）顾炎武. 日知录32卷［M］. 清乾隆刻本.

［6］（唐）李白. 李太白集 卷一［M］. 宋刻本.

［7］（宋）陈康伯. 陈文正公文集［M］. 清康熙刻本.

［8］（清）钦定古今图书集成［G］. 北京：中华书局，巴蜀书社，1986.

［9］（唐）杜甫. 九家集注杜诗［M］. 清文渊阁四库全书本.

［10］（明）焦竑. 国朝献征录［M］. 明万历四十四年徐象枟坛曼山馆刻本.

［11］（元）脱脱. 宋史：蒋堂传［M］. 北京：中华书局，1977.

［12］佚名. 名公书判清明集［M］. 北京：中华书局，1987：331.

［13］（宋）胡宿. 文恭集［M］. 清武英殿聚珍版丛书本.

［14］石悦. 北宋陵墓的守护人员［J］. 淮南师范学院学报，2016，18（2）：95-103.

［15］光绪朝钦定大清会典事例［G］. 卷四百三十五，礼部·中祀·直省防护·帝王陵寝修葺陵庙.

［16］嘉庆朝钦定大清会典事例［G］. 卷三百五十二，礼部·中祀·省防护帝王陵寝修葺陵庙.

［17］《清代档案文献数据库》之全文检索版《大清历朝实录》以及《大清五部会典》［DB/OL］. http://guji. unihan.com.cn/Web#/book/QSL,http://guji.unihan.com.cn/Web#/book/QHD

［18］（宋）王钦若. 册府元龟（全12册）［M］. 北京：中华书局，2003.

［19］佚名. 宋大诏令集［M］. 北京：中华书局，1962.

［20］（清）梁中孚纂修.（道光）宁国县志12卷［M］. 清道光五年刊本.

［21］（明）陈道，黄促昭修纂.（弘治）八闽通志87卷［M］. 明弘治刻本.

［22］（汉）郑玄注.（唐）孔颖法正义，吕友仁整理. 礼记正义［M］. 上海：上海古籍出版社，2008.

［23］郭满. 方志记载折射出的中国古代古迹观念初探［D］. 天津：天津大学，2014：63-68.

［24］陶友莲. 植物象征文化研究——以《红楼梦》植物象征为例［D］. 杭州：浙江农林大学，2012.

［25］何飞燕. 出土文字资料所见先秦秦汉祖先神崇拜的演变［D］. 西安：陕西师范大学，2010：15.

［26］王其亨. 风水理论研究［M］. 天津：天津大学出版社，1992：175.

［27］（宋）黄簪，陈耆卿撰.（嘉定）赤城志40卷［M］. 清嘉庆重刻本.

［28］（明）陆釴纂.（嘉靖）山东通志40卷［M］. 明嘉靖刻本.

［29］王记录. 两宋时期史学正统观念的发展［J］. 学习与探索，2010（4）：217-219.

［30］沈伏琼. 元代江南寺院侵占儒学田产现象探析——以胡文昭公墓据碑为中心［J］. 史学集刊，2017（1）：120-128.

［31］（清）徐三俊修.（光绪）辽州志8卷［M］. 民国18年补版重印本.

［32］（清）董政华，孔广海纂修.（光绪）阳谷县志16卷［M］. 民国31年铅印本.

『禁樵采』——中国古代对名人墓葬的保护

图书在版编目（CIP）数据

建筑史. 第46辑 / 贾珺主编. —北京：中国建筑
工业出版社，2021.4
ISBN 978-7-112-26034-8

Ⅰ．①建… Ⅱ．①贾… Ⅲ．①建筑史－世界－文集
Ⅳ．①TU-091

中国版本图书馆CIP数据核字（2021）第057009号

责任编辑：张　明　徐晓飞
责任校对：赵　菲

建筑史（第46辑）
贾珺　主编

*

中国建筑工业出版社出版、发行（北京海淀三里河路9号）
各地新华书店、建筑书店经销
北京锋尚制版有限公司制版
北京中科印刷有限公司印刷

*

开本：880毫米×1230毫米　1/16　印张：14¼　字数：395千字
2021年6月第一版　　2021年6月第一次印刷
定价：48.00元
ISBN 978-7-112-26034-8
（37081）